李辉 / 编著

CINEMA 4D R20
完全实战技术手册

清华大学出版社

北京

内 容 简 介

CINEMA 4D软件是目前设计领域使用占比最高、最受欢迎的3D绘图软件。该软件通过完美强大的功能，将设计师天马行空的想法在最短的时间内展现得淋漓尽致，CINEMA 4D轻松让你引领设计潮流，由你创造未来设计的新趋势。

本书是一本内容十分全面且以实战案例为主的图书，主要讲解CINEMA 4D R20软件的功能指令并兼顾实战应用，以新颖、完整的建模思路，全面介绍CINEMA 4D的各种建模、动画及特效制作。本书的最大特点是案例多、技巧多并以实操为主，特别是对动画、动力学与特效部分的使用技术、技巧和步骤进行了详细的讲解。

全书共分17章，通过极具代表性的练习与实战案例，循序渐进地介绍了CINEMA 4D在影视动画行业及工业设计行业中的应用。

本书读者定位初学者及技能提升者，旨在为三维造型工程师、工业设计师、游戏设计者及影视后期制作人员奠定良好的三维影像设计基础，同时让读者学习到相关专业的基础知识。

本书不仅可作为从事工业设计、建筑设计、游戏角色、影视及动漫等相关行业人员的自学指导用书，也可作为相关职业技能培训班、职业院校、本科及大中专院校相关专业的教材。

图书在版编目（CIP）数据

CINEMA 4D R20完全实战技术手册 / 李辉编著. -- 北京：清华大学出版社，2021.5

ISBN 978-7-302-56843-8

Ⅰ.①C… Ⅱ.①李… Ⅲ.①三维动画软件－技术手册 Ⅳ.①TP391.414-62

中国版本图书馆CIP数据核字(2020)第225274号

责任编辑：陈绿春
封面设计：潘国文
责任校对：胡伟民
责任印制：沈　露

出版发行：清华大学出版社
　　　　　网址：http://www.tup.com.cn，http://www.wqbook.com
　　　　　地址：北京清华大学学研大厦A座　　　　邮编：100084
　　　　　社总机：010-62770175　　　　　　　　邮购：010-83470235
　　　　　投稿与读者服务：010-62776969，c-service@tup.tsinghua.edu.cn
　　　　　质量反馈：010-62772015，zhiliang@tup.tsinghua.edu.cn
　　　　　课件下载：http://www.tup.com.cn，010-83470236

印 装 者：三河市龙大印装有限公司
经　　销：全国新华书店
开　　本：188mm×260mm　　　印　张：17.5　　　字　数：595 千字
版　　次：2021年6月第1版　　　印　次：2021年6月第1次印刷
定　　价：99.00 元

产品编号：082763-01

CINEMA 4D简称为C4D，是德国MAXON公司研发的基于PC系统的三维建模、动画及渲染软件。CINEMA 4D广泛应用于广告、影视、工业设计、建筑设计、三维动画、多媒体制作、游戏、辅助教学及工程可视化等领域。读者可以通过本书实例教学的操作，学习CINEMA 4D在各领域的建模、材质贴图、灯光技术和渲染等方法。

本书是一本内容十分全面且以实战案例为主的图书，主要讲解CINEMA 4D R20软件的功能指令并兼顾实战应用，以新颖、完整的建模思路，全面介绍CINEMA 4D的各种建模、动画及特效制作方法。本书的最大特点是案例多、技巧多并以实操为主，特别是对动画、动力学与特效部分的使用技术、技巧和步骤进行了详细的讲解。

全书共分17章，通过极具代表性的练习与实战案例，循序渐进地介绍了CINEMA 4D在影视动画行业及工业设计行业中的应用。

第1章：本章介绍的内容包括CINEMA 4D R20软件介绍、工作界面、管理器操作以及CINEMA 4D R20设计工作流等。

第2章：本章学习CINEMA 4D R20的入门基本操作，包括CINEMA 4D工程文件管理、辅助工具、对象的选择方法、对象的捕捉、坐标系统与对象变换。

第3章：本章全面介绍建模、创建曲线和生成器建模的技巧与流程。

第4章：本章介绍CINEMA 4D的模型对象造型与变形器工具，对象造型指的就是将对象进行阵列、晶格、布尔、连接、实例、融球及对称运算等。

第5章：本章详细介绍CINEMA 4D的多边形建模工具在造型设计中的实战应用。

第6章：雕刻是一种建模方法，与传统建模方法完全不同。传统的建模方法本质上往往是技术性很强或抽象的（使用拉伸、切割、多边形生成等），而雕刻是基于更自然的艺术方法。本章主要介绍CINEMA 4D雕刻工具的基本用法及实战应用。

第7章：本章详细介绍场景、灯光、材质、贴图及渲染等知识。一个完整的CINEMA 4D场景由模型、场景、摄像机、灯光、材质/贴图及动画构成。

第8章：动画是电影特效、电视栏目制作、片头广告及动态仿真等工程项目的软件基础。本章全面介绍CINEMA 4D的基本动画功能及实战运用。

第9章：本章介绍运用CINEMA 4D对一系列的物理对象进行布料与动力学模拟。

第10章：本章详细介绍粒子系统的特效功能。粒子系统可以帮助动画师制作一些高级的影视特效。而毛发工具可以模拟人类和动物的毛发及运动状态。

第11章：流体动力学模拟是动力学模拟的一个分支，集成了机械动力学与粒子的模拟功能。本章介绍2款用于流体动力学模拟的高级插件——RealFlow插件和TurbulenceFD插件。

第12章：CINEMA 4D中的运动图形模块MoGraph，可以将任何对象用其特殊功能制作出运动特效。本章以案例的形式详细介绍运动图形在动画制作中的实际运用。

第13章：在CINEMA 4D中可以利用运动跟踪器随心所欲地制作出震撼的电影场景。本章以案例的形式详细介绍运动跟踪在动画场景中的实际运用。

第14章：本章重点介绍CINEMA 4D中角色动画的制作全过程，通过本章的学习，读者可以了解角色动画设计的概念以及应该如何去学习和应用。

第15章：现代工业产品表现中，平面表现已无法跟上消费者的要求，立体工业产品表现已成主流。立体工业产品表现能够360°全方位展示产品细节，展示效果更能打动目标客户。本章通过2个案例，让读者熟练并全面掌握CINEMA 4D软件在产品设计、包装设计行业的具体应用。

第16章：本章主要介绍 CINEMA 4D在媒体广告设计行业中的实战应用。

第17章：CINEMA 4D软件是新闻类栏目和片头制作的最佳选择。本章以一个电视栏目的片头设计为例，详解CINEMA 4D软件的设计流程和软件使用技巧。

本书的配套素材和视频教学文件请用微信扫描下面的二维码进行下载，如果在下载过程中碰到问题，请联系陈老师，联系邮箱：chenlch@tup.tsinghua.edu.cn。

本书由桂林电子科技大学信息科学院的李辉老师编写。鉴于编写时间仓促，书中难免存在遗漏之处，敬请广大读者批评指正。

感谢你选择了本书，希望我们的努力对你的工作和学习有所帮助，如果碰到技术性问题，请用微信扫描下面的二维码，联系相关技术人员进行解决。

技术支持　　　　配套素材　　　　视频教学

2021年3月

作者

目录

1.1　CINEMA 4D R20 软件概述

德国 MAXON 公司研发的 CINEMA 4D 软件，是目前设计领域使用占比最高、最受用户欢迎的 3D 绘图软件，通过其强大的功能，将设计师天马行空的想法在最短的时间内展现得淋漓尽致。CINEMA 4D 轻松使你引领设计潮流，由你创造未来设计的新趋势！

1.1.1　CINEMA 4D 的组成模块

CINEMA 4D 的每个版本都旨在为特定市场提供专用的功能，但它们都拥有相同的直观界面和超乎寻常的稳定性。你可以按照需求和预算购买不同的模块产品，并随着工作内容和需求的变化，随时对软件进行升级。如图 1-1 所示为 CINEMA 4D 的 5 个模块产品。

图 1-1

1.Broadcast 模块

CINEMA 4D Broadcast 满足一切轻松、快速制作动漫作品的需要，其具备了 CINEMA 4D Prime 的所有功能，还具备了创建动画的一些特有工具。这些工具主要包括行业领先的复制工具和高级渲染选项工具。例如，全局光照、高端 3D 模型库、镜头效果、照明设置、录像剪辑等。

2.Visualize 模块

CINEMA 4D Visualize 产品模块可用于手机、汽车、建筑等工业设计领域的专业可视化设计。

3.Prime 模块

Prime 产品模块以其易用、快速和专业效果著称，是所有平面设计师都希望拥有的 3D 工具包。

4.Studio 模块

CINEMA 4D Studio 是专业 3D 艺术家的最佳工具。如果需要一个得

CINEMA 4D 是专业的 3D 可视化绘图及渲染软件，具有友好的界面，并且易于集成到其他软件中，所以成为众多专业人士和爱好者的挚爱。

本章主要介绍 CINEMA 4D R20 软件概述、工作界面、命令执行方式、工具和管理器面板操作方法等。

知识分解

- CINEMA 4D 软件概述
- CINEMA 4D R20 界面与环境
- 视图菜单与视图操作
- 管理器操作
- CINEMA 4D R20 设计工作流

力"助手",轻松快速地创建令人称赞的 3D 图形作品,那么这是你的最佳选择。CINEMA 4D Studio 也是本书介绍的重点内容。

CINEMA 4D Studio 不仅具备了 CINEMA 4D Prime、CINEMA 4D Visualize 和 CINEMA 4D Broadcast 的所有功能,还添加了高级角色工具、毛发系统、物理引擎系统和不限用户数量的网络渲染工具。所以,CINEMA 4D Studio 可以轻松承担任何相关工作。

CINEMA 4D Studio 的角色工具使创建角色和高级形象动画变得更容易。使用强大的毛发系统工具,可以快速、简单地把毛发或者毛皮添加到动画角色中,使用这些工具,既可以使毛发变长、被梳理、定型,甚至可以呈现动画效果。

5.Release 模块

CINEMA 4D 是一款突破自身的三维设计和动画软件。Release 20 为视觉特效和动态图形艺术家引入了高端特性,包括节点材质、体积建模、强大的 CAD 导入功能,以及 MoGraph 工具集的巨大改进。Release 模块包含了前面 4 个产品的部分或全部功能。

1.1.2 CINEMA 4D 行业应用

CINEMA 4D 内包含各种艺术设计所需的模块,并针对不同领域的设计应用推出多种版本,设计师可依照自身需求选择合适的版本。整体而言,CINEMA 4D 无论是在创造高质量的 3D 图像动画方面,还是在建筑与工业设计等领域,都能够满足艺术家以及工程师的需求。

由于 CINEMA 4D 具有使用方便、功能强大、上手快等特点,其被广泛应用于广告、动漫影视、工业产品设计、建筑与室内设计等领域。

1. 3D 影像极致呈现

CINEMA 4D 曾被某杂志评选为最容易学习并且能最快速制作出许多作品的软件,操作方式及接口都是以符合直觉及人体工程的思考方式为着眼点,让使用者能快速学会并且使用它。多样、丰富有趣的在线教程让设计者在创作路上不孤单,制作的过程中也能充满乐趣,而不是有如生产般充满痛苦与折磨,让设计师及动画师能真正专注于创意的发挥,而不会受限于

软件的使用方式及学习。

CINEMA 4D 被广泛用于动画设计制作上,许多著名电影都运用 CINEMA 4D 简化整体制作流程。许多电影使用了 CINEMA 4D 完成特效的部分,例如,《攻壳机动队》《奇异博士》《打猎季节》《纳尼亚传奇》《蜘蛛人 3》《冲浪季节》《黄金罗盘》等。如图 1-2 所示的模型均为使用 CINEMA 4D 完成的作品。

图 1-2

2. 广告设计

用动画的形式制作广告是目前很受厂商欢迎的一种商品促销手法。使用 CINEMA 4D 制作三维动画更能突出商品的特殊画面和立体效果,从而吸引观众,达到推广产品的目的。如图 1-3 所示是 CINEMA 4D 为悉尼 Vivid 音乐节制作的广告。

图 1-3

3. 室内及建筑外观效果图

建筑模型逐渐被数字影像取代，除了简单易学的特点，CINEMA 4D 更提供了极为好用的文件格式转换功能，CINEMA 4D 可以直接读取多种主流 CAD 软件或交换格式文档，更可以完整支持 SketchUp 文件，也能输出 Quick Time VR 文件，让使用者有如置身其中，任意观看每一个角度。

此外，CINEMA 4D 内建丰富的数据库，包含各式柜子、椅子、厨具等大量模型，通过简易参数的调整快速制作出客制化家具，节省了大量工作时间。再搭配 CINEMA 4D 镜头工具、镜头追踪、合成等功能制作影片，协助设计者在最短时间内做出高质量室内展示影片！

如图 1-4 所示为室内效果图。对于建筑物的结构，通过三维效果进行表现是一种非常好的方法。这样可以在施工前按照图纸要求将实际地形与三维建筑模型相结合，以观察竣工后的效果，如图 1-5 所示为建筑物的外观效果图。

图 1-4

图 1-4（续）

图 1-5

4. 工业产品设计最佳解决方案

CINEMA 4D 的操作接口简单、人性化以及容易上手等特点，让操作者可以专心致力于产品设计，而不用担心技术上的问题。在 CAD 软件配合方面，CINEMA 4D 的文件承接能力很强，不会产生破面或锯齿等问题，且会保留原本在 CAD 软件中做好的所有细节。CINEMA 4D 的渲染速度可堪称是设计软件中的翘楚，在众多专业 3D 绘图软件中引领风骚。另外，CINEMA 4D 的 Bodypaint 3D 模块，可以让你轻松画出物品的草图，还可以对 3D 对象表面进行手绘，即使是复杂的高阶曲面也可以完成。

图 1-6 所示为汽车的设计效果。

图 1-6

5. 虚拟场景设计

　　虚拟现实是三维技术发展的方向，在虚拟现实发展的道路上，虚拟场景的构建是必经之路。通过使用 CINEMA 4D 可以将远古或未来的场景表现出来，从而进行更深层次的学术研究，并使这些场景所处的时代更容易被大众所接受。在不远的将来，成熟的虚拟场景技术加上虚拟现实技术能够使观众获得身临其境的真实感受。如图 1-7 所示为虚拟场景。

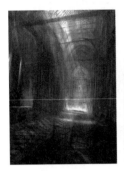

图 1-7

1.2　CINEMA 4D R20 界面与环境

　　认识 CINEMA 4D R20（CINEMA 4D 简称 C4D）的工作界面是学习 CINEMA 4D R20 重要的第一步，成功安装 CINEMA 4D R20（Studio 软件产品）软件后，在桌面上双击 图标启动软件，出现启动界面，如图 1-8 所示。

图 1-8

　　加载各种插件与模组后，进入 CINEMA 4D R20 工作界面，如图 1-9 所示。

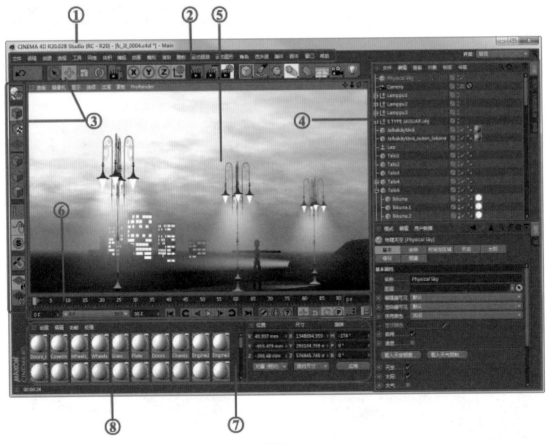

图 1-9

CINEMA 4D R20 工作界面主要包括菜单栏、视图窗口、状态栏控件、工具栏等。下面对其工作界面中的主要组成部分进行简要介绍。

图 1-9 中编号所指部分的意义如下。

① 标题栏：软件窗口的标题栏，显示软件版本号及模型名称。

② 菜单栏：提供 CINEMA 4D 中许多常用的命令。

③ 工具栏：上工具栏为标准工具栏，包含模型控制、视图控制和模型创建的相关工具；左工具栏包括模型显示模式、对象捕捉和工作平面的控制工具。

④ 右管理器面板：用于查看、排序、过滤和选择对象，还可以重命名、删除、隐藏和冻结对象，创建和修改对象层次，以及编辑对象属性等。

⑤ 视图窗口：软件默认显示 4 个视图，可用于在不同的视图之间快速切换。可以在视图窗口顶部的"面板"菜单中设置视图的布局形式。

⑥ 动画工具栏：包括创建模型动画的工具。

⑦ 下管理器面板：包括材质管理器和坐标管理器。

⑧ 状态栏控件：显示有关场景和活动命令的提示和状态信息。

动手操作——自定义工作界面

CINEMA 4D 软件的界面风格是完全开放的，用户可以根据自身的习惯来更改工作界面，使其用起来更方便。

01 在菜单栏右侧的"界面"下拉列表中列出了系统定义的界面风格，默认为"启动"风格，如图 1-10 所示。可以选择一种适合自己的界面，当然也可以按下面的步骤来自定义界面元素。

图 1-10

02 执行"编辑" | "设置"命令，弹出"设置"对话框，如图 1-11 所示。

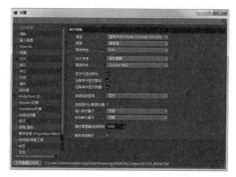

图 1-11

03 在"设置"对话框的"用户界面"选项页中进行界面设置，如图 1-12 所示。

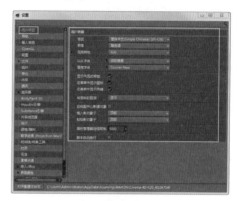

图 1-12

04 如果不习惯 CINEMA 4D R20 默认的暗黑色背景及菜单，可以通过"界面颜色"选项页进行设置，如图 1-13 所示。

图 1-13

1.3 视图菜单与视图操作

在 CINEMA 4D 工作界面中，占据屏幕最大的部分称为视图，也可以称作视窗或视口，我们的主要工作也是在视图中进行的，因此，熟练掌握视图的使用方法是必不可少的一步。视图的操作也是初学者通往高手之路的起点。

1.3.1 视图菜单

在视图上方有7个视图菜单：查看、摄像机、显示、选项、过滤、面板和 ProRender。

1. "查看"视图菜单

"查看"视图菜单用于对视图中的模型对象进行设置，"查看"视图菜单如图 1-14 所示。

图 1-14

主要选项含义如下。

- 作为渲染视图：如果选中此选项，则所选的视图将作为渲染视图。
- 撤销视图：等同于"后退"，当在视图中进行旋转、平移或缩放操作后，可以选择此选项撤销进行的视图操作。
- 重做视图：等同于"前进"，进入下一步实体操作中。
- 框显全部：摄像机将移动，以便包括灯光和摄像机在内的所有对象都显示在活动视图中并居中显示。
- 框显几何体：摄像机将移动，以便将除灯光和摄像机外的所有对象都显示在活动视图中并居中显示。
- 恢复默认场景：将视图重置为默认状态，就像刚刚启动 CINEMA 4D 时一样。
- 框显选取元素：摄像机将移动，以便所选元素（例如，对象、多边形）显示在视图中并居中显示。
- 框显选择中的对象：摄像机将移动，以便将活动对象显示在视图中并居中显示。
- 镜头移动：可在视图中单击并拖动视图，以查看模型，功能等同于"平移视图"。
- 重绘：此功能将重绘场景。通常，CINEMA

4D 会自动更新视图。但在短时间内执行多个 CPU 密集型命令时，软件将无法更新视图，需要执行"重绘"命令强制更新视图。

- 送至图像查看器：选择此选项，可以打开图片查看器进行图片的编辑和渲染操作，如图 1-15 所示。

图 1-15

2. "摄像机"菜单

"摄像机"菜单用于设置模型的视图状态，也就是观察模型的距离和角度，"摄像机"菜单如图 1-16 所示。

"摄像机"菜单中主要选项含义如下。

- 导航：每个视图中都有独立的摄像机。当需要旋转视图时，可以定义自己的旋转点，导航有 4 种模式，也就是可以按 4 种方式来设置视图的旋转中心，如图 1-17 所示。其中，"光标模式"为摄像机将围绕所选对象点旋转；"中心模式"为摄像机将围绕屏幕中心旋转；"对象模式"为摄像机围绕所选对象的中心进行旋转；"摄像机模式"为将以摄像机的位置点进行旋转。

图 1-16　　　　**图 1-17**

- 使用摄像机：将场景中的摄像机链接到视图，以便通过此摄像机查看视图，从此子菜单中选择所需的摄像机。
- 设置活动对象为摄像机：选择此命令可将摄像机放置在活动对象的对象轴（例如，沿 Z 轴）上，视图将指向对象的相应轴方向。

- 摄像机 2D 模式：这是一种临时模式，可用于更精确地检查场景的某些部分，例如，绘制或调整某些内容。此模式用于透视视图，如图 1-18 所示为摄像机 2D 模式示意图。

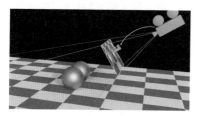

图 1-18

- 透视视图、平行视图：可以以透视视图或平行视图来显示模型。透视视图是自然环境下的场景模式，主要用于渲染；平行视图为三维建模时的建模视图，所有线都是平行的。透视视图与平行视图的效果对比如图 1-19 所示。

透视视图　　　　　　　平行视图

图 1-19

- 左视图、右视图、正视图、背视图、顶视图和底视图：系统给出 6 个基本视图，如图 1-20 所示。

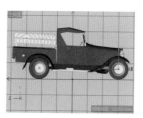 

左视图　　　　　　　右视图

正视图　　　　　　　背视图

图 1-20

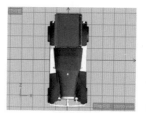

顶视图　　　　　　　底视图

图 1-20（续）

- 轴侧：系统给出 6 个轴侧视图，如图 1-21 所示。

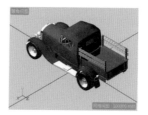 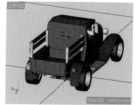

等角视图　　　　　　　正面视图

军事视图　　　　　　　绅士视图

鸟瞰视图　　　　　　　蛙眼视图

图 1-21

技巧点拨：

如果切换视图后发现模型视图显示不完整，说明视图被自动修剪了，需要在"属性"管理器面板中选择"模式"|"摄像机"命令，然后在摄像机的"细节"选项卡中取消选中"启用近处剪辑"复选框即可，如图 1-22 所示。模型视图显示不完整及显示完整的对比图如图 1-23 所示。

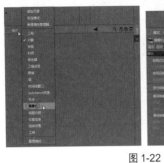 

图 1-22

视图显示不完整　　　　　视图显示完整

图 1-23

3."显示"菜单

"显示"菜单上可以找到与显示设置相关的选项，例如着色模式。表 1-1 列出了系统提供的着色与线框、等参线、方形及骨架等搭配显示的类型。

表 1-1

	线框	等参线	方形	骨架
光影着色				
快速着色				
光影着色（线条）				
快速着色（线条）				
常量着色				
常量着色（线条）				
隐藏线条				
线条				

4."选项"菜单

"选项"菜单主要用于模型的显示精度控制，以及投影、反射、景深等的配置与设置，"选项"菜单如图 1-24 所示。

5. "过滤" 菜单

选择此菜单中的命令可以从视图中隐藏或显示某一类型的对象。默认情况下，所有类型都已启用并在视图中显示。要隐藏视图中的所有样条线，可以选择"过滤"|"样条"命令，此时样条被隐藏。要再次显示样条线，就再次选择"样条"命令。关于单个对象的隐藏或显示，将在后面视图操作中介绍。"过滤"菜单如图 1-25 所示。

图 1-24　　　　图 1-25

6. "面板" 菜单

"面板"菜单中的命令用于控制视图。

7.ProRender 菜单

ProRender 是一种在显卡上运行的特殊物理校正渲染器，是一种实时渲染器。由于显卡专门用于渲染，因此它们的渲染速度通常比大多数 CPU 快得多。如果使用的显卡不兼容 ProRender，也可以在 CPU 上运行，但速度较慢。

仅当执行"渲染"|"编辑渲染设置"命令，并在弹出的"渲染设置"对话框中选择 ProRender 渲染器后，ProRender 菜单中的命令才可用，如图 1-26 所示。

图 1-26

创建一个模型后，选择 ProRender|"开始 ProRender"命令后，开始模型的实时渲染。也就是说，当为对象添加材质或贴图后，可以实时观察到渲染效果。如图 1-27 所示为 ProRender 实时渲染的效果。

图 1-27

1.3.2　操控视图

操控视图是为了方便在建模或渲染时观察对象，这也是使用该软件必须掌握的最基本技能。

1. 视图的布局

软件启动后，默认情况下只有一个视图，可以根据设计需要将单一视图设为多视图。"面板"菜单中的命令就是用来定义视图的，如图 1-28 所示。

图 1-28

若要创建视图布局，在"面板"|"视图布局"子菜单中选择一个布局命令即可，如图 1-29 所示为"四视图左拆分"布局。

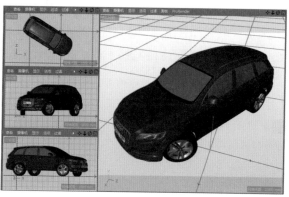

图 1-29

选择"面板"|"新建视图面板"命令，可以新建一个视图窗口，如图 1-30 所示。

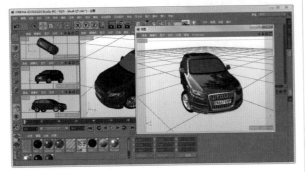

图 1-30

在某一个视图窗口的"面板"菜单中选择"切换活动视图"命令，可以将该视图切换为单视图显示，如图 1-31 所示。

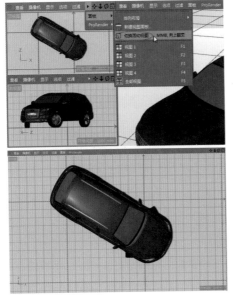

图 1-31

在"面板"菜单中选择"视图 1""视图 2""视图 3""视图 4"及"全部视图"命令，可以切换到不同的单一视图，也可以按 F1、F2、F3、F4 或 F5 键来切换单一视图。

对于单一视图与全部视图两者之间的切换，一种方法是在某单一视图窗口顶部右侧单击视图切换按钮来切换，另一种方法是在某单一视图中单击鼠标中键进行视图切换。

2. 视图的操控

视图的操控是指对视图进行平移、旋转和缩放操

作，模型对象本身不发生变化，下面介绍视图的操控方法。

动手操作——视图的操控

01 打开本例源文件"\动手操作\源文件\Ch01\奥迪 S5\Audi S5.c4d"文件，如图 1-32 所示。

02 在透视视图中进行操作。在当前视图窗口的面板上按住"旋转"按钮 并拖动鼠标，此时视图中出现一个旋转点，视图被旋转，如图 1-33 所示。此旋转点可通过"摄像机"|"导航"子菜单中的命令来设置。建议设置为"对象模式"，以便于绕对象中心点旋转可以查看全貌。

图 1-32　　　　图 1-33

03 在当前视图中按住"缩放"按钮 并向下拖动鼠标，视图将被缩小，如图 1-34 所示。反之，按住"缩放"按钮 并向上拖动鼠标，将放大视图。

图 1-34

技巧点拨：

也可以在视图中通过滚动鼠标滚轮来缩放视图，视图缩放的基点就是鼠标指针的位置。

04 在当前视图按住"平移"按钮 并拖动鼠标，将视图自由平移，如图 1-35 所示。

图 1-35

除了在视图中单击视图操控按钮来操控视图，还可以使用快捷键来操控视图，下面介绍几个视图操控的快捷方式：

- Alt+ 鼠标左键：旋转视图。

- Alt+ 鼠标中键：平移视图。
- Alt+ 鼠标右键：缩放视图。
- 滚动鼠标滚轮：缩放视图。
- 单击鼠标中键：快速切换视图。从单一视图切换到四视图，从四视图的某一视图快速切换到单一视图。

3．调整视图大小

将鼠标指针移至视图右侧边框或左侧边框上，鼠标指针会变成双箭头状态，向左或向右拖动边框，可改变视图的大小，如图 1-36 所示。

当然，这种操作不仅是针对视图的调整，对于管理器面板的大小和位置也可以通过此方法进行操作，如图 1-37 所示。

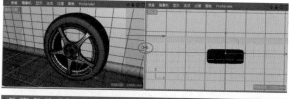

图 1-36

图 1-37

4．视图窗口的操控

在视图中单击窗口波纹按钮，弹出视图控制菜单，如图 1-38 所示，下面以实例的方式进行介绍。

动手操作——视图窗口的操控

01 打开本例源文件"动手操作 \ 源文件 \Ch01\ 车胎 \wheels.c4d"，如图 1-39 所示。

图 1-38　　　　　　　图 1-39

02 选择视图菜单中的"解锁"命令，视图独立显示，如图 1-40 所示。

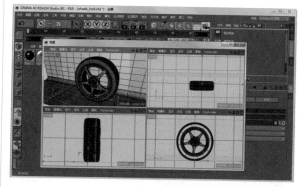

图 1-40

技巧点拨：

如果不小心单击了视图右上角的 按钮将窗口关闭，可以执行"窗口"|"新建视图面板"命令，重新建立视图窗口。

03 将视图放置于原位。在独立视图中按住窗口波纹按钮，将其拖动（也叫"停靠"）到动画工具栏上，即可恢复原状，如图 1-41 所示。

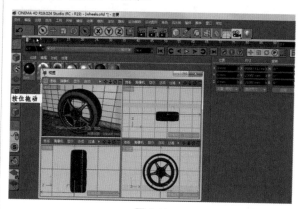

图 1-41

04 按住 Ctrl 键单击视图波纹按钮，可以将视图窗口最小化，如图 1-42 所示。若按住 Alt 键单击视图，可将视图窗口恢复原状。

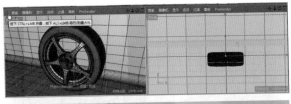

图 1-42

05 在视图控制菜单中选择"全屏显示模式"命令，可将视图全屏显示，如图 1-43 所示。若要取消全屏显示，在软件窗口右上角单击"向下还原"按钮 □ 即可恢复原状。

06 视图控制菜单中的其他选项，其作用对于建模意义不大，暂不介绍。

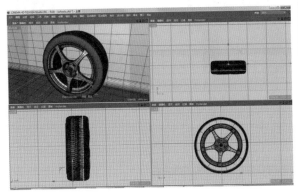

图 1-43

1.3.3 自定义命令与快捷键

不经常使用工具栏、菜单栏及窗口快捷菜单中的命令时，可以通过自定义命令将所需的命令调入，还可以自定义快捷键。

动手操作——自定义命令

01 执行"窗口"|"自定义布局"|"自定义菜单"命令，弹出"菜单"窗口。

02 在"菜单"窗口中选择不常用的子菜单选项，在下方单击"复制""粘贴""上移""下移""删除/剪切""重新命名"等按钮，进行相应操作。例如，选中"子菜单脚本"选项，单击"上移"按钮，可将其在相应菜单中上移一行位置，如图 1-44 所示。单击"应用"按钮，将改动应用到菜单中，如图 1-45 所示（因为是横向菜单，

所以为前移一列）。

图 1-44

图 1-45

03 执行"窗口"|"自定义布局"|"自定义命令"命令，或者在视图控制菜单中选择"自定义命令"命令，又或者在管理器面板中的管理器控制菜单中选择"自定义命令"命令，都可以弹出"自定义命令"窗口，如图 1-46 所示。

04 在"自定义命令"窗口的命令列表中选择一个命令（如"新建图层"），然后在"快捷键"文本框中输入一个快捷键命令（Ctrl+T），单击"指定"按钮完成该命令的快捷键定义，如图 1-47 所示。

图 1-46　　　　图 1-47

技巧点拨：

当输入的快捷键命令与系统定义的快捷键命令相同时，会弹出警告。

05 如果一个经常会使用的命令没有出现在便于执行的位置上，可以通过"自定义命令"窗口，将该命令直接拖至指定的位置上，如图 1-48 所示。

图 1-48

1.4　管理器操作

管理器用于设置模型及模型场景的构成、属性、图层及预设库,大多数的工作都在管理器中完成。

管理器是一个统称,CINEMA 4D 的管理器较多,下面仅介绍一些常用的管理器,如 CINEMA 4D 界面中的"对象"管理器、"内容浏览器"管理器、"属性"管理器、"材质"管理器及"坐标"管理器等。

1.4.1　"对象"管理器

当创建一个新对象时,对象名称将在屏幕右上角的窗口中弹出。如图 1-49 所示为"对象"管理器的屏幕截图。

在"对象"管理器中,上部为操作对象的菜单,下部的结构树中列出了整个工程文件所包含的对象内容(包括模型、材质、纹理、灯光及场景等)和建模结构顺序。

在结构树的右侧,与对象一一对应的是图层管理、对象关闭与显示、纹理标签等开关按钮。

- 图层管理 :单击此开关按钮,可以将选中的对象添加到图形管理器中的某一图层中,或新建一个图层再将其添加到新图层,如图 1-50 所示。

图 1-49　　　　图 1-50

- 对象关闭与显示开关 :单击此开关按钮,可以将场景中的某一个对象隐藏或显示。

表示为显示状态,单击后变成 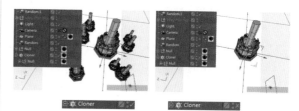,表示为隐藏状态,如图 1-51 所示。

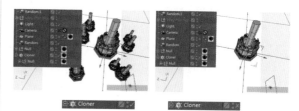

图 1-51

- 纹理标签 :单击此开关按钮,将会在"属性"管理器显示对象中添加的纹理属性标签,如图 1-52 所示。通过纹理标签中的选项设置,改变材质、贴图布置方式及纹理凸台的位置等。

图 1-52

此外,"对象"管理器顶部有 6 个菜单,介绍如下。

1."文件"菜单

"文件"菜单中包含 6 个命令。

- 合并对象:可以使用此命令加载包含对象信息的文件,如 DXF、CINEMA 4D、Illustrator路径等。文件中的对象和材质将加载到活动场景中。

- 保存所选对象为:此命令将打开用于保存文件的对话框,然后将对象保存。

- 加载对象预置:载入对象、标签、材质和动画的预设(只是选项设置,不包含参数设置)。如果没有保存预设,将不会载入。

- 保存对象预置:保存对象、标签、材质和动画的预设。保存后可以通过"加载对象预置"命令载入预设。当然保存预设后,也可以在"内容浏览器"管理器中打开"预置"|"User"|"对象"文件夹,载入对象预设。

- 加载标签预置:载入保存的标签预设。

- 保存标签预置:可以将当前所选标签的标签设置保存为预设。

2. "编辑"菜单

"编辑"菜单中主要命令含义如下。

- 撤销：仅撤销对象的操作，例如图层的选择、对象的显示与隐藏，以及纹理的设置等，不包括参数设置的撤销。
- 重做：将撤销所有操作，重新进行操作。
- 剪切、复制与粘贴：使用这些常用命令将对象复制或剪切到剪贴板，并将其粘贴到相同或不同的场景中。
- 删除：删除选定的对象。
- 全部选择：将选中场景中的所有对象。
- 选择可见：仅选中显示的对象，隐藏的对象将不被选中。
- 取消选择：取消所选的对象。
- 选择子级：将所选对象的子项添加到选择中。
- 反向选择：反转当前选择。已选择的对象将被取消选择。
- 层：将对象添加到选定的图层中。
- 加入新层：将选定的对象添加到新建的图层中。
- 从层移除：将选定的对象从所选层中移除。

3. "查看"菜单

"查看"菜单中的主要命令含义如下。

- 图标：可以设置"对象"管理器中对象图标的大小。
- 全部折叠：用于折叠"对象"管理器中的层次结构树。
- 设为根部：将所选对象定义为根，即仅在"对象"管理器中显示此层次结构分支。
- 转到主层：选择此命令将转到顶层级别，概览所有场景对象。
- 向上一级：在层次结构中向上移动一级。
- 转到第一激活对象：如有必要，滚动"对象"管理器以确保可以看到第一个选定的对象。
- 显示搜索条：将显示搜索栏，搜索相应的对象。
- 显示路径条：显示路径对象的路径。
- 使用过滤：过滤器控制在"对象"管理器中可见的项目类型，仅在"对象"管理器中隐藏对象。
- 平面目录树：此命令将删除所有层次结构（仅"对象"管理器显示，而不是内部），并列

出所有项目。选择多个对象时，此模式特别有用，例如，将它们分配给图层时。

- 层：此命令将项目排序到图层文件夹中，其中每个文件夹以场景中的图层命名，并包含其中的项目。
- 竖向标签：控制"对象"管理器中的标签是水平显示的（作为右侧的图标列表）还是垂直显示的。
- 按名称排列：在"平面树目录"模式或"图层"模式（在这些模式不显示层次结构）时，将项目按字母顺序排序，可以更轻松地选择特定项目。

4. "对象"菜单

"对象"菜单中主要命令含义如下。

- 恢复选集：如果使用"设置选择"命令创建了点、边或多边形选集，则可以在此处找到这些选集。
- 编辑器不变：该对象采用其直接父级的视图可见性。如果对象位于顶层级别（即没有父级），则正常显示。
- 显示对象：即使层次结构父级是不可见的（红色），该对象也在视图中可见。
- 隐藏对象：即使层次结构父级是可见的（绿色），该对象也在视图中隐藏。
- 转为可编辑对象：由于原始对象没有点或多边形，因此无法以与普通多边形对象和样条线相同的方式对其进行编辑。选择此命令，可将它们转换为点和多边形，从而编辑这些对象。
- 当前状态转对象：此命令创建所选对象的多边形副本。例如，如果在对象上使用多个变形器，则可以将生成的形状复制到普通多边形对象中（副本不需要变形器）。
- 连接对象：使用此命令可以从多个对象创建单个对象。例如，可以连接由数百个单独的木板组成的围栏，以形成单个围栏对象。
- 连接对象 + 删除：删除不需要的连接对象。
- 群组对象：使用此命令，在"对象"管理器中对对象进行分组。
- 展开群组：展开创建的群组对象。
- 删除（不包含子级）：删除对象，但不包括子对象。

- 对象信息：此命令显示有关所选对象（包括其子对象）的相应信息：大小（KB）、点数、多边形数和对象数。
- 工程信息：此命令显示有关场景的相应信息：以千字节（KB）为单位的大小、多边形数量和对象数量的点数。

5. "标签"菜单

"标签"菜单中主要命令含义如下。

- 新增标签：通过新增标签列表，选择所需标签进行设置。
- 复制标签到子级：选择此命令，则选定的标记将复制到活动对象的所有子对象上。
- 选择等同子标签：使用此命令，可以选择类似子标记。
- 纹理标签：包括多个标签，可以进行相应的材质与纹理设置。

6. "书签"菜单

"书签"菜单中主要命令含义如下。

- 增加书签：将过滤器，搜索栏和路径栏的当前设置，以及多个查看选项保存为书签，可以使用"管理书签"命令重命名或删除书签。
- 管理书签：打开一个窗口，其中包含场景中所有书签的列表。要重命名书签，双击其名称并输入新名称；要重新排列书签，可以将它们拖至列表中的新位置；要删除书签，可以选中它（也可以多选书签）并按 Backspace 键或 Delete 键；要加载书签，可以按住 Alt 键单击其名称。
- 默认书签：使过滤器隐藏的所有内容再次可见。
- 书签：在这里可以找到场景中所有书签的列表。单击书签的名称将其加载。或者，将书签拖至"对象"管理器中。

1.4.2　"内容"管理器

"内容"管理器是 CINEMA 4D 工作流中不可或缺的一部分，通过"内容"管理器，可以浏览 CINEMA 4D 软件系统中的文件或者是用户计算机系统路径中的文件，如图 1-53 所示。

图 1-53

当用户把一些对象的选项设置进行预设并保存后，可以从"预置"文件夹中找到该预设文件。另外，还可以将建立的模型与纹理进行预设后，保存在用户安装 CINEMA 4D 的路径中（盘符 :\Program Files\MAXON\CINEMA 4D R20\library\browser），然后可在"预置"文件夹中找到，若需再次使用此模型，可以拖动该模型到视图中，如图 1-54 所示。

图 1-54

技巧点拨：

在使用 CINEMA 4D 进行动画制作、特效制作或渲染时，需要使用到一些预设模型、预设场景、预设材质及纹理等，可大幅节约操作时间。

1.4.3　"属性"管理器

通过"属性"管理器（图 1-55），几乎可以快速访问 CINEMA 4D 中的所有参数，包括对象、工具、标签、材质等。此外，可以直接在"属性"管理器中设置动画，而无须打开时间轴，也可以为名称旁边有圆圈标记的所有参数设置动画。在"属性"管理器中进行的更改将在相应的窗口（视图、时间轴、动画编辑器等）中实时执行。

图 1-55

提示：

在后面章节的"动手操作"中，为了简化文字描述，"属性"管理器会简称为"属性面板"。另外，"属性"管理器中的"标签"并非 CINEMA 4D 中提到的诸如动力学标签、模拟标签、毛发标签中的"标签"，而是模板中的选项卡。所以为了区别两者的说法，凡是管理器（或"面板"）中的标签统一称为"选项卡"。

在"属性"管理器中选项卡的设置无须在此介绍，因为在后续的章节中，每次的建模、渲染或场景制作都离不开"属性"管理器。下面简单介绍"属性"管理器顶部的 7 个操作按钮和 3 个菜单。

7 个操作按钮的含义如下。

- ◀ 返回：单击此按钮，返回上一操作。
- ▶ 前进：单击此按钮，切换下一操作。
- ▲ 上级目录：单击此按钮，直接返回第一操作。
- 🔍 查找：通过搜索栏查找对象。
- 🔒 锁定元素：在频繁编辑物体时，当某个元素不再需要编辑时，即可单击此按钮将其锁定。
- ◎ 锁定模式：单击激活此按钮（或单击管理器右上角的两个圆圈按钮）将确保仅显示当前打开的模式 / 参数，无论随后选择哪个工具。
- ⊞ 新建"属性"管理器：创建新的"属性"管理器。

3 个菜单的含义如下。

1. "模式"菜单

"模式"菜单中的命令就是在"属性"管理器中显示的编辑内容，如图 1-56 所示。场景中的所有元素参数及选项的设置都可以在不同的模式中完成。例如，"工程"模式用于对整个项目工程文件进行设置，如图 1-57 所示。工程文件中就包含了对象、标签、材质、动画、建模、渲染等信息。

图 1-56 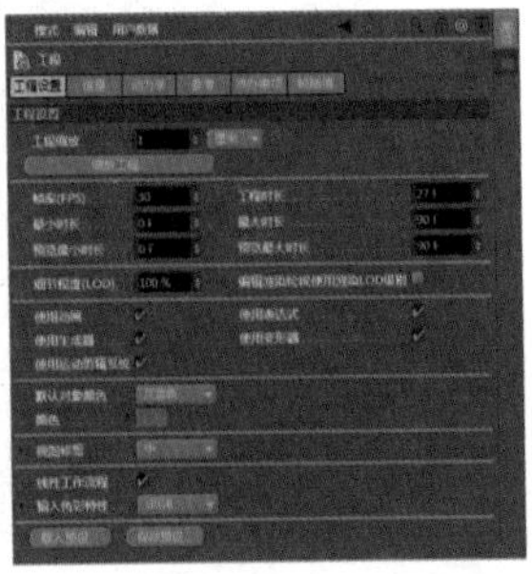   图 1-57

2. "编辑"菜单

"编辑"菜单用于在各种模式中的参数复制、粘贴及选择等操作，"编辑"菜单如图 1-58 所示。

3. "用户数据"菜单

通常，复杂场景包含大量对象。如果将这些场景传递给其他用户并进行修改（例如，需要动画的装配角色），最好创建影响实际场景对象的用户数据，然后，只向后续用户显示所需更改的参数，"用户数据"菜单如图 1-59 所示。

图 1-58    图 1-59

1.4.4 "材质"管理器与"坐标"管理器

"材质"管理器与"坐标"管理器在视图的下方，如图 1-60 所示。

"材质"管理器   "坐标"管理器

图 1-60

1. "材质"管理器

对于照片级图像作品而言，好的材质与良好的建模同样重要。使用"材质"管理器可以准确地重新创建任何类型的材质。

当建立好模型后，"材质"管理器中没有任何材质缩略图，这就需要通过"材质"管理器顶部的几个菜单来创建材质、编辑与管理材质、纹理贴图等。

2. "坐标"管理器

"坐标"管理器允许用户以数字方式操纵对象，其显示正在使用的工具信息。例如，使用移动工具会显示所选元素的位置、大小和角度。对值进行更改后，单击"应用"按钮或按 Esc 键应用即可。

1.5　CINEMA 4D R20 设计工作流

下面介绍 CINEMA 4D R20 项目设计工作流程。每个执行项目的工作流程是不完全相同的，但我们依然可以总结出一个适用于多数项目的一般步骤。

1.5.1　建立对象模型

创建模型是在 CINEMA 4D 中开始工作的第一步，若没有模型则后续工作就如同空中楼阁，无法实现。

CINEMA 4D 提供了丰富的建模方式。建模时可以从不同的 3D 基本几何体开始，也可以使用 2D 图形作为放样或挤出对象的基础，还可以将对象转变成多种可编辑的曲面类型，然后通过拉伸顶点和使用其他工具进一步建模。如图 1-61 所示为使用多种方法创建飞机模型的基本过程。

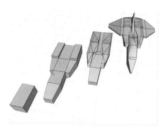

图 1-61

1.5.2　赋予材质

完成模型的创建后，需要使用材质管理器设计材质。再逼真的模型如果没有赋予恰当的材质，不可能成为一件完整的作品。通过为模型设置材质能够使模型看上去更真实。CINEMA 4D 提供了许多材质类型，既有能够实现折射和反射的材质，也有能够表现凹凸不平表面的材质。如图 1-62 所示是为飞机设置并赋予材质的过程。

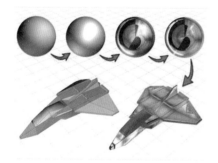

图 1-62

如图 1-63 所示为三维线框模型，如图 1-64 所示为赋予材质后的模型效果，两者之间的区别一目了然。

图 1-63　　　　　　　　图 1-64

1.5.3　设置灯光和摄像机

灯光是一个场景不可缺少的元素，若没有恰当的灯光，场景效果就会大为失色，有时甚至无法表现出创作意图。在 CINEMA 4D 中既可以创建普通的模拟灯光，也可以创建基于物理计算的光度学灯光，或者天光、日光等能够表现真实光照效果的灯光。

创建灯光后为场景添加摄像机以模拟在虚拟三维空间观察模型的方式，从而获得真实的视觉效果。如图 1-65 所示是为飞机场景添加了灯光和摄像机的效果。

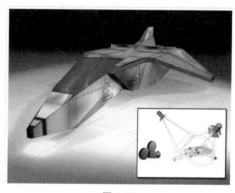

图 1-65

1.5.4　创建角色

角色可以彼此交互或与场景中的其他对象交互，CINEMA 4D 提供了几种创建角色的方法。如图 1-66 所示是为鞭炮创建的角色。

图 1-66

1.5.5 制作动画

任何时候只要单击开启"自动关键点"按钮,即可设置场景动画。单击关闭该按钮将返回建模状态。除此方法以外,还可以对场景中对象的参数进行动画设置,以实现更精确的动画效果。如图 1-67 所示为制作的动画效果。

图 1-67

1.5.6 渲染

完成上述操作后,还需要将场景渲染出来,在此过程中可以为场景添加颜色或环境效果。如图 1-68 所示为渲染后的效果。

图 1-68

2.1 工程文件管理

CINEMA 4D R20 提供了功能齐全的工程文件管理系统，使用它可以灵活、方便地对原有的文件或屏幕上的信息进行管理，制作符合操作者习惯的文件模板。

"工程文件"是每次在 CINEMA 4D（后续章节中将简称为 C4D）中工作时使用的 3D 实体、场景和其他元素的集合，包括网格和程序对象、辅助对象、角色装备、材质和贴图、粒子系统、空间扭曲、动画控制器和动画关键点、脚本、灯光、摄像机等。在 C4D 中工作时所创建、导入或修改的任何对象都是项目元素。保存或加载工程文件时，就是在存储或重新存储模型及场景等元素。在单个 C4D 会话中，每次只能打开一个工程文件。

技术要点：

在 C4D 中，"工程文件"有时也称作"项目文件"。

2.1.1 新建与打开工程文件

选择"新建场景"命令可以清除当前场景的内容，而无须更改系统设置（视图配置、捕捉设置、材质编辑器、背景图像等）。

在启动 C4D 时，C4D 将检查根目录下的 templated.c4d 模板文件，并自动将此模板作为当前新工程的样板，并在 C4D 工作界面中打开。如图 2-1 所示为新建的工程文件窗口。

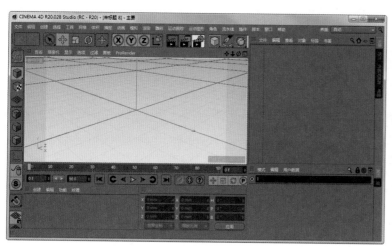

图 2-1

如果要打开已经存在的过程文件，可以执行"文件"|"打开"命令，从存储的工程文件路径中打开工程文件，如图 2-2 所示为打开的已存在的工程文件。

本章将介绍 CINEMA 4D R20 的入门基本操作方法，包括场景文件管理、场景设置、场景资源管理器、键盘与鼠标的应用、视图控制等基础知识。

知识分解：

- 工程文件管理
- 辅助工具
- 对象的选择方法
- 对象的捕捉
- 坐标系统与对象变换

图 2-2

2.1.2 导入或导出文件

之前，C4D 旧版本软件中导入多种类型的 CAD 文件非常困难，随着 CINEMA 4D R20 的推出，一些很常见的 CAD 格式文件可以直接在 C4D 中打开，如图 2-3 所示。

C4D 可以打开以下 CAD 格式文件。

- IGES 文件后缀为：*.igs，*.iges。
- STP 文件后缀为：*.stp，*.step，*.p21。
- JT 文件后缀为：*.jt。
- SolidWorks 文件后缀为：*.sldprt，*.sldasm，*.slddrw。
- CATIA V5 文件后缀为：*.catpart，*.catproduct，*.cgr。

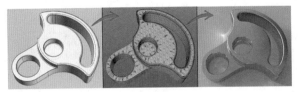

图 2-3

对于 3ds Max 场景文件的导入问题，可以通过下载并安装 MaxToC4D V4.0 转换器，在 C4D 中直接打开。但是，由于目前 CINEMA 4D R20 版本是最新的，MaxToC4D 转换器还没有适用 CINEMA 4D R20 的版本，仅限于 CINEMA 4D R15~ CINEMA 4D R19 版本。或许，当读者看到本书时，已经出现了 MaxToC4D 适用于 R20 的版本。

对于 C4D 工程文件导出，可以通过执行"文件"|"导出"子菜单中的对应命令，将 C4D 工程文件导出，如图 2-4 所示。

图 2-4

2.2 辅助工具

本节将学习一些辅助性的操作工具，这些工具可以帮助操作者快速完成各种工作，当然它们的使用方法也是建模之初必须要掌握的基础知识。这些辅助工具主要集中在"工具"菜单中，也有部分工具在视图上方和左侧的命令工具栏中。因为要讲解的工具很多，限于篇幅，本节只介绍常用的辅助建模工具。

2.2.1 测量和移动

使用"测量和移动"工具可以测量两个物体对象之间的距离和角度。在进行测量操作后，将以数字形式调整距离和角度。

动手操作——测量距离和角度

01 在上工具栏"对象"工具列中单击"立方体"按钮 ，在视图中自动创建一个立方体对象，如图 2-5 所示。

02 执行"捕捉"|"3D 捕捉"命令和"自动捕捉"命令，开启自动捕捉模式。

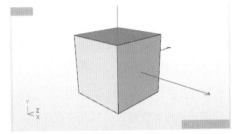

图 2-5

03 执行"工具"|"测量和移动"命令，在"属性"管理器中选中"显示"选项，显示测量标尺，如图 2-6 所示。

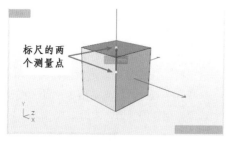

图 2-6

04 将标尺的两个测量点分别移至要测量的长方体的顶点上，系统会自动计算两点之间的距离并给出数值，如图 2-7 所示。

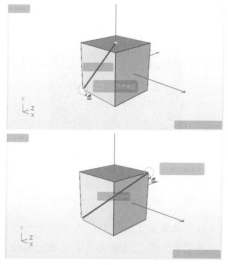

图 2-7

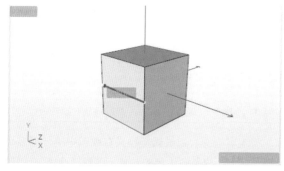

图 2-8

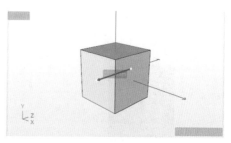

图 2-9

05 测量角度需要定义 3 个测量点，首先在"属性"管理器中选中"三点"复选框，且取消选中"距离 1"与"距离 2"两个复选框，如图 2-10 所示。

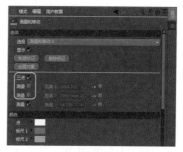

图 2-10

06 在视图中将 3 个测量点分别移至长方体的 3 个顶点上，随后可见系统计算的角度值，如图 2-11 所示。

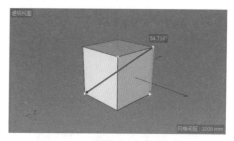

图 2-11

2.2.2 工作平面

工作平面是一个平面（适合在透视视图中使用），可以由 C4D 自由定位和使用，用于捕捉和定位样条点、排列新创建的对象等。

在 C4D 中指定工作平面其实是指定工作平面的法向，或者说确定坐标系中的 Z 轴指向。下面介绍工作平面对齐坐标轴的几种方式。

进入"工具"|"工作平面"子菜单，如图 2-12 所示。下面介绍该菜单中几个命令的含义。

图 2-12

- 对齐工作平面到 X：指定坐标系统中的 ZY 平面作为工作平面，如图 2-13 所示。

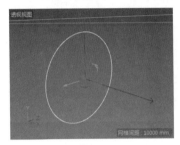

图 2-13

- 对齐工作平面到 Y：指定坐标系统中的 XZ 平面作为工作平面，如图 2-14 所示。

图 2-14

- 对齐工作平面到 Z：指定坐标系统中的 XY 平面作为工作平面，如图 2-15 所示。

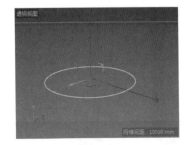

图 2-15

- 对齐工作平面到选集：将工作平面旋转到当前选定的元素。对于使用模型模式中的对象，这将是 XZ 平面；在使用多边形模式并选择多边形时，它将是多边形表面；在使用点模式选择 3 个点时，它将是由 3 个点（按 Shift 键选取）创建的平面，如图 2-16 所示。

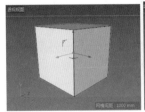 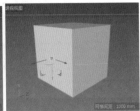

模型模式中　　　　多边形模式中

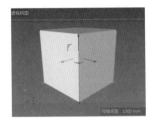

点模式中

图 2-16

- 对齐选集到工作平面：在工作平面上定位所选元素（仅在组件模式中选择建模轴），这些元素将垂直于工作平面。

2.3　对象的选择方法

在 C4D 建模和动画制作的过程中需要选择一些对象，结合使用各种工具，能够快捷、有效地进行对象选取，从而完成工作。

2.3.1　模型模式下的选择工具

在"选择"菜单中可以使用一些选择工具来辅助建模，首先介绍常用的选择工具。

1. 实时选择

"实时选择"通过画笔模式在视图中单一或多个选择包括点、边及多边形的对象。选择"选择"|"实时选择"命令，或者在工具栏中单击"实时选择"按

钮（或按 9 键），即可开启实时选择对象的功能，并能在视图中选择对象，如图 2-17 所示。同时在属性管理器中显示"实时选择"选项面板，如图 2-18 所示。

图 2-17

图 2-18

可以在"实时选择"选项面板的"选项"选项卡中，设置选择画笔的大小、选择对象的显示及选择模式等。如果将选择画笔放大到包容整个图形组合，可以完成一次性多个对象的选择。

技巧点拨：

还可以按下 Shift 键 + 左键，连续选取多个对象。

每一个对象被选中后，将会显示各对象的自身坐标系（称为"操控坐标系"），此操控坐标系用来进行对象的变换操作，如平移、旋转或缩放等。

2. 框选

框选方式是另外一种多个对象的选择方式，选择"选择"|"框选"命令后，在视图中画一个矩形框，矩形框内的多个对象将被选中，如图 2-19 所示。

图 2-19

3. 套索选取

有 Photoshop 使用经验的读者知道，使用套索选取就是在视图中通过绘制路径来套取对象，如图 2-20 所示。

图 2-20

4. 多边形选择

多边形选择方式通过在视图中绘制多边形轮廓来选取多个对象，如图 2-21 所示。

图 2-21

2.3.2　点、边及多边形模式下的选择工具

在模型模式下（在左工具栏中单击"模型"按钮），"选择"菜单中的选择命令如图 2-22 所示；当设置为点、边及多边形模式时，在"选择"菜单中的选择命令如图 2-23 所示。

1. 循环选择

可以使用"循环选择"命令在所有 3 种模式（点、边和多边形）中进行选择。在建模 3D 角色时通常会使用循环，因为这有助于确保在使用关节动画或构建角色时完美变形，而且经常需要编辑这些循环。如图 2-24

所示为多边形、边及点模式下的循环选择。

图 2-22　　　　　　图 2-23

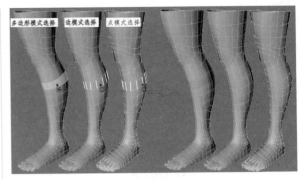

图 2-26

3. 轮廓选择

在边或多边形模式下，"轮廓选择"命令在选择多边形后将自动拾取其轮廓边。方法是将鼠标指针移至多边形上，当轮廓边缘改变颜色时，单击即可选择边缘，如图 2-27 所示。

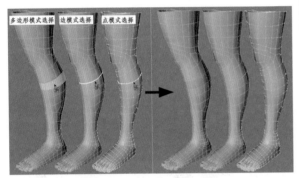

图 2-24

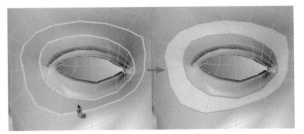

图 2-27

在边缘模式下，可以双击边缘以使用"移动""缩放"或"旋转"工具进行循环选择。要使用循环选择，可以将鼠标指针移至要选择的循环上。当循环改变颜色时，单击以选择该循环，如图 2-25 所示。还可以通过拖动而不是单击来影响循环的长度。

4. 填充选择

在边模式或多边形模式下，"填充选择"工具可以选择边并自动拾取边所在的多边形。方法是将鼠标指针移至边上，当边所在的多边形改变颜色时，单击即可选择这些多边形，如图 2-28 所示。

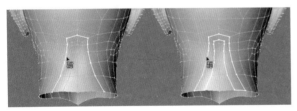

图 2-25

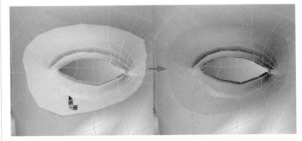

图 2-28

2. 环状选择

环状选择与循环选择类似，只是它选择后会形成较宽的环形元素，"环装选择"命令适用于所有 3 种模式（点、边和多边形模式）。如图 2-26 所示为多边形、边和点模式下的环状选择。

5. 路径选择

"路径选择"命令允许通过绘制区域（拾取多边形的边或点形成路径）来选择多边形边或点，如图 2-29

所示。此命令仅适用于边模式或点模式。

图 2-29

6. 其他选择工具

除了前面常用的一些选择工具，还有其他选择工具可以帮助精确地选取对象。

- 选择平滑着色（Phong）断开：在多边形模式下，该命令可以通过平滑着色来选择多边形，如图 2-30 所示。

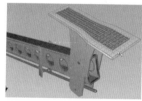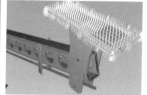

图 2-30

- 全选：在点、边或多边形模式下，此命令可以快速选取多边形对象中的点、边和多边形。
- 取消选择：使用此命令可以取消选择当前模式中的点、边及多边形对象。
- 反选：选择视图中未选中的对象。
- 选择连接：此命令可以在点、边或多边形模式下选择相连的点、边或多边形。选择方法是按下鼠标左键拖动来选择相连的对象。
- 扩展选区：此命令创建一个选择集，所有相邻的点、边或多边形都会被添加到这个选择集中。
- 收缩选区：此命令通过取消选择所选点、边或多边形（取决于所处的模式）来缩小选择范围。
- 隐藏选择：将选取的点、边或多边形隐藏。
- 隐藏未选择：将未选取的点、边或多边形隐藏。
- 全部显示：显示所有隐藏的对象元素。
- 反转显示：反转显示隐藏的对象元素。
- 转换选择模式：使用此命令可以将一种选择转换为另一种选择，例如将多边形选择转换为点选择。
- 设置选集：可以设置点、边或多边形选择，

然后使用"对象"管理器中的点选择标记、边选择标记或多边形选择标记随时处理冻结的选择。

- 转换顶点颜色：使用此命令可以将一个或多个（最多 4 个）顶点地图标记转为顶点颜色标记。同理，也可以将顶点颜色标记转为顶点地图标记，如图 2-31 所示。

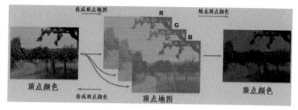

图 2-31

- 设置顶点权重：使用变形对象时，此命令特别有用。可以使用它来精确限制变形对象的影响。例如，可以使用此工具，使扭曲变形器仅扭曲图形的头部，而不是整个身体。

2.4　对象的捕捉

捕捉工具是设计师精确建模的重要辅助工具。"捕捉"是将元素定位在另一元素（例如顶点、边、向导、临时向导、图层等）上的预定义位置处。在建模时，有许多方法可以使用"捕捉"功能来定位对象或顶点。下面介绍几个常用的捕捉工具。

1. 启用捕捉

选择"捕捉"|"启用捕捉"命令，将开启捕捉模式，在捕捉对象时将会限制在选择画笔的圆内，如图 2-32 所示。

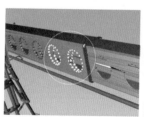

图 2-32

"捕捉"菜单中将高亮显示特定的捕捉命令，部分捕捉命令介绍如下。

- 顶点捕捉：启用此捕捉，则可以将所选对象捕捉到任何对象顶点（包括背面的顶点），

如图 2-33 所示。

- 边捕捉：启用此捕捉，则可以将所选对象捕捉到任何边缘上，如图 2-34 所示。

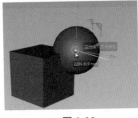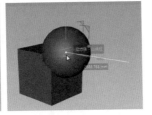

图 2-33　　　　　　图 2-34

- 多边形捕捉：启用此捕捉，则可以将所选对象捕捉到任何多边形上，如图 2-35 所示。
- 样条捕捉：启用此捕捉，则可以将所选对象捕捉到样条曲线上，如图 2-36 所示。

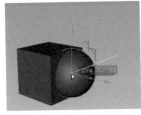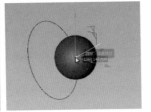

图 2-35　　　　　　图 2-36

- 轴心捕捉：启用此捕捉，则可以将所选对象捕捉到圆形的圆心上（或圆柱面、体的轴线上），如图 2-37 所示。
- 交互式捕捉：启用此捕捉，则可以将所选对象捕捉到相互交叉的曲线交点上（曲线必须相交），如图 2-38 所示。

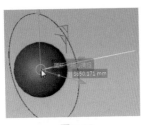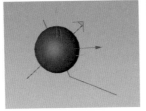

图 2-37　　　　　　图 2-38

2. 2D 捕捉和 3D 捕捉

C4D 中有两种捕捉模式——2D 捕捉和 3D 捕捉。2D 捕捉是在顶视图、右视图、正视图等平面视图中进行的捕捉；3D 捕捉是在透视视图中进行的捕捉。

2.5　坐标系统与对象变换

在 C4D 中可以借助系统坐标系进行对象元素的变换操作，如移动、旋转、缩放等。

1. 移动对象（快捷键为 E 键）

在上工具栏中单击"移动"按钮 ⊕，在视图中选取要移动的对象（图 2-29 中的立方体），对象中显示移动操控器，拖动该对象可以在空间中任意移动，如图 2-39 所示。

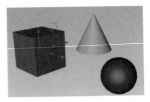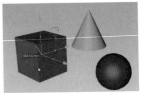

图 2-39

可以通过拖动移动操控器的操控轴进行轴向平移，如图 2-40 所示。

图 2-40

移动操控器示意，如图 2-41 所示。选中操控平面再拖动对象，将在所选平面上平移。

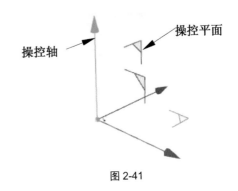

图 2-41

2. 旋转对象（快捷键为 R 键）

在上工具栏中单击"旋转"按钮 ◎，在视图中选择对象后显示旋转操控器，如图 2-42 所示。拖曳旋转操控器中的操控环可以旋转物体对象（并非是旋转视图）。

图 2-42

3. 缩放对象（快捷键为 T 键）

在上工具栏中单击"缩放"按钮 ，选择对象后将显示缩放操控器，如图 2-43 所示。通过拖动缩放操控器中的缩放手柄来缩放对象。缩放操控器有 3 个轴向缩放手柄，拖动不同轴向的缩放手柄可以在各自的轴向上改变对象的大小。

图 2-43

还可以通过拖动缩放操控器中的缩放平面，在所选平面上进行两个方向的缩放操作，如图 2-44 所示。

图 2-44

当创建基本体（如长方体、球体、圆柱体等）后，基本体处于可编辑状态，同时在基本体模型上显示移动操控器，在移动操控器的操控轴时会显示一个操控点，这个操控点称为"缩放操控点"，如图 2-45 所示。

选中缩放操控点并拖动，可以将对象进行轴向缩放，如图 2-46 所示。

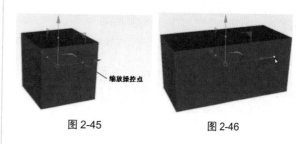

图 2-45　　　　图 2-46

4. 结合坐标系来操作对象

前面介绍的是通过操控器来操作对象，这里可以通过配合坐标系的轴来操作对象，例如在已经激活了"移动"工具 的情况下，再单击上工具栏中的 X 按钮、Y 按钮或 Z 按钮，可以在模型外的任意位置拖曳鼠标来平移对象，对象将分别在 X、Y 或 Z 轴上平移，如图 2-47 所示。如果同时激活了 X 按钮、Y 按钮和 Z 按钮，可以在视图中任意方向上进行平移操作。

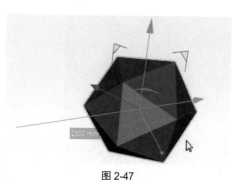

图 2-47

第 3 章

创建几何模型

几何模型是场景中最重要的组成元素。本章将学习 C4D 的几何建模工具与建模方法，鉴于建模工具种类繁多，在本章仅介绍对象建模、曲线创建和基于曲线的曲面建模。

知识分解：

- C4D 建模概述
- 几何基本体建模
- 创建曲线
- 生成器建模
- 综合案例

3.1　C4D 建模概述

在建造模型前，首先要明白建模的重要性、建模的思路，以及建模的常用方法等。只有掌握了这些最基本的知识，才能在创建模型时得心应手。

C4D 建模是指在场景中创建二维或三维模型。三维建模是三维设计的第一步，是三维世界的核心和基础。没有一个好的模型，好的效果是无法实现的。C4D 具有多种建模方式，包括对象建模、生成器建模、造型建模、变形器建模及网格建模等。

3.1.1　C4D 建模方法

使用 C4D 工作时，一般都遵循"建模→材质→灯光→渲染"这个基本流程。建模是一幅作品的基础，没有模型，材质和灯光就是无稽之谈，如图 3-1 所示是两幅非常优秀的建模作品。

图 3-1

一个复杂的模型，总是由一些简单的特征经过一定的处理组合而成的，可以称其为组合体。组合体按其组成方式可分为叠加、切割和相交 3 种基本形式，分别如图 3-2 所示。

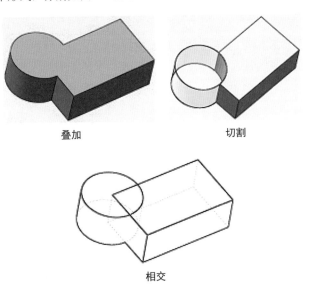

叠加　　　　切割

相交

图 3-2

一个复杂的模型是由许多个简单基本体叠加而成的。在进行建模之前，先对其进行结构分析是非常重要的。首先要明确模型中各个基本体之间的关系，找出模型的基本轮廓作为第一个样条线轮廓，然后根据基本体之间的主次关系，理清建模的顺序。

同一个模型，不同的设计者可能用不同的方法创建。但是，对于最终的模型，要保证其体现设计思想、加工工艺思想和模型本身的鲁棒性，使模型不仅易于修改，而且在修改时产生的关联错误也能快速修复。

总之，三维软件建模的主体思路可以划分为特征合成法和特征分割法。

- 特征合成法：系统允许设计者通过加或减特征进行设计。首先通过一定的规划和过程定义一般特征，建立一般特征库。然后对一般特征实例化，并对特征实例进行修改、复制、删除生成实体模型，导出特定的参数值操作，建立产品模型。如图 3-3 所示为利用特征合成法的建模作品。

图 3-3

- 特征分割法：在一个毛坯模型上用特征进行布尔减操作，从而建立零件模型。类似产品的实际生产加工过程。如图 3-4 所示为利用特征分割法进行建模的作品。

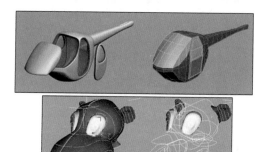

图 3-4

3.1.2　C4D 建模工具

C4D 的几何基本体包括标准基本体和扩展基本体。

创建标准基本体和扩展基本体的命令在"创建"|"对象"子菜单中，如图 3-5 所示。也可以从上工具栏的"对象"工具列中调取几何基本体的建模工具，如图 3-6 所示。

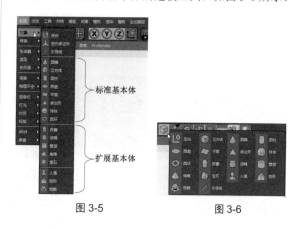

图 3-5　　　　　　　　　图 3-6

"对象"子菜单中除了标准基本体工具和扩展基本体工具，还包括空对象和临时对象的创建工具——空白、空白多边形和引导线。

> **技巧点拨：**
>
> C4D 中的基本体，虽然表面上看似一种实体模型，但由于 C4D 并非三维工程软件，不会用来进行结构设计，所以 C4D 中的"实体"模型其实是封闭的多边形模型，其中没有材料填充，只是一个表面而已。

3.2　几何基本体建模

本节介绍 C4D 的几何基本体建模工具及其参数设置方法。

3.2.1　空对象和临时对象

空对象就是看不见的虚拟对象，虽然什么都看不见，但可以用来作为其他可见的场景对象的集合。

临时对象就是用来作为临时参考的对象，可以删除，但不会影响其他场景对象。

1. 空白

空白对象是一个空的集合，也称为"组"，空集中没有对象时，什么都没有，也看不见。当添加了对象到空集后，就形成了对象组。这些在对象组中的对象可以同时进行相同的操作。一个场景中允许创建多个空白对象（也就是多个"对象组"或"对象集"）。

创建空白对象后，可以在其中放置其他对象，将场景中的其余元素组合在一起。这个工具也是经常使用到的。例如，通过"对象"管理器将多个对象拖至"空白"对象中称为其子级，然后选中空白对象并进行平移操作，空白对象子级中的所有子对象将会一起平移运动，如图3-7所示。

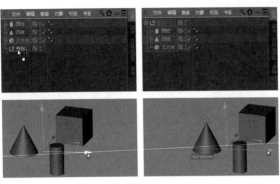

图3-7

以上是手动创建空白子级对象的方法。当先期创建了很多对象，并且在"对象"管理器中按住Ctrl键选取多个对象后，可以在"对象"管理器面板的"对象"菜单中选择"群组对象"命令，系统自动将所有对象合并到一个空白对象中，如图3-8所示。

图3-8

2. 空白多边形

空白多边形也是一个空的集合，或者称为"空的群组"。这个空白多边形对象用来在其中放置多边形。当然也可以当作"空白对象"使用，将基本体对象放置其中。

3. 引导线

"引导线"工具可以创建线段、射线和直线，也可以创建参考平面。引导线可以用作辅助参考线，当不需要时可将其删除。

引导线只有一个节点，也就是中点。单击"引导线"按钮，系统在视图中创建引导线，默认情况下引导线的中点在世界坐标系的原点，如图3-9所示。

在"属性"管理器面板中显示"引导对象（引导线）"选项设置面板，如图3-10所示。其中"对象"选项卡中的主要选项含义如下。

图3-9　　　　图3-10

- 类型：引导线的类型包括直线类型和平面类型。直线类型就是创建参考直线；平面类型就是创建参考平面，如图3-11所示。
- 直线模式：当设置为"直线"类型时，"直线模式"单选按钮变得可用。直线模式有3种：无限（无限长度的直线）、半直线（射线）和线段（有限长度的直线）。
- X尺寸：当引导线类型为"平面"时，此单选按钮被激活，用于设置X轴方向的边长。
- Z尺寸：当引导线类型为"平面"时，此单选按钮被激活，用于设置Z轴方向的边长。当引导线类型为"直线"、直线模式为"分段"时，用于设置直线在Z轴方向的长度，如图3-12所示。

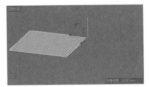

图3-11　　　　图3-12

- 空间模式：选中此单选按钮，当引导线类型为"直线"时，可以同时创建X轴方向、Y轴方向和Z轴方向的直线，如图3-13所示。当引导线为"平面"时，将同时创建3个参考平面，如图3-14所示。

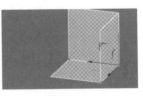

图3-13　　　　图3-14

- 枢轴中心：当引导线类型为"平面"时，此单选按钮被激活。选中时，操控器将显示在参考平面的中心。

3.2.2　标准基本体

标准基本体非常易于创建，只需单击相应按钮，即可自动完成创建。

每种几何体都有参数，以控制产生不同形态的几何体，如锥体工具就可以产生圆锥、棱锥、圆台和棱台等。通过参数的变换和各种修改工具，可以将标准几何体编辑成各种复杂的形体。

1. 长方体

长方体是最简单的内置模型，广泛应用于初始建模，可用来制作墙壁、地面或桌面等简单模型。主要由长、宽和高 3 个参数确定，它的特殊形状是正方体。

在上工具栏的"对象"工具列中单击"立方体"按钮 ⬚，系统自动在坐标系原点创建一个默认尺寸为 2000mm×2000mm×2000mm 的立方体，如图 3-15 所示。同时在"属性"管理器中显示"立方体对象（立方体）"选项设置面板，如图 3-16 所示。

图 3-15　　　　　　图 3-16

"立方体对象（立方体）"选项设置面板中有 4 个选项卡："基本""坐标""对象"和"平滑着色（Phong）"选项卡。这里将详细介绍这 4 个通用选项卡，后面若再出现相同的选项卡就不赘述了。

（1）"基本"选项卡。

"基本"选项卡用于设置对象的基本属性，其中主要选项含义如下。

- 名称：对象的名称，可以自定义名称。
- 图层：可以将对象添加到某一图层，也可以创建新图层，再将该对象放置到新图层中。
- ⊚、◉ 关键帧：默认状态下此按钮不可用，表示没有定义关键帧。单击该按钮并变成红色时表示定义了当前帧为关键帧。
- 编辑器可见：此选项控制对象在视图中是否

可见，也可以在"对象"管理器中控制对象的显示与隐藏。

- 渲染器可见：此选项控制对象在渲染时是否显示颜色，"默认"选项为开启颜色。"关闭"选项为不显示渲染颜色。
- 使用颜色：此选项控制当前对象在视图中显示的颜色。"关闭"选项为不设置对象颜色；"自动"选项为显示材质颜色；"开启"选项为显示对象颜色，并可在下方的"显示颜色"选项中设置对象颜色；"图层"选项为对象显示在图层中设置的颜色。
- 显示颜色：设置当前对象的颜色，单击色块图标，弹出"颜色拾取器"对话框，用于设置对象颜色，如图 3-17 所示。

图 3-17

- 启用：此选项用于控制基本体图元、变形器建模图元和生成器建模图元在视图中的可见性。除此 3 种类型图元，其他图元将不会有此选项。
- 透显：用于设置对象在视图中的透明显示状态，选中该选项将透明显示，如图 3-18 所示。

（2）"坐标"选项卡。

"坐标"选项卡用于设置对象在世界坐标系中的绝对位置。"坐标"选项卡如图 3-19 所示，其中主要选项含义如下。

图 3-18　　　　　　图 3-19

- P.X：P 表示相对于世界坐标系的位置；X 表示 X 轴方向的位移值。
- S.X：S 表示相对于世界坐标系的比例；X 表示在 X 轴方向上的比例缩放值。
- R.H：R 表示相对于世界坐标系的角度；H 表

示操控环的旋转角度（在 X 轴与 Z 轴形成的平面上）。

- 顺序：此下拉列表中的选项适用于动画制作，例如，为角色中的手背添加旋转动画。

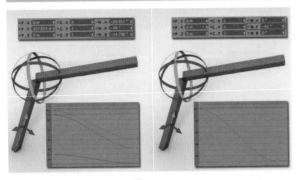

图 3-20

- 四元旋转：选中该复选框可激活该对象的四元数动画（关键帧值将是相同的欧拉值，并且只有值之间的插值才会相应更改）。反之，将使用 Euler 动画方法。
- 冻结全部：仅用于动画制作。在三维中，对象的冻结也称为"归零"（或者称为"双变换"），因为局部坐标的"位置"值和"旋转"值将各自设置为 0 并缩放为 1，而不更改对象的位置或方向。
- 解冻全部：取消冻结。
- 冻结 P、冻结 S 和冻结 R：冻结位置、冻结缩放和冻结旋转。

（3）"对象"选项卡。

"对象"选项卡中的选项用于设置当前对象的基本属性参数，包括尺寸、圆角处理及表面分离等。"对象"选项卡如图 3-21 所示，主要选项含义如下。

- 尺寸 .X、尺寸 .Y、尺寸 .Z：设置立方体对象在 X、Y、Z 轴方向上的长度。除了在此输入尺寸来精确定义立方体的大小，还可以在视图中拖动模型上的尺寸手柄来改变大小，如图 3-22 所示。
- 分段 X、分段 Y、分段 Z：定义立方体在 X、Y、Z 轴方向上的细分数量，分段就是将表面

进行细分，将模型的显示设置为"光影着色"和"线框"形式，会显示面的细分。如图 3-23 所示为分段数量在 X、Y、Z 轴方向的数量均为 3 的细分效果。

图 3-21

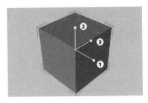

图 3-22

- 分离表面：选中此复选框后，将模型转换为可编辑对象后，立方体的 6 个面都是独立的，如图 3-24 所示。

图 3-23

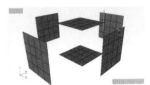

图 3-24

- 圆角：可以为立方体的边缘添加圆角。选中此复选框后，可在"圆角半径"文本框中输入圆角半径，在"圆角细分"文本框中输入细分数量值，如图 3-25 所示。

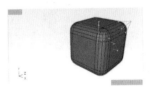

图 3-25

（4）"平滑着色"选项卡。

"平滑着色"选项卡主要用于设置当前对象的平滑程度。例如一个球体，实际上是一个由无限数量的多边形组合而成的模型，这个平滑度就是用来控制诸如球体类模型的多边形数量的，多边形数量越多，模型就越平滑，反之就越不平滑。对于立方体而言，平滑着色没有什么作用，但对于球体、圆柱体而言，就很有作用了，此处就不介绍了，后续再讲解。

2. 球体

单击"球体"按钮，系统自动在坐标系原点创建一个球体。"属性"管理器中显示球体的"对象"选项卡，如图 3-26 所示。

图 3-26

"基本"选项卡与"坐标"选项卡是每个对象模型通用的。只有"对象"和"平滑着色"选项卡才是各对象模型的专属选项卡。

（1）"对象"选项卡。

"对象"选项卡中主要选项含义如下。

- 半径：用于设置球体的半径。
- 分段：用于设置球面的细分数量，默认数量为 24。段数越少，细分球面的个数就越少，就会变成相应数量的多面体，如图 3-27 所示。
- 类型：此下拉列表中的选项用来定义组成球体的表面排列方式。例如，选择"标准"，那么球面则是由三角形和四边形组成的；选择"四面体"类型，则是把整个球面分割成 4 份；若是设计排球的形状曲面，则可以选择"六面体"类型，表面排列方式如图 3-28 所示。

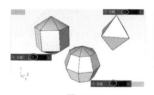
图 3-27

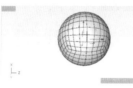
图 3-28

- 理想渲染：选中此复选框，渲染时球面的平滑度最好。如图 3-29 所示为非理想渲染和理想渲染的效果对比。

非理想渲染

理想渲染

图 3-29

（2）"平滑着色（Phong）"选项卡。

"平滑着色（Phong）"选项卡如图 3-30 所示。

图 3-30

"平滑着色（Phong）"选项卡中主要选项含义如下。

- 角度限制：选中此复选框，将会调整球面平滑着色的角度。
- 平滑着色（Phong）角度：设置平滑度数，度数越大，球面越光滑，反之越不平滑。如图 3-31 所示为平滑度为 0°时与平滑度为 100°时的着色效果对比（非渲染的情况下）。

技巧点拨：

球面的平滑度除了与"平滑着色（Phong）角度"值有关，还与在"对象"选项卡中设置的"分段"数量有关。

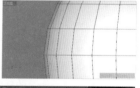

图 3-31

- 使用边断开：此复选框仅在当前对象转换为可编辑对象时才有用。当需要对模型中的某个多边形进行拖动变形时，如果不选中"使用边断开"复选框，将会出现相邻的多边形一起变形的情况。选中此复选框后，将会单独对所选多边形进行变形，如图 3-32 所示。

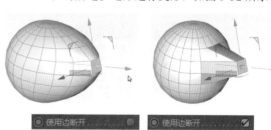

图 3-32

3. 圆锥

圆锥体在现实生活中经常看到，如冰激凌的外壳、项链的吊坠等。单击"圆锥"按钮 ，系统在坐标系原点创建圆锥体，如图 3-33 所示。创建圆锥体的"属性"管理器的"对象"选项卡如图 3-34 所示。

图 3-33　　　　　图 3-34

（1）"对象"选项卡。

"对象"选项卡中主要选项含义如下。

- 顶部半径：此参数可用于创建圆台。当顶部半径为 0 时，即为圆锥。设置一个半径，则变为圆台，如图 3-35 所示。
- 底部半径：此参数用于设置圆锥体底部的半径。
- 高度：设置圆锥体的高度。
- 高度分段：在高度方向上的表面细分。
- 旋转分段：在截面旋转方向上的表面细分。
- 方向：设置圆锥体的高度方向，默认为 +Y 轴方向创建圆锥体。如图 3-36 所示为在 +X 轴方向上创建的圆锥体。

图 3-35　　　　　图 3-36

（2）"封顶"选项卡。

"封顶"选项卡如图 3-37 所示。

图 3-37

"封顶"选项卡中主要选项含义如下。

- 封顶：当对象为圆锥体时，此复选框无用。当对象为圆台时，选中此复选框，圆台顶部

及底部的面会存在。反之，圆台顶部及底部的曲面将被删除，如图 3-38 所示。

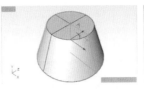　

圆台封顶　　　　　圆台不封顶

图 3-38

- 封顶分段：封顶表面的径向细分数，如图 3-39 所示。

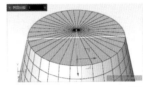　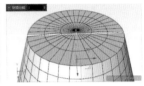

图 3-39

- 圆角分段：当在下方选中了"顶部"或"底部"复选框时，此参数才可用。用来设置圆台顶边或底边进行倒圆角后的圆角面细分数。
- 顶部：当选中此复选框时，圆台顶部边缘将创建圆角。此复选框与"圆角分段"参数进行配合操作，当圆角分段为 1 时，设置顶部圆角半径为 500mm 后的形状如图 3-40 所示。当顶部圆角分段为 5 时，设置顶部圆角半径为 500mm 后的形状如图 3-41 所示。

图 3-40　　　　　图 3-41

- 底部：在圆台底部添加圆角，如图 3-42 所示。
- 半径：设置圆角半径。
- 高度：设置倒角的高度范围值，此值只能小于或等于圆台总高度的 50%。如图 3-43 所示为设置高度为 250mm（圆台总高度为 1000mm）的圆台形状。

图 3-42　　　　　图 3-43

（3）"切片"选项卡。

"切片"选项卡中的选项用来设置对象的剖切面，"切片"选项卡如图 3-44 所示。

"切片"选项卡中主要选项含义如下。

- 切片：选中此复选框，将创建剖切面，并把对象默认剖切为两半，会显示其中的一半，如图 3-45 所示。

图 3-44

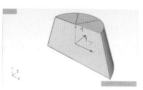

图 3-45

- 起点：设置剖切面的起点角度。
- 终点：设置剖切面的终点角度。如图 3-46 所示为终点角度为 270°的剖切状态。
- 标准网格：选中此复选框，可以通过下方的"宽度"参数来设置剖切面的细分大小，如图 3-47 所示。
- 宽度：设置剖切面的细分值。

图 3-46

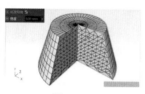

图 3-47

4. 圆柱

在上工具栏的"对象"工具列中单击"圆柱"按钮 ，系统自动创建圆柱体，如图 3-48 所示。定义圆柱体的"属性"管理器如图 3-49 所示。"属性"管理器中的选项设置均与"圆锥"对象的选项相同，因此不再赘述。

图 3-48

图 3-49

5. 圆环

"圆环"工具可生成一个具有圆形横截面的环。

单击"圆环"按钮 ，系统自动创建圆环体，如图 3-50 所示。圆环的"属性"管理器的"对象"选项卡如图 3-51 所示。

图 3-50

图 3-51

下面仅介绍"对象"选项卡中的主要选项。

- 圆环半径：设置从环形的中心到横截面圆形中心的距离，这是环形环的半径。
- 圆环分段：设置在圆环径向方向上的表面细分值。
- 导管半径：设置圆环横截面圆形的半径。如图 3-52 所示为圆环半径和导管半径的示意图。其中 R1 为圆环半径，R2 为导管半径。

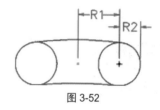

图 3-52

- 导管分段：在圆环圆周方向上的表面细分。

6. 其他基本体

在对象建模中还包括"圆盘""平面""多边形"等基本体创建工具，这 3 个工具是用来创建平面曲面的，如图 3-53 所示。

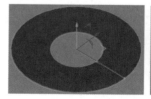

圆盘

平面

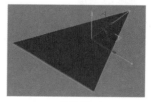

多边形

图 3-53

动手操作——杯子造型

01 执行"文件"|"新建"命令，新建 C4D 场景文件。

02 在上工具栏的"对象"工具列中单击"管道"按钮，创建默认的管道体后在"属性"管理器中设置参数，如图 3-54 所示。

图 3-54

03 单击"圆柱"按钮，在"属性"管理器的"坐标"和"对象"选项卡中设置圆柱体的对象参数与坐标位置，然后在"坐标"管理器中设置圆柱体的坐标值，使其置于圆环体底部，以此封闭底部缺口，如图 3-55 所示。

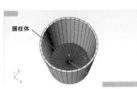

圆柱体

图 3-55

技巧点拨：

在"属性"管理器中，可以按 Shift 键同时选取"坐标"选项卡与"对象"选项卡，相应参数会一同显示在面板上。若要单独设置坐标参数，也可在"坐标"管理器中设置。

04 单击"圆环"按钮，在"属性"管理器的"坐标"选项卡和"对象"选项卡中设置选项和参数，完成圆环体的创建，如图 3-56 所示。

图 3-56

05 在视图中选中圆环体，按住 Ctrl 键向上拖动圆柱体，复制出一个同等大小的圆环体，然后在视图下方的"坐标"管理器中输入此圆环体的坐标位置，如图 3-57 所示。

图 3-57

06 激活右视图。创建一个圆环，在"属性"管理器中修改参数，然后在视图中手动调整其位置，如图 3-58 所示。

图 3-58

07 按下 Ctrl 键拖动上一步创建的圆环体，复制出一个新的圆环体。同时修改圆环体副本的参数，并拖至合适的位置，如图 3-59 所示。

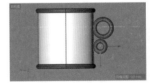

图 3-59

08 最终效果如图 3-60 所示。

图 3-60

3.2.3 扩展基本体

1. 管道

管道的外形与圆柱体相同，只不过管道是空心的，圆柱体是实心的。因此，管道有两个半径，即外部半径和内部半径。单击"管道"按钮创建的管道及管道"属性"管理器的"对象"选项卡如图 3-61 和图 3-62 所示。

"属性"管理器中的选项与圆柱、圆锥的选项相同，这里仅介绍"对象"选项卡中的"外部半径"和"内部半径"选项。

- 内部半径：设置管道内圆半径值。
- 外部半径：设置管道外圆半径值。

图 3-61

图 3-62

2. 角锥

角锥就是四棱锥，示例模型如图 3-63 所示。角锥对象的"属性"管理器如图 3-64 所示。

图 3-63

图 3-64

3. 宝石

宝石是一种很典型的异面体，它可以用来创建四面体、六面体、八面体、十二面体、二十面体及碳原子形状等。单击"宝石"按钮，系统自动创建宝石对象，如图 3-65 所示。宝石对象的"属性"管理器的"对象"选项卡如图 3-66 所示。

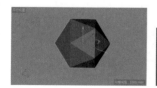

图 3-65

图 3-66

"对象"选项卡的主要选项含义如下。

- 半径：宝石形状的外圆半径。
- 分段：宝石形状中各面的细分数。
- 类型：选择创建宝石的 6 种类型，如图 3-67 所示为 6 种宝石（异面体）形状的效果。

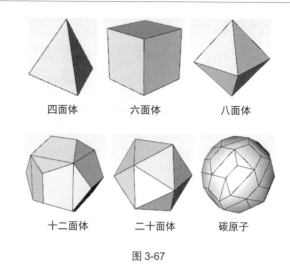

四面体　　　　六面体　　　　八面体

十二面体　　　二十面体　　　碳原子

图 3-67

4. 油桶

单击"油桶"按钮，自动创建油桶基本体，"油桶"对象"属性"管理器的"对象"选项卡如图 3-68 所示。

图 3-68

"对象"选项卡中主要选项含义如下。

- 半径：设置油桶的半径。
- 高度：设置沿着中心轴的维度，负值将在构造平面下方创建油桶。
- 高度分段：设置高度方向上的表面细分。
- 封顶高度：设置凸面封口的高度。最小值是油桶半径的 2.5%。除非"高度"设置的绝对值小于 2 倍油桶半径（在这种情况下，封顶高度不能超过"高度"设置绝对值的 49.5%），否则，最大值为油桶半径的 99%。
- 封顶分段：设置在顶部表面的细分。
- 旋转分段：设置油桶截面的旋转方向上的细分。
- 方向：设置油桶生成方向。

5. 胶囊

单击"胶囊"按钮，将创建胶囊基本体，其"属性"管理器的"对象"选项卡如图 3-69 所示。"对象"选项卡中的选项及参数与"油桶"工具中的相关参数相同，这里不再赘述。

图 3-69

6. 人偶

使用"人偶"工具可以创建由分层结构的简单多边形组成的参数化图形。将这个参数化图形转换成可编辑的多边形对象时，分层结构将可见。

单击"人偶"按钮 ，创建人偶基本体模型，"属性"管理器的"对象"选项卡如图 3-70 所示。

图 3-70

"对象"选项卡中主要选项含义如下。

- 高度：用于设置人偶的高度。
- 分段：设置人偶表面的细分。

7. 地形

使用"地形"工具在 XZ 平面上创建山地景观——从崎岖的山脉到平缓的山坡。

单击"地形"按钮 ，自动创建山地地形景观，如图 3-71 所示。地形的"属性"管理器的"对象"选项卡如图 3-72 所示。

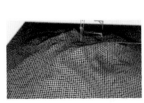

图 3-71   图 3-72

"对象"选项卡中的主要选项含义如下。

- 尺寸：设置整块地形的长度、高度及宽度。
- 宽度分段：长度和宽度方向上的细分。

- 深度分段：高度方向上的细分。
- 粗糙皱褶：改变地形的崎岖状态，形成粗糙的山脉，如图 3-73 所示。
- 精细皱褶：改变地形的崎岖状态，形成精细的山脉，如图 3-74 所示。

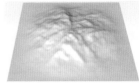

图 3-73   图 3-74

- 缩放：控制地形中裂缝的高度。较大的值会产生较深的山谷，而较小的值会产生较平坦的地势，如图 3-75 所示。

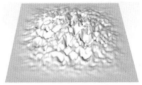
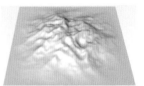

缩放值为 10   缩放值为 1

图 3-75

- 海平面：设置海平面的高度。值越大，海平面就升得越高，反之就越低，如图 3-76 所示。

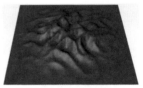

海平面为 0%   海平面为 80%

图 3-76

- 地平面：设置地平面的高度，此参数与海平面正好相反，不是从底部切断，而是从顶部切断，如图 3-77 所示。

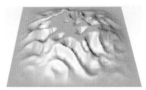

地平面为 50%   地平面为 20%

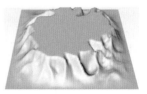

图 3-77

- 方向：地形的生长方向。
- 多重不规则：选中此复选框可以生成不同形

状的山地地形，这是一种规则算法，反之，将得到另一种山地地形，如图3-78所示。

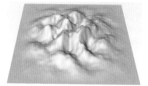
不选中"多重不规则"复选框

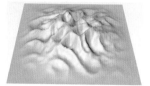
选中"多重不规则"复选框

图 3-78

- 随机：此参数影响地形，将用于创建内部起伏的噪声。
- 限于海平面：影响地形在沿海的地方如何变化。选中此复选框后，C4D会尝试软化或平滑地形到海洋的过渡。如果已选中"球状"复选框，则此复选框不可用。如图3-79所示为取消选中此复选框的地形状态。
- 球状：选中此复选框，将生成球状地形，如图3-80所示。

图 3-79

图 3-80

8. 地貌

地貌也就是浮雕图形，如图3-81所示为根据参考图案创建的浮雕。

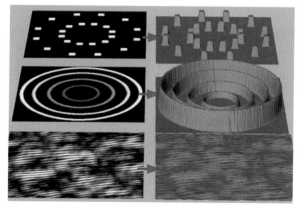
图 3-81

单击"地貌"按钮 ，并在"属性"管理器的"对象"选项卡中单击"纹理"选项的浏览按钮 ，导入一张参考图片用作浮雕的参考，如图3-82所示。导入图片后自动生成浮雕对象，如图3-83所示。

图 3-82

图 3-83

"地貌"的"属性"管理器的选项与"地形"管理器的选项大致相同，这里不再赘述。

动手操作——足球造型

01 新建 C4D 场景文件。

02 在上工具栏的"对象"工具列中单击"宝石"按钮 。

03 在其"属性"管理器的"对象"选项卡中选择"碳原子"类型，然后输入"半径"值为150mm，如图3-84所示。

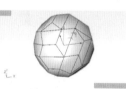
图 3-84

04 由于现在的状态是实体，要编辑就要转换成网格或多边形。选中模型并在左工具栏顶部单击"转为可编辑对象"按钮 ，将宝石基本体对象转换成可编辑的多边形对象。

05 在多边形的"属性"管理器的"平滑着色（Phong）"选项卡中将"平滑着色（Phong）角度"值设为0°，使多边形的表面变成平面，如图3-85所示。

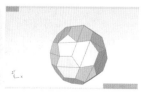
图 3-85

06 在左工具栏中单击"多边形"按钮 切换到多边形模式，利用框选方式选取所有的多边形，右击，在弹出的快捷菜单中选择"内部挤压"命令，如图 3-86 所示。

07 在内部挤压的"属性"管理器中设置选项与参数，如图 3-87 所示。

图 3-86　　　　　　　图 3-87

08 添加内部挤压的效果如图 3-88 所示。

09 在视图下方的"材质"管理器中选择"创建"|"新材质"命令，创建一个新材质，并在属性管理器中设置新材质的颜色为黑色，同理再新建一个材质，并设置材质的颜色为白色，如图 3-89 所示。

图 3-88　　　　　　　图 3-89

10 框选所有多边形，在"材质"管理器中右击白色材质，在弹出的快捷菜单中选择"应用"命令，将白色材质赋予所有多边形，如图 3-90 所示。

11 按 Shift 键选中所有五边形，在"材质"管理器中右击黑色材质，在弹出的快捷菜单中选择"应用"命令，将黑色材质赋予五边形，如图 3-91 所示。

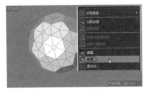 

图 3-90　　　　　　　图 3-91

12 选中所有多边形对象，右击，在弹出的快捷菜单中单击"细分"命令后的设置按钮 ，在弹出的"细分"对话框中设置"细分"值为 2，单击"确定"按钮完成多边形的细分操作，如图 3-92 所示。

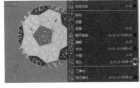

图 3-92

13 可以连续多次执行"细分"命令，使多边形的细分效果更明显，如图 3-93 所示。

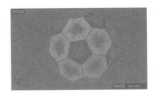

图 3-93

14 按 D 键执行"挤压"命令，在"属性"管理器中显示挤压选项与参数。设置"最大角度"值为 33°，"偏移"值为 5mm，单击"应用"按钮将挤压效果应用到多边形中，效果如图 3-94 所示。

 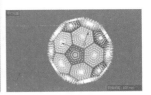

图 3-94

15 执行"创建"|"生成器"|"细分曲面"命令，在"对象"管理器中将"细分曲面"对象拖至"宝石"对象上释放鼠标，使"细分曲面"对象成为"宝石"对象的一个子对象，如图 3-95 所示。

图 3-95

16 同理，再执行"创建"|"变形器"|"球化"命令，添加一个球化变形器，并将球化变形器对象拖至"宝石"对象上，如图 3-96 所示。

图 3-96

17 在球化对象的"属性"管理器中，修改"半径"值为 150，"强度"值为 70%，此时视图中的多面体形状变成了球状，如图 3-97 所示。至此足球的建模工作完成。

图 3-97

3.3　创建曲线

C4D 中提供了空间曲线的绘制工具，这些曲线将会作为生成器建模的基础曲线。在上工具栏的"样条"工具列中单击按住"画笔"工具 ，待停留数秒后释放鼠标，可调出"样条"曲线工具列，如图 3-98 所示。

图 3-98

"样条"曲线工具列中分两种曲线工具：画笔工具和标准曲线工具，接下来对这些曲线工具进行简要介绍。

3.3.1　画笔工具

画笔工具包括"画笔""草绘""平滑样条"与"样条深化工具"。介绍画笔工具之前，先介绍"空白样条"工具，此工具与"空白"工具的用法类似，主要用作创建曲线集，以便进行曲线布尔操作。

1. 画笔

利用"画笔"工具可以直接在模型模式中任意绘制样条曲线，默认情况下此工具绘制的是多段线。

选择"画笔"工具 ，可以在视图中依次单击绘制连续的直线，如图 3-99 所示。在左边栏中单击"点"按钮 ，可以选取直线的端点来输入精确坐标值，或者拖曳操控器的轴来改变端点位置，如图 3-100 所示。

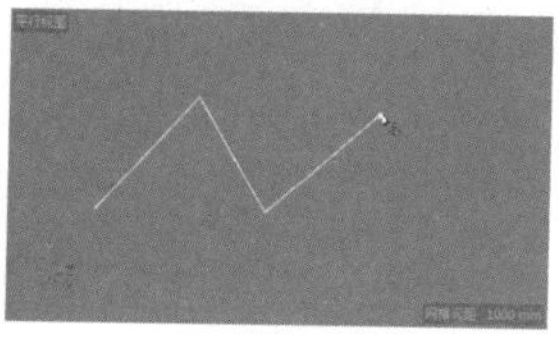

图 3-99 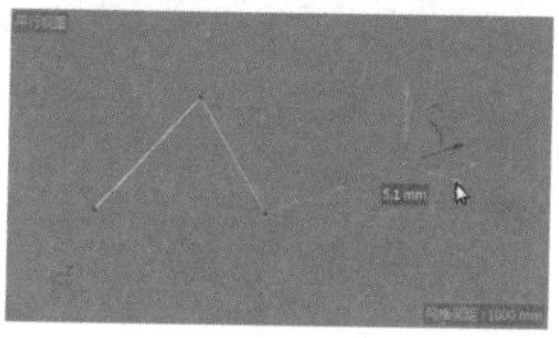　　　　　　　图 3-100

如果要绘制贝塞尔样条曲线，首先确定样条曲线的起点，接着在视图中某一个位置按下鼠标（确定样条曲线的第二点）并拖动，可以得到样条曲线，如图 3-101 所示。样条曲线上的点称为"样条点"，样条点上出现切线控制柄，此切线控制柄用来控制样条曲线的形状及曲率，切线控制柄拉得越长，样条曲线就越光顺，也就是曲线的连续度更高。

如果继续添加样条曲线的样条点，可以继续单击下一个样条点的位置并拖动切线控制柄，如图 3-102 所示。

图 3-101　　　　　　　图 3-102

那么，假设当样条曲线的样条点太多，或者样条点太少，需要移除样条点或增加样条点时，该如何操作呢？此时需要按住 Ctrl 键，然后选取某端的样条点即可移除样条点，如图 3-103 所示。

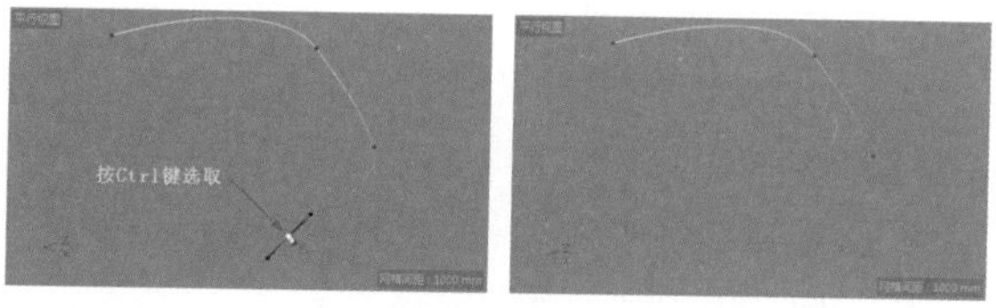

图 3-103

技巧点拨

也可以右击选取样条点，然后在弹出的快捷菜单中选择"删除点"命令，同样可以把多余的样条点删除。

同理，按下 Ctrl 键在样条曲线中间的曲线上单击，可以在相应的位置添加样条点，如图 3-104 所示。

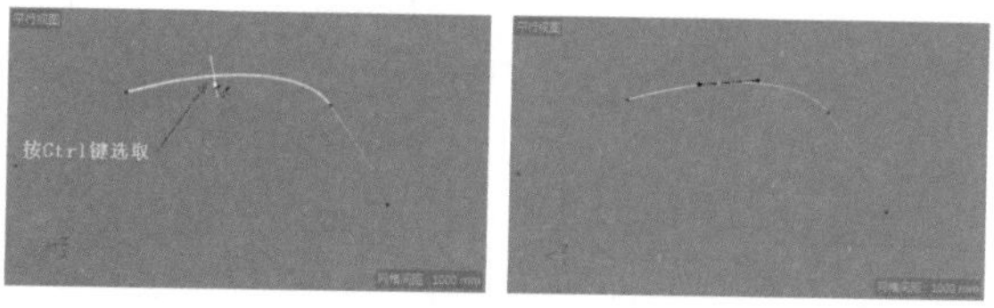

图 3-104

此外，也可以将连续直线变成相切连续的样条曲线。右击样条点，在弹出的快捷菜单中选择"软相切"命令即可，如图 3-105 所示。

图 3-105

如果要编辑样条曲线上的某一样条点的位置和连续性，可以直接单击此样条点即可显示切线。此外，在样条曲线属性面板的"对象"选项卡中，可以设置选项与参数，达到精确编辑样条曲线的目的，如图 3-106 所示。

图 3-106

"对象"选项卡中主要选项含义如下。

- 类型：选择样条曲线的类型，在此选择一种样条类型，不需要借助鼠标和键盘来绘制。
- 闭合样条：选中此复选框，将创建闭合的样条曲线。
- 点插值方式：选择在样条曲线中插入样条点的方式。
- 数量：仅当点插值方式为"自然"和"统一"时，此参数才可用，设置插值点的数量。
- 角度：仅当点插值方式为"自适应"和"细分"时，此参数才可用，用于设置切线角度。
- 最大长度：仅当点插值方式为"细分"时，此参数用于设置样条曲线的细分最大长度。

2. 草绘

"草绘"样条工具可以在视图中按设计师的意图来绘制样条曲线。选择"草绘"工具 ，在视图中单击并拖动鼠标绘制曲线，一旦释放鼠标，将自动创建样条曲线，如图 3-107 所示。

图 3-107

"属性"管理器中的选项含义如下。

- 半径：设置样条曲线在拐角位置的半径，目的是为了让样条曲线更平滑。
- 平滑笔触：设置草绘过程中的样条平滑效果。值越小，绘制过程较慢时的平滑度越低，反之，平滑度就越高。
- 混合：此值仅当设置半径值大于 0 时才有效。值越大，当前线位置在目标线的位置方向上混合得越多。
- 创建新样条：取消选中此复选框时，视图中创建的多条样条曲线将属于一个样条曲线集合，如图 3-108 所示。若选中此复选框，每绘制一条样条曲线，将会独立创建新样条集，如图 3-109 所示。

图 3-108

图 3-109

3. 平滑样条

"平滑样条"工具可以使已绘制的样条曲线变得更平滑，这是一个手动平滑工具。如图 3-110 所示，先绘制一条样条曲线，选择"平滑样条"工具 ，显示平滑控制器。在视图中选取需要平滑的样条点，拖动平滑控制器，调整样条曲线的曲率，使其变得更平滑。

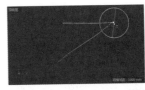 

图 3-110

4. 样条弧线工具

使用样条弧线工具，可以在样条曲线的两个端点之间创建相切弧曲线。如图 3-111 所示，先绘制两条样条曲线，选择"样条弧线工具"工具 ✎ ，选取两条样条曲线的端点来绘制相切弧曲线。

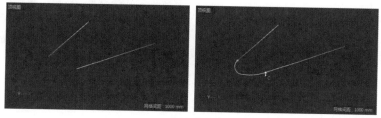

图 3-111

绘制相切弧的方法与过程：先绘制两条样条曲线，在"对象"管理器中仅选中一条样条曲线。选择"样条弧线工具"工具，先选取一个端点，再按下 Shift 键选取另一个端点，按下空格键，即可完成相切弧的创建。

3.3.2　标准曲线工具

常见的基本曲线如圆弧、圆环、多边形、矩形、星形、文本、螺旋、四边、齿轮、摆线、公式、花瓣、轮廓等。对于标准曲线的创建，可在"属性"管理器的"对象"选项卡中设定详细参数来完成，操作十分简单。鉴于篇幅限制，本节不做详细表述。

常见的标准曲线如图 3-112 所示。

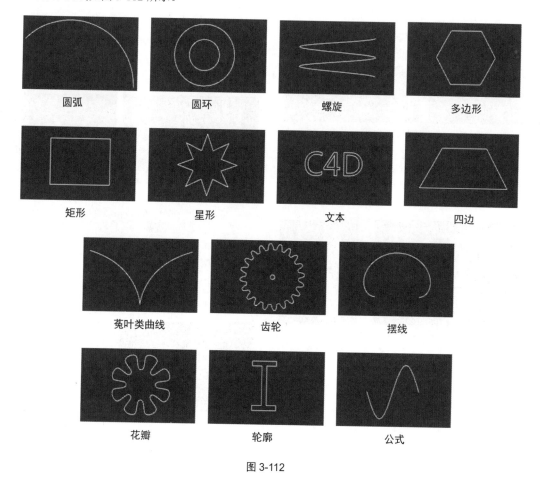

图 3-112

3.3.3 曲线布尔运算

曲线的布尔运算就是对曲线进行修剪、连接、相交及合并而得到新的组合曲线。曲线布尔运算工具在上工具栏的"样条"工具列中。在上工具栏"造型"工具列中的"样条布尔"工具也属于曲线布尔工具，下面逐一介绍。

1."样条"曲线工具列中的样条布尔工具

下面以案例的形式介绍样条布尔工具的用法。

动手操作——样条差集

01 新建 C4D 文件。

02 在上工具栏的"样条"曲线工具列中单击"星形"按钮⭐，系统自动在坐标系原点创建星形曲线，如图 3-113 所示。

03 单击"圆环"按钮〇，创建圆环曲线，在"属性"管理器的"对象"选项卡中修改曲线半径为 1500mm，结果如图 3-114 所示。

图 3-113 　　　　　　图 3-114

04 按住 Ctrl 键在"对象"管理器中选中圆环和星形两个对象集，此时曲线工具列中的布尔运算工具可用，如图 3-115 所示。

图 3-115

05 在曲线工具列中单击"样条差集"按钮，系统自动完成两条曲线的差集运算，结果如图 3-116 所示。

06 如果在"对象"管理器中对调两个曲线的先后顺序（拖动对象可调整顺序），或者选取对象集时改变选取顺序，会得到另一个差集运算结果，如图 3-117 所示。

其他几种曲线布尔运算工具的使用方法与"样条差集"工具的用法完全相同，只是运算结果不同。

图 3-116 　　　　　　图 3-117

- 样条差集：从第一条样条曲线中减去第二条样条曲线的形状，如图 3-118 所示。

图 3-118

技巧点拨：

先选取的对象集将被减去。

- 样条并集：此工具将创建包含两条样条线的新样条线，重叠的表面将被同化，效果如图 3-119 所示。
- 样条合集：此工具将使样条曲线连接，重叠的部分将被合并，结果如图 3-120 所示。

图 3-119 　　　　　　图 3-120

- 样条或集：此工具产生的结果与"样条合集"相反，也就是减去合集部分，如图 3-121 所示。或集运算后，若无法判断出效果，可用"挤压"工具创建挤压实体来表现效果，如图 3-122 所示。

图 3-121 　　　　　　图 3-122

- 样条交集：样条交集是样条或样条合集的组合，也就是说，运算结果包含了或集与合集的结果。样条交集的结果如图 3-123 所示。

运算后看不出与或集的区别，可以创建挤压实体来表现结果，如图 3-124 所示。

图 3-123   图 3-124

2. 造型工具列中的"样条布尔"工具

首先创建两条样条曲线，执行"创建"|"造型"|"样条布尔"命令，或者在上工具栏中的造型工具列中单击"样条布尔"按钮⑤，在"对象"管理器中将创建一个"样条布尔"对象集，如图 3-125 所示。将先前创建的样条曲线拖至"样条布尔"对象集中，成为其子集，如图 3-126 所示。

图 3-125   图 3-126

在"对象"管理器中选中"样条布尔"对象集以将其激活，然后在"属性"管理器的"对象"选项卡中选择布尔模式，布尔模式包含 6 种，其实就是曲线工具列中的 5 种布尔工具的拓展，如图 3-127 所示，这里就不重复叙述了。

图 3-127

3.4 生成器建模

C4D 中的生成器指的就是基于二维曲线的曲面建模工具。生成器建模也称为"NURBS 曲面建模"，前面介绍的曲线实质是 NURBS 曲线。

NURBS 是 Non-Uniform Rational B-Splines 的缩写，是非均匀有理 B 样条的意思。具体解释如下。

- Non-Uniform（非均匀）：是指一个控制顶点的影响力的范围能够改变。当创建一个不规则曲面时，这一点非常有用。同样，统一的曲线和曲面在透视投影下也不是无变化的，对于交互的 3D 建模来说这是一个严重的缺陷。

- Rational（有理）：是指每个 NURBS 物体都可以用数学表达式来定义。

- B-Spline（B 样条）：是指用路线来构建一条曲线，在一个或更多点之间插值替换的。

简单地说，NURBS 就是专门创建曲面物体的一种造型方法。NURBS 造型总是由曲线和曲面定义的，所以要在 NURBS 表面生成一条有棱角的边是很困难的。就是因为这一特点，可以用它做出各种复杂的曲面造型和表现特殊的效果，如人的皮肤、面容或流线型的跑车等。

> **技术要点：**
>
> 在理解 NURBS 之前，要弄懂 Bezier 曲线、B 样条和 NURBS 曲线的基本概念。Bezier 曲线是法国数学家贝塞尔在 1962 年构造的一种以逼近为基础的控制多边形定义曲线和曲面的方法，由于 Bezier 曲线有一个明显的缺陷就是当阶次越高时，控制点对曲线的控制能力明显减弱，所以直到 1972 年 Gordon、Riesenfeld 和 Forrest 等人拓广了 Bezier 曲线而构造了 B 样条曲线，B 样条曲线是一种分段连续曲线，其包括均匀 B 样条曲线、准均匀 B 样条曲线、分段 Bezier 曲线和非均匀 B 样条曲线，如图 3-128 所示。

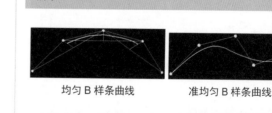

均匀 B 样条曲线   准均匀 B 样条曲线

分段 Bezier 曲线   非均匀 B 样条曲线

图 3-128

除了生成器建模工具是 NURBS 建模的基本工具，还有造型工具和变形工具（将在第 4 章详细介绍），是对生成器建模的模型进行二次造型的强大工具。

生成器建模工具在"创建"|"生成器"子菜单中，如图 3-129 所示，也可以在上工具栏的"生成器"工具列中调取，如图 3-130 所示。

图 3-129　　　　　　图 3-130

3.4.1 细分曲面

"细分曲面"工具主要用来设计角色，是设计师常用的一种雕刻工具。通过点加权和边缘加权对模型表面进行细分，可以制作任何形状——从高性能跑车到动画角色。细分曲面对象也非常适合制作动画，可以使用相对较少数量的控制点来创建复杂对象。

细分曲面工具是基于已有模型来使用的。首先创建立方体基本体，再单击"细分曲面"按钮 ，在"对象"管理器中创建一个"细分曲面"对象集，将"立方体"对象集拖至"细分曲面"对象集中，即可利用细分曲面功能进行曲面细分操作，如图 3-131 所示。

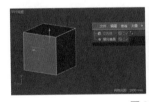

图 3-131

1. 细分曲面的"对象"选项卡

在"对象"管理器中选中"细分曲面"对象集，可在"属性"管理器的"对象"选项卡中定义细分曲面的选项及参数，如图 3-132 所示。

在"对象"选项卡中包括 6 种细分曲面类型，如图 3-133 所示，其含义如下。

- Catmull-Clark：这种类型可以生成平滑、细腻的表面，通常将这种类型的曲面导出到其他软件中使用。

图 3-132　　　　　　图 3-133

- Catmull-Clark（N-Gons）：选择这种类型，N 变形在被细分之前，将首先在内部进行三角测量，这种类型支持点、边和多边形加权。如图 3-134 所示为源模型、Catmull-Clark 和 Catmull-Clark （N-Gons）的细分曲面表现。

图 3-134

- OpenSubdiv Catmull-Clark：OpenSubdiv 是一种开源的网格细分技术，利用这种技术可以加速平滑过程。OpenSubdiv Catmull-Clark 是一种更为精细的表面细分方法，可以通过一些选项来设置精细划分表面的性能，如图 3-135 所示。如图 3-136 所示为 OpenSubdiv Catmull-Clark 与 Catmull-Clark 细分类型的效果对比。

图 3-135

源对象　　　Catmull-Clark 细分　　　OpenSubdiv
　　　　　　　　　　　　　　　　　Catmull-Clark 细分

图 3-136

- OpenSubdiv Catmull-Clark（自适应）：此选

项启用由 GPU 计算的特殊类型的曲面细分（效果类似于 OpenSubdiv Catmull-Clark）。由于使用了内部 OpenGL 着色器，因此，必须在"首选项"菜单中启用 Hardware OpenGL。否则，仅显示未细分的笼对象。

- OpenSubdiv Loop：循环的 OpenSubdiv 细分类型。此类型用于特殊场景（如游戏开发）。它专为处理三角形而设计，如果存在四边形，它们将在平滑之前进行三角测量。细分的平滑对象仅由三角形组成。此类型与 Catmull-Clark 类型的细分对比如图 3-137 所示。

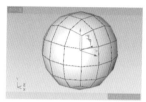 

Catmull-Clark 细分 　　　OpenSubdiv Loop 细分

图 3-137

- OpenSubdiv Bilinear：双线性的 OpenSubdiv 细分类型。此类型仅细分表面，但不会平滑表面，它创建了一种非破坏性细分。如图 3-138 所示为 Catmull-Clark 类型、OpenSubdiv Loop 类型和 OpenSubdiv Bilinear 类型的细分效果对比。

图 3-138

2. 表面的局部细分

前面介绍的是模型的整体表面细分，对于细分曲面建模来讲，其作用还远远不够，因为我们有时需要在模型的局部区域进行细分，而不是整体细分。要进行局部细分操作，必须使模型进入可编辑状态（在"对象"管理器中选中模型，按 C 键），并能显示细分曲面变形框架（由点、边及多边形组成的框架），如图 3-139 所示。

 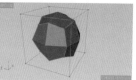

图 3-139

在可编辑模式下，通过切换点模式、边模式与多边形模式，可以选取模型中的顶点、边线和多边形面，在显示操控轴后进行拖曳，完成模型形状的改变，如图 3-140 ～图 3-142 所示。

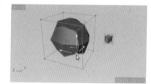 

图 3-140

 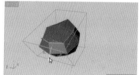

图 3-141

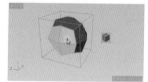 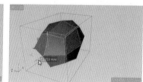

图 3-142

当在"对象"管理器中关闭细分曲面对象时，视图中仅显示模型对象的变形框架，如图 3-143 所示。

 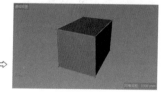

图 3-143

同样，可以分别在点模式、边模式或多边形模式下，拖动模型变形框架上的框架点、框架边和框架多边形进行拖动变形。

3. 变形框架的细分

除了可以对模型表面进行细分，还可以通过对变形框架的细分，进行局部变形操作。变形框架中仅可以对边和多边形进行分割，下面介绍几种常用的框架分割类型。

（1）框架边的分割。

在左边栏中单击"边"按钮进入边模式。在视图中右击并选择快捷菜单中的"切割边"命令（或按快捷键 M+F），选中模型后模型中的所有边被选取，单击将会对所有边进行第一次分割，如图 3-144 所示。

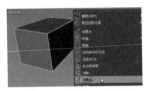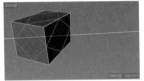

图 3-144

如果需要第二次分割或连续多次分割，再次单击或连续单击，得到框架边的分割结果，如图 3-145 所示。

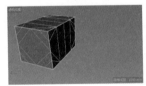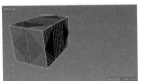

图 3-145

（2）创建框架点来分割边。

在视图中右击，在弹出的快捷菜单中选择"创建点"命令，选取要添加框架点的框架边，完成框架点的添加后，框架边被分割，如图 3-146 所示。

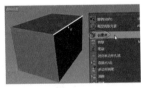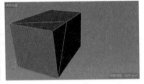

图 3-146

当切换到多边形模式后，可以在多边形中添加框架点来分割框架多边形，如图 3-147 所示。

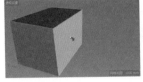

图 3-147

（3）框架多边形的线性切割。

切换到多边形模式后，在视图中右击，并在弹出的快捷菜单中选择"线性切割"命令，然后选择框架多边形进行切割，如图 3-148 所示。

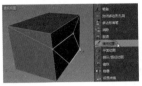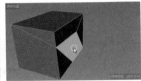

图 3-148

3.4.2 挤压

"挤压"就是将二维图形沿着垂直于图形平面的方向进行拉伸，设置拉伸（移动）距离后得到曲面模型。

首先绘制二维曲线，在"对象"管理器中选中二维曲线对象，按住 Alt 键，单击"挤压"按钮，创建挤压曲面模型，如图 3-149 所示。

图 3-149

创建挤压模型后，可以在"属性"管理器的"对象"选项卡中设置挤压参数及选项，如图 3-150 所示。仅需要在"移动"参数中设置 X、Y 及 Z 方向上的值即可。

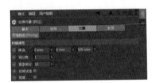

图 3-150

3.4.3 旋转

"旋转"就是将二维曲线作为截面绕指定的轴进行旋转而得到的曲面模型。旋转轴为世界坐标系（C4D 中也称"全局坐标系"）中的 X、Y 及 Z 轴，并非对象坐标系中的 X、Y 及 Z 轴。

当执行了"圆环"命令后，系统会在全局坐标系原点位置创建一个圆，此时圆环曲线中心显示一个坐标系，此坐标系称为"对象坐标系"。默认状态下，对象坐标系与全局坐标系是重合的，而此时的全局坐标系是不可见但是存在的，如图 3-151 所示。

按住 Alt 键单击"生成器"工具列中"旋转"按钮![旋转按钮]，此时系统会自动将圆环曲线进行绕轴（绕全局坐标系中的 Y 轴）旋转，并得到一个球体，如图 3-152 所示。

图 3-151　　　　　　　　图 3-152

为什么会得到一个球体呢？其实是全局坐标系与对象坐标系重合的缘故。在"对象"管理器中如果选中"圆环"子对象，此时视图中仅显示对象坐标系，可以拖动对象坐标系的轴来移动圆环曲线的位置，此时会发现球体逐渐变成了圆环体，如图 3-153 所示。

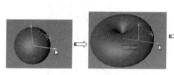

图 3-153

而对象坐标系也逐渐脱离了全局坐标系，若是在"对象"管理器中选中"旋转"对象集，视图中将显示旋转对象的对象坐标系，该对象坐标系与全局坐标系是重合的，如图 3-154 所示。此时若拖动旋转对象的对象坐标轴，将不会改变模型对象的形状，只是改变其在全局坐标系中的位置，可在"坐标系"管理器中查看该位置，如图 3-155 所示。

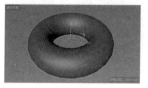

图 3-154　　　　　　　　图 3-155

接下来讲解曲线平面和旋转轴的确定方法。

1. 曲线工作平面（旋转体截面的平面）

确定二维曲线的工作平面，可以在创建曲线后，其"属性"管理器的"对象"选项卡中进行设定，如图 3-156 所示。默认的曲线工作平面是 XY 平面，可以切换到 ZY 或 XZ 平面，如图 3-157 所示。

图 3-156

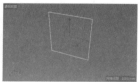

图 3-157

2. 旋转轴的确定

创建旋转截面曲线后，默认情况是以全局坐标系的 Y 轴为旋转轴的，若要指定 X 轴或 Z 轴该如何操作呢？首先，如果是在 XY 平面中创建的截面曲线，那么可以作为旋转轴的就只有 XY 平面上的两条轴（X 轴与 Y 轴）了。

要指定旋转轴，可以在左边栏中单击"对齐工作平面到 X"按钮，或选择"工具"|"工作平面"|"对齐工作平面到 X"命令。该命令的意思是，将全局坐标系中的 X 轴作为旋转轴。接着按 Alt 键单击"旋转"按钮![旋转按钮]，将曲线添加到"旋转"对象集中作为子对象，随后在视图中拖动曲线对象的坐标轴，可以清楚地看到截面曲线的确是以 X 轴作为旋转轴进行旋转创建模型的，如图 3-158 所示。

图 3-158

技巧点拨：

注意，视图左下角的坐标系是一个标识，起方向参考作用，并不是说左下角就是全局坐标系的绝对位置。默认情况下，全局坐标系的位置就在我们能看见的对象坐标系原点上。可以通过视图顶部的菜单面板中的"过滤"菜单，选中或取消选中"全局坐标轴"选项，来控制全局坐标系的显示状态。

3.4.4　放样

"放样"是通过扫描多个截面曲线来生成放样模型，扫描的轨迹路径就是各个截面曲线的中心点之间的连线，如图 3-159 所示。

图 3-159

放样模型的创建方法与挤压模型的创建方法类似，首先创建 3 个在不同平面的截面曲线，单击"放样"按钮 添加一个放样生成器之后，在"对象"管理器中将 3 个截面曲线对象拖至"放样"对象集中，随后自动创建放样模型。

3.4.5　扫描

"扫描"是将一个截面曲线沿指定的轨迹进行扫描而得到的模型，如图 3-160 所示。

图 3-160

要创建扫描模型，扫描轨迹曲线所在的工作平面必须与截面曲线所在的工作平面垂直，创建扫描模型的过程与创建放样模型的过程完全相同。

3.4.6　贝塞尔

"贝塞尔"可将平面曲面中的控制点拉伸，创建出具有连续 B 样条曲线的光滑曲面。与前面几个生成器工具不同，"贝塞尔"工具不需要预先创建曲线。

在上工具栏的"生成器"工具列中选中"贝塞尔"工具 ，视图中将自动创建一个细分的平面曲面，曲面中出现 9 个控制点，如图 3-161 所示。

将模型模式切换到点模式，可以选取控制点并拖动，以此将平面曲面变成平滑的贝塞尔曲面，如图 3-162 所示。

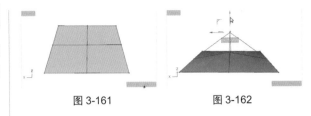

图 3-161　　　　图 3-162

3.5　综合案例

本节案例涉及多个工具的结合使用，目的是熟悉 C4D 的建模功能。

3.5.1　案例一：制作排球

本例要制作的排球模型如图 3-163 所示。

图 3-163

01 新建 C4D 场景文件。

02 在上工具栏的"对象"工具列中选中"球体"工具 ，创建一个半径为 100mm 的球体，在其属性面板中设置"分段"值（37 段）和类型（六面体），如图 3-164 所示。

图 3-164

技巧点拨：

要显示分段，必须让视图显示为"光影着色（线条）"和"线框"。

03 选中球体，在左工具栏中单击"转为可编辑对象"按钮 ，将其转换成可编辑网格，如图 3-165 所示。

04 切换到边模式，执行"选择"|"循环选择"命令，选择如图 3-166 所示的循环边。

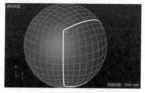

图 3-165　　　　　　　　　图 3-166

05 执行"选择"|"填充选择"命令，选取循环边以外的球面，如图 3-167 所示。

06 按 Delete 键删除选取的球面，结果如图 3-168 所示。

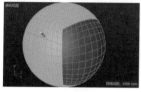
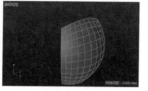

图 3-167　　　　　　　　　图 3-168

07 切换到多边形模式，执行"选择"|"循环选择"命令，按 Shift 键选取如图 3-169 所示的循环多边形。

08 在视图中右击，在弹出的快捷菜单中选择"挤压"命令，如图 3-170 所示。

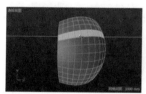
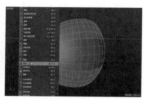

图 3-169　　　　　　　　　图 3-170

09 在"挤压"属性面板中设置"最大角度"值为89°，"偏移"值为6mm，按 Enter 键确认，其余选项保持默认，挤压效果如图 3-171 所示。

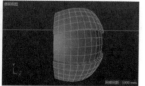

图 3-171

10 取消选中多边形，重新按 Shift 键进行循环选择，选择如图 3-172 所示中间部分的多边形。

11 再次执行"挤压"命令，将所选的多边形挤压，挤压参数与前面设置的挤压参数相同，中间部分多边形的挤压效果如图 3-173 所示。

12 执行"选择"|"全选"命令，选取所有的球面，在视图中右击，并选择快捷菜单中的"偏移"命令，在属性

面板中设置参数并按 Enter 键确认，如图 3-174 所示。

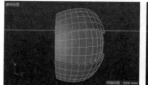
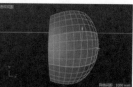

图 3-172　　　　　　　　　图 3-173

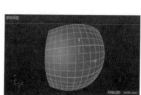

图 3-174

13 偏移效果如图 3-175 所示。在"对象"管理器中单击"平滑着色标签"按钮，并在属性面板中设置"平滑"选项卡中的选项，设置"平滑着色角度"值为90°，应用平滑角度后的效果如图 3-176 所示。

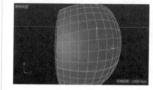

图 3-175　　　　　　　　　图 3-176

14 切换到"模型"模式，选中模型后再单击"旋转"按钮，视图中出现旋转操控器。按住 Ctrl 键再拖动绿色的环进行旋转复制，在"坐标管理器"属性面板中设置精确的旋转角度为180°，操作结果如图 3-177 所示。

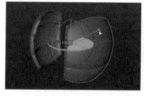

图 3-177

15 选择一个模型进行90°旋转复制后，自身再旋转90°，如图 3-178 所示。

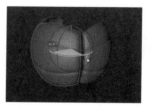

图 3-178

技术要点：

按住 Ctrl 键旋转就是旋转复制，否则就是自身旋转。

16 将自身旋转 90°后的模型再一次进行 180°的旋转复制，如图 3-179 所示。

图 3-179

17 这样也就完成了排球的 4 个区域的创建，最后还剩下 2 个区域，也按旋转复制的方法来操作，旋转后注意观察皮块的方向，不要与相邻皮块的方向相同，最后旋转完成的结果如图 3-180 所示。

18 最后为模型添加颜色。切换到多边形模式，在对象目标中激活一个模型，执行"选择"|"选择平滑着色断开"命令，选取如图 3-181 所示的两个面组。

图 3-180　　　　　图 3-181

19 在"材质"管理器中执行"创建"|"新材质"命令，创建一个新材质。双击新材质，将其颜色改为红色。将材质拖至视图中所选的面上，即可完成材质的添加（填色），如图 3-182 所示。

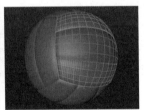

图 3-182

20 再创建材质，颜色为白色，将其拖至中间的面组上，结果如图 3-183 所示。

21 同理，其余模型上也按此方法进行材质添加，颜色可以是其他的颜色。最终完成的排球模型效果如图 3-184 所示。

图 3-183　　　　　图 3-184

3.5.2　案例二：制作篮球

本例要制作的篮球将在两种界面环境中完成，一种界面是软件默认界面——"启动界面"，另一种界面是 BP-UV Edit 界面，设计完成的篮球如图 3-185 所示。

图 3-185

01 新建 C4D 文件。

02 在上工具栏的"对象"工具列中选中"球体"工具，创建一个球体，属性面板中的参数设置如图 3-186 所示。

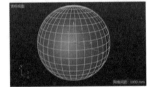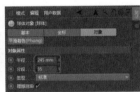

图 3-186

03 单击"转为可编辑对象"按钮，将球体模型转化为可编辑对象。在软件窗口顶部的右侧"界面"下拉列表中选择 BP-UV Edit 界面类型，进入 BP-UV Edit 工作界面，如图 3-187 所示。

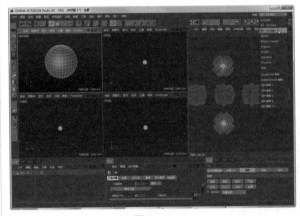

图 3-187

04 在上工具栏的"对象"工具列中单击"绘画设置向导"

按钮 ![icon]，弹出"BodyPaint 3D 设置向导"对话框，单击"下一步"按钮，进入"步骤 3：材质选项"页面。取消选中"重新更新现有纹理"和"自动映射大小插值"复选框，单击"完成"按钮完成绘画向导设置，如图 3-188 所示。

图 3-188

05 在上工具栏的"对象"工具列中单击"UV 多边形"按钮 ![icon]，在"贴图"属性面板中单击"球体"按钮，转换成球体贴图方式，便于查看绘画情况，如图 3-189 所示。

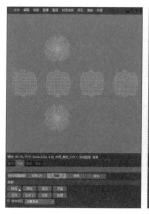

图 3-189

06 在左边栏中单击"填充图层"按钮 ![icon]，在下方的"颜色"属性面板中设置画笔的颜色为黑色，如图 3-190 所示。

图 3-190

07 执行"编辑"|"设置"命令，打开"设置"对话框。在 BodyPaint 3D 设置页面中选中"投射到不可见部分"复选框，如图 3-191 所示。这样在绘制直线时前面与背面将同时存在直线。

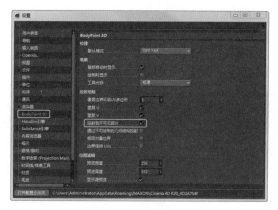

图 3-191

08 在左边栏中单击"线条"按钮 ![icon]，在属性面板中设置"线宽"值为 6，如图 3-192 所示。

图 3-192

09 在左视图模型中间（对照中间的模型分段线）绘制垂直直线，绘制直线的方法是：按住 Shift 键从上至下绘制，如图 3-193 所示。

图 3-193

10 绘制水平直线，如图 3-194 所示。

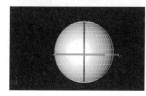

图 3-194

11 在左边栏中单击"绘制多边形外形"按钮 ![icon]，绘制如图 3-195 所示的圆，圆心在球体边缘上。

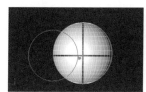
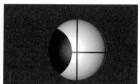

图 3-195

12 在"颜色"属性面板中将画笔颜色设置为白色，再绘制如图 3-196 所示的圆。圆半径要比上一个圆小，两个圆的半径差与直线宽度类似，这个画笔暂不能设置圆半径，只能取近似值。

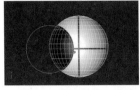

图 3-196

13 同理，在右侧绘制相同的两个同心圆，如图 3-197 所示。

14 水平的直线部分被遮挡，需要重新补充，如图 3-198 所示。

图 3-197　　　　　　图 3-198

15 在视图下方的"材质"管理器中，右击材质图标，在弹出的快捷菜单中选择"纹理通道"|"凹凸"命令，打开"新建纹理"对话框，如图 3-199 所示。保持默认的选项设置，单击"确定"按钮完成新纹理的创建，如图 3-200 所示。

图 3-199　　　　　　图 3-200

16 在"材质"管理器中选择先前的纹理，在视图右侧的面板中显示纹理图案。在左边栏中单击"框选"按钮 ，并到右侧面板中框选纹理图案，并在该面板的菜单栏中选择"编辑"|"复制"命令，将纹理复制出来，如图 3-201 所示。

17 在"材质"管理器中选择新建的纹理，并到视图右侧的面板中选择"编辑"|"粘贴"命令，将剪贴板中复制的纹理粘贴出来，如图 3-202 所示。这个过程的意义就

在于为原本平面的纹理添加凹凸感，形成篮球的凹陷感。

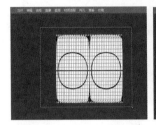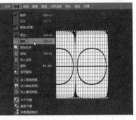

图 3-201

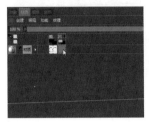

图 3-202

18 粘贴纹理后，可以看到视图中的平面纹理变得有凹凸感了，如图 3-203 所示。

19 执行"过滤"|"模糊"|"高斯模糊"命令，打开"高斯模糊"对话框。调整"水平半径"和"垂直半径"值为 15，单击"确定"按钮完成设置，如图 3-204 所示。

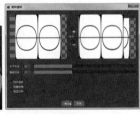

图 3-203　　　　　　图 3-204

20 再执行"过滤"|"矫色"|"Gamma 校正"命令，调整对比度和亮度，单击"确定"按钮后可见篮球的凹陷效果更明显了，如图 3-205 所示。

图 3-205

21 在"界面"类型列表中选择"启动"类型，返回初始建模界面。在"材质"管理器中单击材质，属性面板中显示材质选项，如图 3-206 所示。

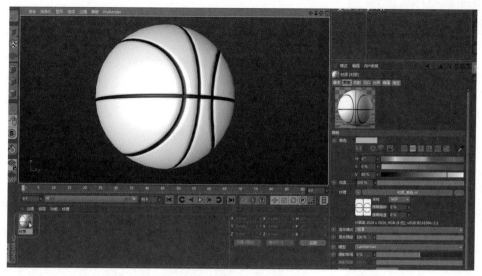

图 3-206

22 在"材质"属性面板的"混合模式"下拉列表中选择"正片叠底"选项，然后设置颜色为棕色，如图 3-207 所示。

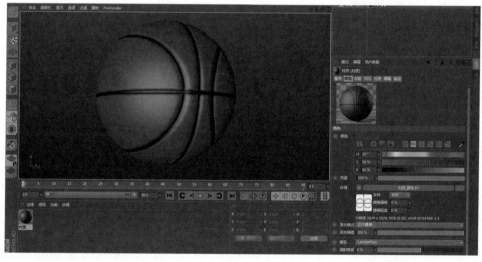

图 3-207

23 至此，完成了篮球的造型设计。

第 4 章

对象造型与变形

对象的造型指的是对对象进行复制、粘贴、平移、旋转、阵列、减面及布尔运算等操作。变形的目的是对基本几何体进行变形，从而得到一些复杂造型的对象。

知识分解：

- 对象造型
- 对象变形

4.1　对象造型

　　C4D 中的造型工具的操作对象是点、线、面及实体。可以执行"创建"|"造型"命令，调出对象造型工具，也可以在上工具栏中调用造型工具，如图 4-1 所示。本节将介绍一些常用的造型工具。

图 4-1

4.1.1　阵列

　　阵列是将对象以圆形或波形进行排列复制，如图 4-2 所示。

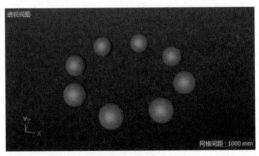

图 4-2

技巧提示：

本章所介绍的建模工具均建立在已有的模型基础上，也就是说必须先建立基本模型，然后才可以使用本章所介绍的造型及变形工具。

动手操作——对象的阵列

01 在上工具栏的"对象"工具列中单击"球体"按钮，创建一个球体，如图 4-3 所示。

02 在上工具栏的"造型"工具列中单击"阵列"按钮，并在"对象"属性面板中将"球体"对象拖至"阵列"对象中，成为其子对象，如图 4-4 所示。

技巧提示：

也可以按下 Alt 键再单击"阵列"按钮，可以快速让球体成为阵列的子对象。

图 4-3　　　　　　　图 4-4

03 此时视图中的球体自动完成圆形阵列，如图 4-5 所示。可以看到，C4D 是以世界坐标系的原点作为圆形阵列中心的。

04 在"属性"管理器中显示"阵列对象【阵列】"属性面板，如图 4-6 所示。确认无误后单击"确定"按钮完成线性阵列操作。

图 4-5　　　　　　　图 4-6

　　"阵列对象【阵列】"属性面板中，"基本"选项卡和"坐标"选项卡都是各工具通用的，前面章节已经介绍过，下面介绍"对象"选项卡中主要选项的含义。

- 半径：对象中心到阵列中心原点的距离。
- 副本：复制原始对象的个数。
- 振幅：在 Y 方向上的最大振动幅度，也就是波峰到波谷的差值。输入振幅参数可以创建波形阵列。
- 频率：控制阵列对象的波动频率，值越大波速运动越快。
- 阵列频率：改变阵列成员的各自相对位置，也就是说，通过改变此值，可以让某一成员处于波峰或波谷，或波形的某一位置。

05 在"对象"选项卡中设置好各项参数后，在动画工具栏中单击"向前播放"按钮 ▷，即可播放波形阵列的动画，如图 4-7 所示。

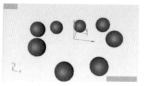

图 4-7

06 如果仅是建模，可以仅设置"半径"和"副本"值，其余参数值设置为 0 即可。

4.1.2　晶格

　　使用"晶格"工具可以创建由点（用球体来替代）与线（用圆柱体来替代）构成的晶体结构，如图 4-8 所示。晶格工具也称"原子阵列"。

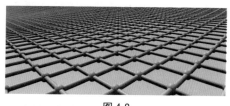

图 4-8

动手操作——创建晶格

01 在上工具栏的"对象"工具列中单击"球体"按钮 ，创建一个球体，如图 4-9 所示。

02 按下 Alt 键并单击"晶格"按钮 ，系统自动将球体对象变为"晶格"的子对象，同时视图中自动创建了晶格，如图 4-10 所示。

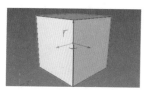

图 4-9　　　　　　　图 4-10

03 可以通过"晶格【晶格】"属性面板中"对象"选项卡的选项来定义晶格属性，如图 4-11 所示。

　　"对象"选项卡中主要选项的含义如下。

- 圆柱半径：定义放置在每个点对象之间圆柱半径。
- 球体半径：定义放置在每个点对象的半径。
- 细分数：定义圆柱体和球体的细分数，需要增加此值以确保拥有平滑的边缘，如图 4-12 所示。

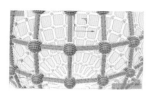

图 4-11　　　　　　　图 4-12

04 晶格是建立在原始对象基础上的，原始对象是什么样的形状，那么就会以该形状来确定整个晶格的分布状态。

4.1.3 布尔

"布尔"工具可以对基本体单元或多边形进行布尔运算。

动手操作——布尔工具的应用

01 首先创建一个立方体和一个球体，并通过移动操控器将球体移至立方体的一个角点上，如图4-13所示。

02 单击"布尔"按钮 ⬤，并在"对象"管理器中将立方体和球体拖入"布尔"对象中，成为其子对象，如图4-14所示。

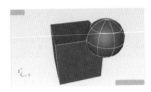
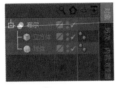

图4-13　　　　　　图4-14

03 此时系统自动执行了布尔运算操作，可以在"布尔对象【布尔】"属性面板的"对象"选项卡中选择布尔类型，以获得不同的布尔运算效果，如图4-15所示。

"对象"选项卡中主要选项的含义如下。

- 布尔类型：在此下拉列表中可以选择布尔类型来得到不同的运算结果，如图4-16所示。如图4-17所示为4种布尔类型的运算结果。

图4-15　　　　　　图4-16

A 加 B　　　A 减 B　　　AB 交集　　　AB 补集

图4-17

技巧提示：

A 与 B 的位置可以交换，可以在"对象"管理器中拖动子对象调换位置，更换位置后即可得到不同的布尔运算结果，如图4-18所示。

图4-18

- 高质量：选中此复选框，可以生成具有较少多边形的干净网格。
- 创建单个对象：如果将布尔对象转换为可编辑多边形，则此复选框的作用是将布尔中的多个对象合并为一个对象。
- 隐藏新的边：此复选框用于隐藏由布尔运算创建的任何其他边（在对象的切边之上和之外）。
- 交叉处创建平滑着色（Phong）分割：此复选框会在新创建的对象的切边处打破 Phong 着色。需要注意，只有在选中"创建单个对象"复选框的情况下，才会显示中断。
- 选择边界：如果将布尔对象转换为多边形并选中该复选框，则会选择布尔对象的剪切边缘（边缘模式）。
- 优化点：仅当选中"创建单个对象"复选框时，此参数才可用。如果将布尔对象转换为多边形，则彼此设定距离内的点将合并为单个点。

4.1.4 连接

连接是将多个对象组合成一个整体，各对象的属性保持独立，连接对象之间可以相交，也可以不相交，而布尔加运算要求对象之间必须相交。

如图4-19所示为两个对象的连接。

图4-19

4.1.5 实例

"实例"工具可以创建出源对象的多个特殊副本，每个副本对象中并没有独立的属性，它们将继承源对象的属性，因此，当修改源对象的属性时，其他副本也将随之更改。

动手操作——创建实例

01 在上工具栏单击"圆锥"按钮 ▲，创建一个默认尺寸的圆锥体，如图 4-20 所示。

02 在选中圆锥体的情况下，单击"实例"按钮 ，系统会自动创建一个副本，副本与原始对象重合，需要改变其位置才能显示出来，如图 4-21 所示。

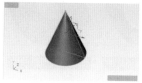

图 4-20

图 4-21

> **技巧提示：**
>
> "实例"工具一次只能创建一个副本，如果事先选中了原始对象，"对象"管理器中的实例图标将会是 圆锥 实例 状态。如果在"对象"管理器中没有选中原始对象（源对象），单击"实例"按钮 后，"对象"管理器中的实例图标是 实例 状态，那么，要创建实例，必须在"实例对象"的属性面板中单击"选择"按钮 再去选择参考对象（可以到视图中选择，也可以到"对象"管理器中选择），如图 4-22 所示。

图 4-22

"实例对象"属性面板中"对象"选项卡的两个选项含义如下。

- 参考对象：在"对象"管理器中若选择了原始对象，那么，原始对象将会在"参考对象"列表中显示。如果没有显示原始对象，那么，需要单击"选择"按钮 去选取参考对象。当然，如果参考对象选择错误了，可以在列表右侧单击 按钮，在展开的菜单中选择"清除"选项，再重新选择参考对象即可，如图 4-23 所示。

- 实例模式：包括 3 种创建副本的方法，如图 4-24 所示。"实例"模式就是要创建原始对象的副本；"渲染实例"模式是针对原始对象已经存在渲染数据，通过渲染实例模式来得到无限数量的相同渲染数据的实例；"多重实例"模式是通过定义位置源来创建与内

部组合对象相同类型的多个实例。

图 4-23　　　　　　　　图 4-24

03 在视图中按下 Ctrl 键并拖动实例（副本）的轴，来创建新的实例，如图 4-25 所示。

图 4-25

04 在"对象"管理器中选中所有的对象，右击并选择快捷菜单中的"群组对象"命令，将多个对象成组，结果如图 4-26 所示。

图 4-26

05 选中创建的群组对象，并单击"实例"按钮 ，可以创建出群组的实例，如图 4-27 所示。

图 4-27

06 在视图中选取原始对象，并修改其"底部半径"参数，可见其他副本将随之更改，如图 4-28 所示。而这种创建实例的方法就等同于对象的矩形阵列。同理，还可以拖动轴并按下 Ctrl 键来创建更多的副本。

图 4-28

4.1.6 融球

融球是使两个或多个模型上的点、线、面产生融合的效果。

动手操作——创建融球

01 在上工具栏的曲线工具菜单中单击"正多边形"按钮 ⬡，绘制半径为 2000mm 的正六边形。

02 同理，再绘制一个半径为 1800mm 的正六边形，两个正六边形同心，如图 4-29 所示。

03 在"对象"管理器中将小的正六边形定义为大的正六边形的子对象，如图 4-30 所示。

图 4-29   图 4-30

04 单击"融球"按钮 ➤，创建融球对象。在"对象"管理器中将正多边形对象拖至融球对象中，成为其子对象，可见视图中创建了融球效果，如图 4-31 所示。

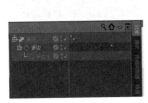

图 4-31

"融球对象"属性面板中"对象"选项卡的选项含义如下。

- 外壳数值：定义外壳的紧密程度，较高的值意味着外壳更紧密地缠绕在物体周围。
- 编辑器细分：定义视图中外壳显示的细分数。该值是以距离来衡量的，也就是说，距离值越大，细分值就越小。反之细分值就越大，表面也就越平滑。
- 渲染器细分：此值与"编辑器细分"值都是以距离来衡量的。设置此值，目的是让模型在渲染时能够更平滑。
- 指数衰减：默认情况下，融球的各对象之间的相互吸引力与重力相似，具有 $1/r^2$ 的关系。可以使用指数衰减更改相互吸引力。

- 精确法线：选中此复选框，将应用内部精确计算的顶点法线，以便在大多数情况下实现更均匀的着色。

05 修改"外壳数值"，可以得到不同的外壳紧密度，如图 4-32 所示。

外壳数值 150%   外壳数值 100%   外壳数值 60%

图 4-32

06 修改"编辑器细分"值为 100mm，可以得到更平滑的融球，如图 4-33 所示。

编辑器细分 400 mm   编辑器细分 100 mm

图 4-33

4.1.7 对称

利用"对称"工具可以创建对象的镜像副本。

动手操作——创建对称

01 打开本例练习文件"椅子 .c4d"，如图 4-34 所示。

02 在"坐标"管理器中修改模型在 Z 方向的值为 500mm，如图 4-35 所示。

图 4-34   图 4-35

03 单击"对称"按钮 ◖◗，在"对象"管理器中将椅子对象拖至对称对象中，然后到"对称对象【对称】"属性面板的"对象"选项卡中设置"镜像平面"为 XY，视图中将创建椅子的镜像对象，如图 4-36 所示。

图 4-36

4.2　对象变形

　　对象变形是指利用变形器工具使几何形状、样条曲线、多边形或基本体进行变形的过程，如图 4-37 所示。变形器工具在上工具栏的"变形器"工具列中。

图 4-37

　　下面仅对常用的变形器工具进行介绍。

4.2.1　扭曲

　　扭曲变形器可以使物体产生弯曲效果，如图 4-38 所示。要使物体产生弯曲，前提是物体对象在创建时必须产生分段，如果分段为 1，只能使物体倾斜而不是弯曲。

图 4-38

动手操作——创建扭曲

01 在上工具栏的"对象"工具列中单击"立方体"按钮 ，创建一个立方体，如图 4-39 所示。

图 4-39

02 在"变形器"工具列中单击"扭曲"按钮 ，视图中会显示一个紫色的变形器，如图 4-40 所示。

03 变形器所在的位置就是变形位置，变形器的大小决定了变形范围。本例是对矩形顶部进行变形，所以需要移动紫色变形器，拖动 Y 轴一定距离，如图 4-41 所示。

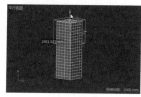

图 4-40　　　　　　　　　图 4-41

04 在"对象"管理器中将扭曲对象拖至立方体对象下，成为其子级，如图 4-42 所示。如果需要改变变形器的大小，可以在属性管理器的"弯曲对象 [扭曲]"属性面板的"对象"选项卡中设置"尺寸"值，如图 4-43 所示。

图 4-42　　　　　　　　　图 4-43

　　"弯曲对象 [扭曲]"属性面板的"对象"选项卡中的选项含义如下。

- 尺寸：设置变形器的尺寸。
- 模式：包含 3 种扭曲变形模式。采用"限制"模式，将会使变形器 Y 方向尺寸内的物体产生扭曲变形，如图 4-44 所示；采用"框内"模式将只会对变形器框内的对象进行变形；若采用"无限"模式会对所有的物体对象产生变形，如图 4-45 所示。

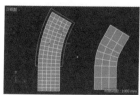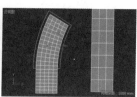

图 4-44　　　　　　　　　图 4-45

- 强度：设置弯曲（扭曲）变形的强度，此值从 $-\infty$ 到 $+\infty$。在视图中可以拖动橙色手柄改变弯曲强度，如图 4-46 所示。

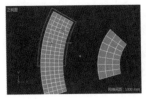
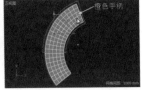

图 4-46

- 角度：定义变形的角度，此角度是以 X 轴绕 Y 轴旋转来计算的。
- 保持纵轴长度：保持 Y 轴方向上的长度，也就是说选中此复选框，物体对象在变形后将不会增加长度，如图 4-47 所示为取消选中和选中此复选框的对比效果。

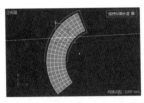

图 4-47

- 匹配到父级：单击此按钮，将会把定义好的变形器扩展到整个物体，如图 4-48 所示。

05 在"对象"选项卡中设置好主要选项后，进入"衰减"选项卡，如图 4-49 所示。

图 4-48　　　　　　图 4-49

"衰减"选项卡中主要选项含义如下。

- 域：域就是变形效果的强度在空间中的分布，类似三维噪声（或强度场）。如果要创建一个域，可以在下方的"域"列表中选择一种域类型。
- 域列表：域的种类在"线性域"列表中，如图 4-50 所示。选择一种域类型，将会在域管理面板中显示，如图 4-51 所示。

06 创建一个"立方体"域，将此立方体域放大并移动位置，如图 4-52 所示。

07 单击"对象"选项卡中的"匹配到父级"按钮，在"对象"管理器中激活扭曲对象（单击此对象），然后拖动橙色手柄，可以对模型的局部面产生变形。同理，激活

立方体域对象后，将其移至其他位置上，可以变形其他位置上的面，如图 4-53 所示。

图 4-50　　　　　　图 4-51

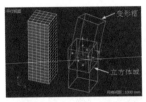

图 4-52

技巧提示：

系统仅对立方体域内的面进行变形，域外的部分则完全保持原样。

图 4-53

- 域层列表："域层"是为变形器添加的混合效果。域层是不会在"对象"管理器中显示的，也就是说域层不能进行变形操作。域层不是必需的，可以使用也可以不使用。

08 在域层列表中选择"实体"并添加到"域"管理面板中。通过设置混合选项或者调整"可见度"参数值，可以得到如图 4-54 所示的效果。"可见度"值的范围就是混合选项"最大"与"最小"之间的变形范围。

图 4-54

- 修改层：修改层会修改其他图层可用的值。例如，在已经创建了立方体域的情况下，再

添加一个"反向"的修改层，可以改变当前的变形方向，如图 4-55 所示。

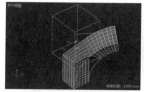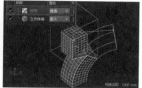

图 4-55

09 "对象"选项卡中的"角度"选项只能更改 XZ 平面上的旋转角度，对于其他平面上的角度旋转，可以通过旋转操控器的旋转环来操作，如图 4-56 所示。

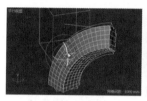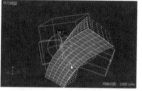

图 4-56

4.2.2 膨胀

膨胀变形器使物体膨胀或收缩，如图 4-57 所示。拖动变形器顶部表面上的橙色手柄，可以在视图中以交互方式控制膨胀效果。

图 4-57

动手操作——创建膨胀

01 在"变形器"工具列中单击"膨胀"按钮，添加膨胀变形器对象。

02 按住 Alt 键单击"立方体"按钮，在视图中创建一个默认尺寸的立方体，如图 4-58 所示（膨胀变形器对象将自动变成立方体的子级）。

图 4-58

03 将立方体在 Y 方向的尺寸增大，便于后面的膨胀变形操作。

04 在"对象"管理器中激活膨胀变形器对象，在"膨胀对象"属性面板中显示"对象"选项卡，其中的部分选项含义与"扭曲"属性面板中"对象"选项卡的选项类似，下面只介绍不同的选项。

- 弯曲：此值会影响变形器的曲率，如图 4-59 所示为弯曲值为 0% 和 100% 的曲率对比效果。

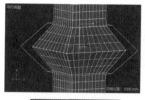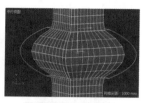

弯曲... 0 %　　弯曲... 100 %

图 4-59

- 圆角：选中此复选框，则在顶部和底部附近创建圆弧过渡，如图 4-60 所示。

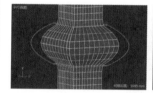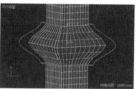

无圆角过渡　　有圆角过渡

图 4-60

05 完成膨胀变形后，保存结果文件。

4.2.3 斜切

斜切变形器的用法与膨胀变形器和扭曲变形器的用法相同，所表现的效果与扭曲接近，但是斜切变形可以弯曲变形，也可以倾斜变形，如图 4-61 所示。

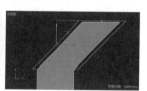

弯曲变形　　倾斜变形

图 4-61

使用斜切变形器后，"切变对象"属性面板中"对象"选项卡的选项如图 4-62 所示。除了"弯曲"选项，其他选项均与扭曲变形器中的选项含义相同。而"衰减"选项卡是所有变形器工具的通用选项，如图 4-63 所示，这里不再重复介绍。

图 4-62   图 4-63

"弯曲"选项用来定义斜切变形时是否采用弯曲变形。当值为 0 时，斜切变形就是倾斜变形，当定义一个弯曲值时，则为弯曲变形。当值为 100% 时，则为相切弯曲变形。

4.2.4　锥化

锥化变形器通过缩放对象几何体的两端产生锥化轮廓，一端放大而另一端缩小。可以在两组轴上控制锥化的量和曲线，也可以对几何体的一端限制锥化，如图 4-64 所示为锥化范例。

图 4-64

动手操作——使用锥化变形器制作碗模型

01 新建 C4D 场景文件。

02 在"对象"工具列中单击"圆柱"按钮 ⬛，创建一个圆柱体，如图 4-65 所示。

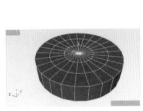

图 4-65

03 单击左工具栏中的"转为可编辑对象"按钮 ⬛，将圆柱几何体转换成可编辑多边形。切换到边模式，单击

上工具栏中的"缩放"按钮 ⬛ 后，再执行"选择"|"循环选择"命令，选择要缩放的分段线，如图 4-66 所示。

04 均匀缩放到圆柱体外侧附近（在坐标管理器输入 X 与 Z 值），如图 4-67 所示。

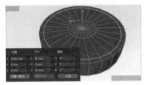

图 4-66   图 4-67

05 在左工具栏中单击"多边形"按钮 ⬛ 切换到多边形选择模式，执行"选择"|"循环选择"命令，再选取要移动的多边形后单击"移动"按钮 ➕，然后在"坐标"管理器中输入 Y 方向值为 1mm，完成碗底模型的创建，如图 4-68 所示。

图 4-68

06 将创建的碗底模型翻转过来，随后再创建一个圆柱体，在"坐标"管理器中输入坐标值，使此圆柱体边与碗底边重合，如图 4-69 所示。

图 4-69

07 单击"锥化"按钮 ⬛ 添加锥化变形器，在"对象"管理器中将锥化变形器拖至新圆柱体对象中成为其子级，设置锥化变形器参数，效果如图 4-70 所示。

图 4-70

08 在"对象"管理器中选择新圆柱体，然后修改其"半径"值为 50mm，修改效果如图 4-71 所示。

09 将锥化的圆柱体转换为可编辑多边形，并将顶部的多边形选中后按 Delete 键删除，如图 4-72 所示。

图 4-71

技巧提示：

在可编辑多边形模式下，如果要创建壳体，需要先选中面然后右击，执行快捷菜单中的"挤压"命令，输入一定的偏移距离，即可创建壳体。

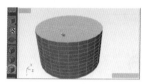 

图 4-72

4.2.5　螺旋

螺旋变形器可以使对象产生螺旋扭曲变形的效果。如图 4-73 所示为螺旋变形器的"对象"选项卡，如图 4-74 所示为利用螺旋变形器制作的冰激凌模型。

图 4-73　　　　　　　图 4-74

动手操作——使用螺旋变形器制作冰激凌

01 新建 C4D 场景文件。

02 利用"星形"样条线工具绘制星形，如图 4-75 所示。

03 在上工具栏的"生成器"工具列中单击"挤压"按钮，让星形对象成为挤压对象的子级。在"挤压对象【挤压】"面板的"对象"选项卡中设置相关参数完成挤压几何体的创建，如图 4-76 所示。

04 单击"转为可编辑对象"按钮，切换到边模式。执行"选择"|"路径选择"命令，选取星形挤压体的 6 条内侧凹边（按住 Shift 键选取多条边），右击选择快

捷菜单中的"倒角"命令，在属性管理器的"倒角"属性面板中设置相关参数，如图 4-77 所示。

图 4-75　　　　　　　图 4-76

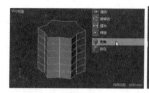 

图 4-77

05 同理，为外侧凸边添加"偏移"值为 15mm 的圆角，如图 4-78 所示。

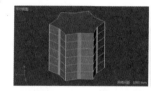 

图 4-78

技巧提示：

可以将两个封顶的面删除，在本例中没有什么作用。

06 单击"螺旋"按钮，使螺旋变形器对象成为挤压多边形的子级。设置螺旋参数，创建如图 4-79 所示的螺旋扭曲效果。

图 4-79

技巧提示：

在"对象"管理器中选中螺旋变形器对象，然后在"对象"管理器顶部的"对象"菜单中选择"隐藏对象"命令，将螺旋变形框隐藏。

07 单击"锥化"按钮，将锥化变形器对象拖至挤压对象中，成为其子级。设置锥化参数，创建如图 4-80 所示的锥化效果。

图 4-80

08 单击"圆锥"按钮 ，在正视图中拖动移动操控器的轴，设置圆锥体参数后完成操作，如图 4-81 所示。

图 4-81

09 转换为可编辑多边形，可以将圆锥体底部大圆面删除（按 Delete 键），至此完成了冰激凌的建模。

4.2.6 FFD

FFD 表示"自由形式变形"，它的效果用于类似"舞蹈"汽车或坦克的计算机动画中，也可以将它用于构建类似椅子和雕塑这样的图形。FFD 变形器包括 5 种类型：FFD2×2×2、FFD3×3×3、FFD4×4×4、FFD 长方体和 FFD 圆柱体。这几种类型操作方法是类似的，只不过 2×2×2 表示晶格的控制点数量为 2，是立方体结构，如图 4-82 所示。

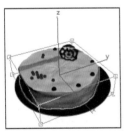

FFD 2×2×2

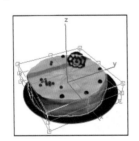

FFD 3×3×3

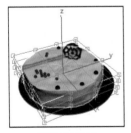

FFD4×4×4

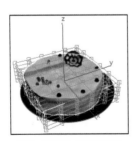

FFD 长方体（6×6×6）

图 4-82

FFD3×3×3、FFD4×4×4、FFD 长方体等类型同属于长方体形式的空间阵列控制点，但 FFD 圆柱体属于正 N 变形（至少 6 边以上）空间阵列，点数为 4×6×4，中间的数字越大，FFD 越接近于圆，如图 4-83 所示。

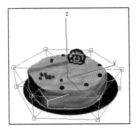

FFD 圆柱体 2×6×2

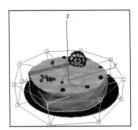

FFD 圆柱体 2×8×2

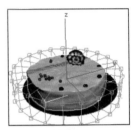

FFD 圆柱体 2×23×2

图 4-83

FFD 变形器使用晶格框包围选中几何体，通过调整晶格的控制点，可以改变封闭几何体的形状，如图 4-84 所示。FFD 长方体变形器的"对象"选项卡如图 4-85 所示。

图 4-84

图 4-85

动手操作——制作枕头

01 新建场景文件。

02 在上工具栏的"对象"工具列中单击"长方体"按钮 ，在视图中创建一个切角立方体，如图 4-86 所示。

03 单击 FFD 按钮为切角立方体添加 FFD 变形器，使 FFD 变形器成为立方体对象的子级。在属性管理器中设置 FFD 对象参数，如图 4-87 所示。

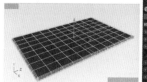

图 4-86

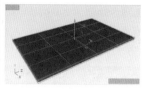

图 4-87

04 在左工具栏中单击 📷 按钮切换到点模式，同时单击上工具栏中的"移动"按钮 ✥。在切角几何体的面上拖动控制点从而改变形状。拖动第二圈层的控制点进行变形，如图 4-88 所示。

图 4-88

技巧提示：

在视图中设置显示模式为"线条"和"线框"，以便选择 FFD 控制点。

05 同理，在切角立方体的另一侧也进行相同的变形操作，如图 4-89 所示，不过变形幅度要略小。

图 4-89

06 拖动切角几何体 4 个角落的控制点（向水平的 X 和 Y 方向拖动轴柄），进行自由变形，如图 4-90 所示。

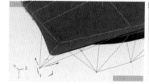

图 4-90

07 在"对象"管理器中将 FFD 变形器隐藏，最终变形

完成的结果如图 4-91 所示。

图 4-91

4.2.7　网格

网格变形器允许创建自定义的低分辨率模型（低模）为笼子，控制高分辨率的模型（高模），自由变形改变高模对象。网格变形器类似 FFD 变形器，但网格有更大的灵活性，也就是说充当控制的低模（笼子）可以是动态的多边形（MESH），如图 4-92 所示。

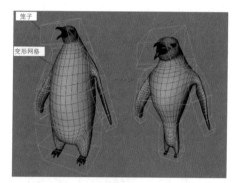

图 4-92

动手操作——网格变形器的基本应用方法

01 在"对象"工具列中单击"球体"按钮 ◎ 创建一个二十面体（12 分段），并重命名为"二十面体"。单击"球体"按钮 ◎ 创建一个球体（球体要比二十面体要大），如图 4-93 所示。

02 将两个基本体转为可编辑多边形。将球体作为笼子，而二十面体将作为变形网格。在上工具栏的"变形器"工具列中单击"网格"按钮 ◎，添加网格变形器。在"对象"管理器中将网格变形器拖至二十面体对象中成为其子级，如图 4-94 所示。

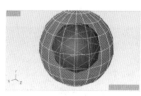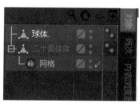

图 4-93　　　　　　　图 4-94

03 选中网格变形器，在"属性"管理器中显示"网格变

形器【网格】"属性面板。将"对象"管理器中的"球体"对象拖至"网格变形器"属性面板中的"网笼"列表中(或者在"网笼"列表中单击 按钮,然后到视图中选取球体多边形),单击"初始化"按钮,如图4-95所示。

04 初始化后,在"对象"管理器中选中球体对象,并切换到多边形模式。选择球体中的一个多边形,可以利用移动操控器进行移动变形,如图4-96所示。

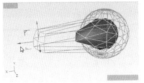

图 4-95　　　　　　　图 4-96

05 除了可以操作多边形,还可以对网格点、网格边进行平移、旋转及缩放操作。

4.2.8　挤压 & 伸展

"挤压 & 伸展"变形器可以将挤压效果应用到对象上,在此效果中,与轴点最接近的顶点会向内移动,如图4-97所示。

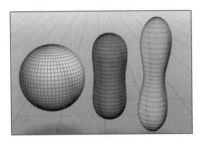

图 4-97

动手操作——"挤压 & 伸展"变形器的应用方法

01 新建 C4D 场景文件。

02 利用"球体"工具创建一个半径为 120mm 的球体,如图4-98所示。

03 单击 挤压&伸展 按钮,让"挤压 & 伸展"变形器成为球体对象的子级,然后设置挤压参数挤压球体,如图4-99所示。

图 4-98　　　　　　　图 4-99

4.2.9　融解

"融解"变形器可以将实际融解效果应用到所有类型的对象上,包括可编辑多边形和基本体对象。融解选项包括边的下沉、融解时的扩张以及可自定义的物质集合,这些物质的范围包括从坚固的塑料表面到在其自身上塌陷的冻胶类型。融解变形器的"对象"选项卡如图4-100所示。图4-101所示为增大"强度"值逐步融化的蛋糕。

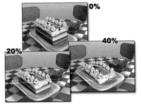

图 4-100　　　　　　　图 4-101

"对象"选项卡中主要选项含义如下。

- 强度:定义变形的状态。如果设置为 0%,则不会融化。如果设置为 100%,则对象完全融化。

- 半径:融解边缘的半径值。此值越小,融解边缘越薄,反之,越厚。

- 垂直随机:定义向下运动的变化。

- 半径随机:定义向外运动的变化。

- 融解尺寸:定义融解对象相对于原始宽度的最终宽度,默认值为 400%。例如,融化的冰块,留下的水坑的宽度自然远大于冰块的原始宽度。

- 噪波缩放:此值设置越高,表面在融解变形过程中变得越不规则。

动手操作——制作冰激凌融化效果

01 打开本例素材文件"冰激凌.c4d",场景中有一支被咬过一口的冰激凌,如图4-102所示。

02 单击"融解" 按钮添加融解变形器,在"对象"管理器中将融解变形器对象变成冰激凌对象的子级,如图4-103所示。

图 4-102　　　　　　　图 4-103

03 在融解变形器的属性管理器中设置融解参数，变形结果如图 4-104 所示。

图 4-104

4.2.10　变形

　　"变形"变形器允许混合变形器影响区域内的变形目标，当它被赋予衰减形状时最有用，因此，可以根据其定位和/或方向改变其效果。

动手操作——"变形"变形器的应用方法

01 单击"胶囊"按钮 创建胶囊对象，如图 4-105 所示。

02 将胶囊转为可编辑对象并切换到点模式，框选所有编辑点，如图 4-106 所示。

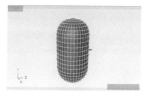
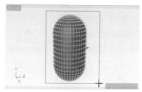

图 4-105　　　　　　　图 4-106

03 执行"角色"|"添加点变形"命令，"对象"管理器中添加一个姿态变形，如图 4-107 所示。

图 4-107

04 单击"缩放"按钮 ，利用缩放操控器变形胶囊，如图 4-108 所示。

05 在"对象"管理器中激活姿态变形对象，并在属性管理器的"姿态变形"属性面板中改变"强度"值，如图 4-109 所示。

图 4-108　　　　　　　图 4-109

06 单击"变形"按钮 ，在"对象"管理器中将"变形"

变形器调整为胶囊对象的子级。在属性管理器的"变形（Morph）变形器"属性面板中单击 按钮，将姿态变形添加到"变形列表"中，如图 4-110 所示。

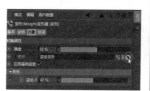
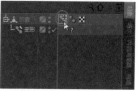

图 4-110

07 在"变形（Morph）变形器"属性面板的"目标"卷展栏中改变"姿态"值，可以观察到胶囊模型的变形情况，如图 4-111 所示。

图 4-111

4.2.11　收缩包裹

　　收缩包裹变形器允许将一个对象（称为源）收缩到另一个对象（称为目标）中，即使这些对象是完全不同的形状，并且具有不同数量的点，如图 4-112 所示。

动手操作——收缩包裹变形器的应用方法

01 创建一个立方体和一个球体，如图 4-113 所示，然后将这两个基本体都转为可编辑对象。

图 4-112　　　　　　　图 4-113

02 单击"收缩包裹"按钮 ，添加收缩包裹变形器，将收缩包裹变形器变成球体对象的子级。

03 在属性管理器的"收缩缠绕变形对象【收缩包裹】"属性面板中单击 按钮，并选取立方体对象作为目标对象，如图 4-114 所示。

04 改变"强度"值，可以变形球体，强度最小值为初始状态，强度最大值则是球体包裹变形到立方体大小，如图 4-115 所示。

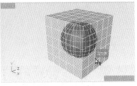

图 4-114

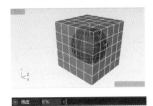

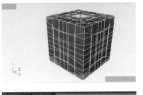

图 4-115

4.2.12 表面

表面变形器用于使对象形状遵循另一对象的表面变形。例如，它可用于快速将针迹连接到由布料标签变形的布料上，使针迹跟随布料变形，而不实际将它们包括在布料计算中。它还可用于在另一个网格的表面上移动网格，从而使网格变形。

动手操作——表面变形器的应用方法

01 单击"地形"按钮 创建地形基本体，如图 4-116 所示。

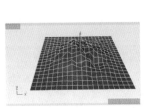

图 4-116

02 单击"立方体"按钮 创建一个立方体，如图 4-117 和图 4-118 所示。

图 4-117　　　　　　图 4-118

03 单击"表面"按钮 添加表面变形器，并让表面变

形器成为立方体对象的子级，如图 4-119 所示。

04 在属性管理器的"表面变形器"属性面板中单击 按钮，并选取地形对象作为表面变形参考，如图 4-120 所示。

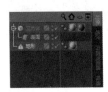

图 4-119　　　　　　图 4-120

05 单击"初始化"按钮，选择"映射"类型，可以看到立方体已经变形并依附在地形上，如图 4-121 所示。

06 通过调整"缩放"值、"强度"值和"偏移"值，可以得到如图 4-122 所示的效果。

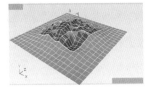

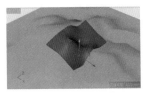

图 4-121　　　　　　图 4-122

4.2.13 其他变形器工具

1. 爆炸

爆炸变形器将物体爆炸成组成它的多边形，如图 4-123 所示。

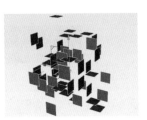

图 4-123

2. 爆炸 FX

使用"爆炸 FX"变形器可以快速创建逼真的爆炸效果并制作动画。要为爆炸设置动画，需要为时间参数设置动画。

3. 球化

球化变形器会根据其强度将对象变形为球形，如

图 4-124 所示。球化变形器在视图中有两个橙色手柄，可以交互地拖动该手柄以调整其半径和强度。要利用球化变形器变形对象，原始对象中必须创建分段。

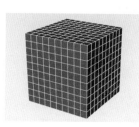

图 4-124

4. 破碎

破碎变形器将对象破碎成单个多边形，然后落到地面，如图 4-125 所示。

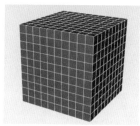

图 4-125

5. 修正

修正变形器的主要目的是提供真正的变形编辑功能，这意味着变形器允许访问变形状态的点，并允许根据变形状态修改其位置。

需要注意，校正变形器必须放在层次结构中的其他变形器下面，否则变形编辑将不起作用（对象将显示为非变形，因为其状态将在其他变形器之前计算），如图 4-126 所示。

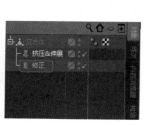

图 4-126

修正变形器要比网格变形器直接且有效得多，修

正变形器是通过显示对象的原有形状，并可直接选取点、边或多边形进行变形操作。

6. 颤动

使用颤动变形器为与角色运动相对应的点创建辅助运动。例如，为动漫形象的腹部设置摇晃动画。

7. 球化

球化变形器会根据其强度将对象变形为球形，如图 4-127 所示。要球化的对象必须创建分段，分段数为 1 的模型是不能球化变形的，而且球化变形器只能是对象的子级。

原始对象　　　　强度为 50%　　　　强度为 100%

图 4-127

8. 包裹

包裹变形器具有平坦表面和曲面，如图 4-128 所示。曲面表示球体或圆柱体的一部分，接收器对象将围绕该部分包裹。直表面表示可以缠绕在曲面上的总面积，如果接收对象大于平面，则只有位于平面边界内的部分才会正确变形到曲面上。

图 4-128

要使用包裹变形器，首先要执行"运动图形"|"文本"命令，创建一个文字图形，然后添加包裹变形器，让包裹变形器成为文字的子级即可。

9. 导轨

导轨变形器使用最多 4 个定义目标形状的样条线来变形多边形对象，如图 4-129 所示。

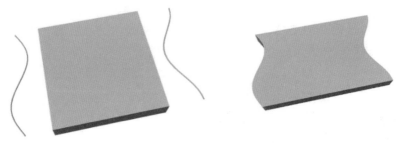

图 4-129

10. 风力

风力变形器在物体上产生波，例如挥动的旗子，如图 4-130 所示。风吹向变形器的正 X 方向，风变形器自动动画（单击动画工具栏中的"播放"按钮）。拖动 Z 轴上的橙色手柄可在视图中以交互方式更改波的幅度。拖动 X 轴上的橙色手柄可以更改 X 和 Y 方向上的波浪大小。

图 4-130

11. 倒角

使用倒角变形器可以为对象添加圆角和斜角，如图 4-131 所示。当倒角的"细分"值为 0 时为斜角，设置细分值后变成圆角，"细分"值越大，倒角越平滑。

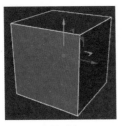  

原始对象 　　　　　　　 斜角 　　　　　　　 圆角

图 4-131

5.1 多边形建模概述

　　C4D 的多边形建模工具是该软件中最强大的外形造型工具，也是目前 C4D 使用最广泛的建模工具。从简单的家具到精细的工业产品，以及游戏角色这样的复杂模型，都可以使用可编辑多边形来完成，可以说 C4D 的建模核心就是可编辑多边形。

5.1.1　何为"多边形建模"

　　多边形就是由多条边围成的一个闭合的路径形成的一个面。顶点与边构成一个完整多边形。一个完整的模型由无数个多边形面组合而成。如图 5-1 所示的模型就是由规则或不规则的多边形面构成的。

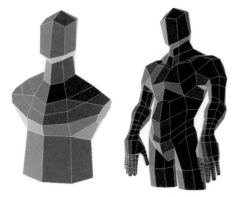

图 5-1

　　多边形建模的早期主要用于游戏，到现在被广泛应用（包括电影），多边形建模已经成为 CG 行业中与 NURBS 并驾齐驱的建模方式。在电影《最终幻想》中，多边形建模完全有能力实现复杂的角色结构，并解决后续部门的相关问题。如图 5-2 所示为利用 C4D 多边形建模工具制作的角色模型。

图 5-2

第 5 章

可编辑多边形建模

　　一个完整的模型是由无数个多边形面构成，C4D 中的动物模型、人物模型及其他非常复杂的场景模型都是通过将规则形状的模型，经过转换成多边形后完成的。本章中将详细介绍 C4D 中的多边形建模工具在造型设计中的实战应用。

知识分解：

- 多边形建模概述
- 转换工具
- 实战案例

多边形从技术角度来讲比较容易掌握，在创建复杂表面时，细节部分可以任意加线，在结构穿插关系很复杂的模型中就能体现出它的优势。另一方面，它不如 NURBS 有固定的 UV，在贴图工作中需要对 UV 进行手动编辑，以防止重叠、拉伸纹理。

C4D 多边形建模方法比较容易理解，非常适合初学者学习，并且在建模过程中有更多的想象空间和可修改余地。

5.1.2 如何使用可编辑多边形工具

基本体转为可编辑多边形后，可在左工具栏中单击"多边形"按钮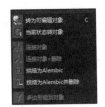、"边"按钮和"点"按钮，分别进入多边形编辑模式、边编辑模式和点编辑模式。只有进入了这 3 种模式，才能使用可编辑多边形建模工具。

可编辑多边形的建模工具在"网格"|"命令"子菜单中，如图 5-3 所示，也可以在视图中右击，选择快捷菜单中的可编辑多边形工具。

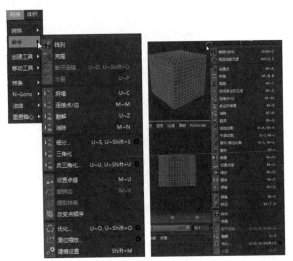

图 5-3

鉴于本章篇幅限制，不会详细地介绍可编辑多边形模式中各工具的含义及其使用方法。

5.2 转换工具

使用转换工具可以改变当前对象的模型状态，即将基本体模型转换为可编辑多边形的模型状态。转换工具在"网格"|"转换"子菜单中，如图 5-4 所示。

图 5-4

5.2.1 转为可编辑对象

C4D 中的基本体图元与样条图元是参数化的，是使用数学公式和参数创建的，没有点或多边形，因此无法以多边形和样条线的编辑形式进行操作。在编辑多边形或样条对象之前，需要将基本体图元和样条图元转换成可编辑的多边形状态。

"转为可编辑对象"工具可将基本体对象转为可编辑多边形模型对象。原来的基本体对象将被删除。

下面介绍几种常见的转换为可编辑多边形的命令执行方式。

1. 执行快捷菜单中的命令进行转换

当创建一个基本体模型后，可在视图中右击，弹出快捷菜单，然后选择其中的"转为可编辑对象"命令，即可完成由几何体转换为多边形曲面的转换过程，如图 5-5 所示。

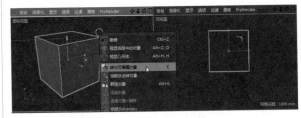

图 5-5

2. 在"对象"管理器中转换

当前场景中仅创建了基本几何体模型，还没有添加其他变形器时，可在"对象"管理器中右击，在弹出的快捷菜单中选择"转为可编辑对象"命令，即可完成转换操作，如图 5-6 所示。

3. 在左工具栏中单击"转为可编辑对象"按钮转换

创建基本体模型后，在左工具栏中单击"转为可编辑对象"按钮，即可将基本几何体转成可编辑多边形，如图 5-7 所示。

图 5-6

图 5-7

4. 执行"转换"命令

在 C4D 中，多边形建模也称为"网格建模"。"网格"菜单中的工具主要用于多边形对象和样条线对象的结构编辑，这些工具大多可以在点、边和多边形模式下使用。

当创建基本体模型后，执行"网格"|"转换"|"转为可编辑对象"命令，同样可以进入可编辑多边形的建模模式，如图 5-8 所示。

图 5-8

5.2.2　当前状态转对象

执行"当前状态转对象"命令可以创建所选基本图元对象的副本，也就是说，将基本体图元转换为可编辑多边形对象后，原来的基本体对象保留，如图 5-9 所示。

图 5-9

5.2.3　连接对象

利用"连接对象"命令将两个或两个以上的独立基本体对象连接，并自动转换为可编辑多边形，原来的对象不会被删除，如图 5-10 所示。

图 5-10

如果利用"连接对象 + 删除"命令，在 3 个基本体对象合并为一个可编辑多边形对象后，原来的对象则会被自动删除，如图 5-11 所示。

图 5-11

5.2.4　烘焙为 Alembic

Alembic 是一种 CG 行业软件通用的文件交换格式，其文件后缀为 .abc，它可以用来解决各软件之间共享复杂动态场景的问题。

Alembic 可以用来烘焙有动画的场景，然后交给下游的灯光或算图人员，也就是把动态的角色、衣服或肌肉模拟的效果传递给下游人员。这也可以用来存储衣服、肌肉模拟或者打灯、算图等。

"烘焙"的原意是将面粉揉捏以后放在烤箱中进行烘烤、焙烤。在 CG 行业中"烘焙"一词主要用来形容将场景模型的信息记录并完整地保存下来。利用"烘焙为 Alembic"命令，可以将当前基本体模型烘焙为 Alembic 文件（选择一个文件保存路径保存 .abc 格式的文件），并在当前场景中添加新的 Alembic 生成器，源基本体模型会保留下来，如图 5-12 所示。

图 5-12

若利用"烘焙为 Alembic+ 删除"命令 ，将基本体模型对象烘焙为 Alembic 后，源模型会自动删除，"对象"管理器中仅保留 Alembic 生成器。

5.2.5 多边形组到对象

将基本体模型转换为可编辑多边形对象后，可使用"多边形组到对象"命令  为多边形组创建一个单独的对象，这个单独的对象将成为原始对象的子对象，如图 5-13 所示。

图 5-13

5.3 实战案例

可编辑多边形模式中的建模工具比较多，篇幅有限不逐一详细介绍，本节通过两个典型的多边形建模案例，讲述多边形建模工具的综合使用方法。

5.3.1 案例一：制作煎蛋模型

本例是一个煎蛋模型的制作，如图 5-14 所示。煎蛋模型是建模重点，其余的盘子、刀、叉等可以载入 C4D 中的预设模型。可以事先在网络中获取煎蛋的图片，导入 Photoshop 中进行煎蛋轮廓曲线（路径）的创建，然后将轮廓曲线导出，在 C4D 中导入轮廓曲线即可进行煎蛋的建模。

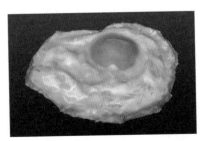

图 5-14

1. 在 Photoshop 中创建路径

Photoshop 软件要读者自行安装，每一个版本的界面及操作方法基本相同。

01 启动 Photoshop 软件，将本例源文件夹中的"煎蛋 .jpg"文件打开，如图 5-15 所示。

图 5-15

02 执行"图像" | "调整" | "色阶"命令，打开"色阶"对话框。通过该对话框调整图像的色阶，使煎蛋的边界与背景颜色形成强烈反差，以便套索工具选取煎蛋的边缘，如图 5-16 所示。

图 5-16

03 在工具箱中选择"磁性套索工具" ，然后在煎蛋边缘套索路径（单击并跟随煎蛋边缘拖动），形成封闭的选区，如图 5-17 所示。

图 5-17

04 在套索过程中，如果没有完全按照边缘来套索选区，可以在工具箱中选择"快速选取工具" ，在煎蛋边缘内的选区需要按下 Shift 键选取修复，而在煎蛋边缘外的

选区需要按下 Alt 键选取修复。

05 在图片区域右击，在弹出的快捷菜单中选择"建立工作路径"命令，在弹出的"建立工作路径"对话框中输入"容差"值为 1，此值用来定义路径曲线的样条控制点数，单击"确定"按钮完成工作路径的创建，如图 5-18 所示。

图 5-18

06 执行"文件"|"导出"|"路径到 Illustrator"命令，弹出"导出路径到文件"对话框。单击"确定"按钮，将路径导出为 ai 格式文件，如图 5-19 所示。

图 5-19

2. 煎蛋建模准备

启动 C4D 软件，执行"文件"|"打开"命令，将先前保存的"煎蛋 .ai"文件打开，在弹出的"Adobe Illustrator 导入"对话框中设置缩放单位为"毫米"，单击"确定"按钮完成 ai 文件的导入，如图 5-20 所示。

图 5-20

01 在左工具栏中单击"点"按钮 ，切换到编辑点模式，查看轮廓曲线中的样条控制点，发现样条控制点分布极不均匀，这会给曲面网格的划分造成不均匀的问题，更不利于后期的建模，如图 5-21 所示。

02 在视图中右击并选择快捷菜单中的"平滑"命令，属性管理器中显示"平滑"属性面板。设置控制"点"值为 150。在视图中单击，对导入的轮廓曲线进行平滑处理，如图 5-22 所示。

图 5-21　　　　　　　图 5-22

03 在对象管理器中选中"煎蛋轮廓"对象，按下 Alt 键并在上工具栏的生成器工具列中单击"放样"按钮 ，在轮廓内创建放样曲面，如图 5-23 所示。

04 将视图以"光影着色（线条）"+"线框"模式显示，可以看到放样曲面的线框分布也是比较凌乱的，不利于网格划分，如图 5-24 所示。

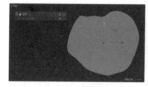
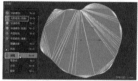

图 5-23　　　　　　　图 5-24

05 在对象管理器中选中"放样"对象，并在其"放样对象"属性面板的"封顶"选项卡中设置"类型"为"四边形"，选中"标准网格"复选框，再设置"宽度"值为 2mm，效果如图 5-25 所示。

图 5-25

06 单击"转为可编辑对象"按钮 ，将"放样"对象转成可编辑的多边形对象。

07 将源文件夹中的"煎蛋 .JPG"图像文件直接拖入 C4D 软件界面底部的材料管理器中，使图片成为一种材质，如图 5-26 所示。

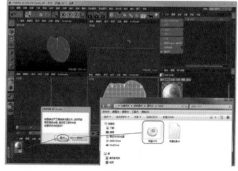

图 5-26

08 将新建的材质拖入可编辑对象中，并调节图像的投射方式，如图 5-27 所示。

图 5-27

09 在对象管理器的"对象"面板中的图像纹理标签上右击，选择快捷菜单中的"适合对象"命令，并调整图像的位置，如图 5-28 所示。

图 5-28

10 在左工具栏中单击"纹理"按钮，切换到纹理编辑模式。单击上工具栏中的"缩放"按钮和"平移"按钮，在正视图中继续调整图像的大小和位置，直至煎蛋的边缘与放样曲面的边缘对齐，如图 5-29 所示。

11 在透视视图中，利用旋转操控器将放样对象旋转 90°，使对象所在的平面与工作坐标系中的绿色轴法向垂直，因为默认创建的平面都是与绿色轴法向垂直的，如图 5-30 所示。

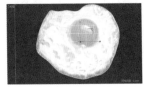

图 5-29   图 5-30

3. 雕刻建模

煎蛋的蛋清部分需要用到 C4D 的雕刻建模技术。"雕刻"是一种基于可编辑多边形的建模方法，与传统建模方法完全不同。传统的建模方法本质上往往是技术性很强或抽象的（使用拉伸、切割、多边形生成等），而雕刻是基于更自然的艺术方法。

01 在 C4D 界面右上角的"界面"下拉列表中选择 Sculpt 选项，进入 Sculpt（雕刻）模式，同时会弹出雕刻建模的工具列，如图 5-31 所示。

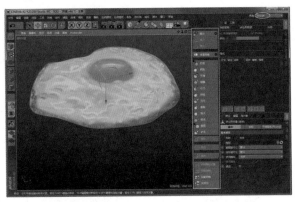

图 5-31

02 选中放样对象，在雕刻建模工具列中单击"细分"按钮，将放样对象细分，效果如图 5-32 所示。如果细分不够，可以连续单击两次"细分"按钮进行细分，直至出现如图 5-33 所示的细分效果。

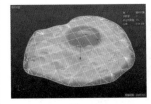
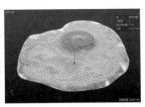

图 5-32   图 5-33

03 切换视图显示为"光影着色"，并在雕刻建模工具列中单击"蒙板"按钮，使用蒙板技术涂抹煎蛋周边的焦黄蛋白部分，如图 5-34 所示。

> **提示：**
> 蒙板笔刷的大小可以通过按下鼠标中键左右滑动，调整笔刷大小。笔刷太大，擦不出焦黄部分的效果。而蒙板的涂抹深度可按下鼠标中键上下滑动来调节。

04 在雕刻工具列的"蒙板"命令工具栏中单击"反转蒙板"按钮，反转蒙板，以便于操作涂抹部分，如图 5-35 所示。

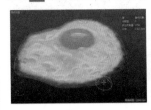
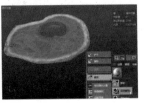

图 5-34   图 5-35

05 反转蒙板后，再单击雕刻工具列中的"拉起"按钮，利用笔刷工具将周边的焦黄蛋白部分微微拉起，如图 5-36 所示。

06 边缘拉起完成后，再单击"反转蒙板"按钮，反转到煎蛋内部进行蛋黄部分的拉起操作，如图 5-37 所示。

图 5-36　　　　　　　　　图 5-37

07 微微拉起蛋黄周围的蛋白部分，调小拉起笔刷，将蛋白图像中有皱褶的部分微微拉起，形成高低起伏不平的表面，如图 5-38 所示。

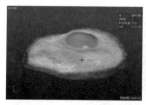
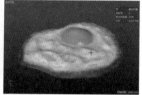

图 5-38

08 至此，雕刻建模部分完成。在雕刻层面板中选择"工具"|"创建多边形拷贝"命令，创建一个多边形的副本对象，如图 5-39 所示。

09 切换回默认的"启动"模式，可看见对象管理器面板中增加了"放样_层（2）"对象，如图 5-40 所示。

图 5-39　　　　　　　　　图 5-40

4. 多边形编辑

01 在对象管理器中将"放样"雕刻对象隐藏，将"放样_层（2）"对象重命名为"煎蛋多边形"。选中"煎蛋多边形"对象，在左工具栏中单击"边"按钮，切换到边编辑模式。

02 执行"选择"|"轮廓选择"命令，选取多边形边缘，如图 5-41 所示。再单击"移动"按钮，按住 Ctrl 键拖动蓝色轴向下平移，将选取的轮廓边拉伸，需要拉伸两次，如图 5-42 所示。

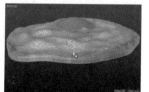

图 5-41　　　　　　　　　图 5-42

03 从正视图中可以看出，由于轮廓线在雕刻时变得起伏不平，需要统一设置 Z 向拉伸，如图 5-43 所示。在坐标管理器面板中设置 Z 值为 0，即可将底部设置为平面，如图 5-44 所示。

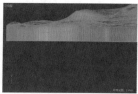

图 5-43　　　　　　　　　图 5-44

04 单击"缩放"按钮，将轮廓向内部缩放，如图 5-45 所示。

05 在左工具栏中单击"点"按钮，切换到点编辑模式。执行"选择"|"循环选择"命令，选取轮廓线上的所有点，接着执行"反选"命令，选择其余的点，如图 5-46 所示。

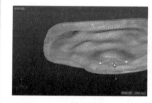

图 5-45　　　　　　　　　图 5-46

06 执行"网格"|"移动工具"|"笔刷"命令，启动笔刷后设置笔刷的选项，如图 5-47 所示。

07 利用笔画涂抹拉伸的部分边缘，使其变得平滑，如图 5-48 所示。

图 5-47　　　　　　　　　图 5-48

08 再次执行"雕刻"|"笔刷"|"抓取"命令，在顶视图中对煎蛋多边形的边缘进行抓取，使煎蛋的边缘看起来更自然，如图 5-49 所示。

09 至此，完成了煎蛋的模型制作，效果如图 5-50 所示。

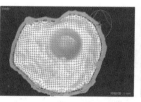
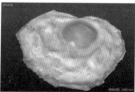

图 5-49　　　　　　　　　图 5-50

本例制作一个太阳镜的模型，如图 5-51 所示。由于太阳镜是左右对称的，建模时可以采取镜像对称的建模方式，对单只镜框与镜片进行建模。

1. 镜框与镜片部分建模

01 新建 C4D 文件。

02 在上工具栏的"对象"工具列中单击"圆盘"按钮 ，创建一个圆盘曲面对象，如图 5-52 所示。

图 5-51　　　　　　图 5-52

技术要点：

由于本例需要频繁使用一些选择工具和多边形创建工具，因此建议将"选择"菜单单独放置在视图左侧，形成"选择"工具列，便于选择工具的调取。此外，还可以将常用的多边形"网格创建"工具列也调出来单独放置，如图 5-53 所示。

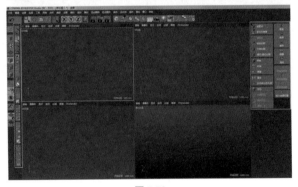

图 5-53

03 在左工具栏中单击"转为可编辑对象"按钮 ，将圆盘对象转为可编辑多边形对象，单击"点"按钮 切换到点模式。

04 在正视图中选取圆盘中间的点并删除，结果如图 5-54 所示。

图 5-54

05 选取余下的所有点，单击"缩放"按钮 进行缩放操作，结果如图 5-55 所示。

06 多次选取点进行移动操作，完成镜框面的造型，结果如图 5-56 所示。

图 5-55　　　　　　图 5-56

07 如果多边形不均匀，可以单击"循环 / 路径切割"按钮 ，对个别多边形进行分割，以使其能够均匀地移动变形，如图 5-57 所示。

图 5-57

08 按住 Alt 键单击"生成器"工具列中的"细分曲面"按钮 ，为多边形添加细分效果，如图 5-58 所示。

09 切换到"边"模式，选择所有多边形，在"网格创建"工具列中单击"挤压"按钮 ，在视图中拖动选取的多边形来创建挤压效果，如图 5-59 所示。

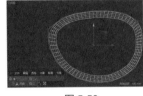

图 5-58　　　　　　图 5-59

10 在"对象"工具列中单击"球体"按钮 ，创建一个球体，如图 5-60 所示。

11 单击"转为可编辑对象"按钮 ，并切换到点模式，选取部分球体的点按 Delete 键将其删除，如图 5-61 所示。

图 5-60　　　　　　图 5-61

12 将周边的点全选并移至镜框中，并依次调整周边的点的位置，结果如图 5-62 所示。

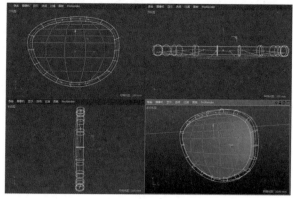

图 5-62

13 在对象管理器中将圆盘对象重命名为"镜框"，将球体对象重命名为"镜片"，然后将这两个子对象拖出"细分曲面"对象外，再执行对象管理器顶部的"对象"|"群组对象"命令，创建一个群组对象，如图 5-63 所示。

14 在上工具栏的"造型"工具列中单击"对称"按钮，创建一个"对称"对象，将上一步创建的群组对象拖入"对称"对象中成为其子级，创建对称的效果如图 5-64 所示。

图 5-63

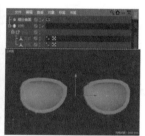
图 5-64

提示：

如果创建对称后，两个镜框重叠在一起并没有分开，可以通过设置群组对象的坐标参数来解决，如图 5-65 所示。

图 5-65

2. 眼镜鼻托部分建模

01 将"对称"对象拖入"细分曲面"对象中成为其子级，并将细分曲面对象关闭，如图 5-66 所示。

02 切换到点模式，在对象管理器中选中"镜框"子对象，在正视图中选取几个顶点进行尺寸修改，如图 5-67 所示。

其目的是使端面竖直，便于后续的挤压操作。

图 5-66

图 5-67

03 切换到多边形模式。选取镜框对象上的一个多边形进行挤压变形（单击"挤压"按钮），由于是对称造型，因此，另一个对称对象也会跟随挤压变形，如图 5-68 所示。

图 5-68

技术要点：

不要拖动轴进行挤压操作，鼠标指针在视图中向左或向右滑动即可，也可在"挤压"属性面板中设置"偏移"值进行精确挤压。

04 将端面的这个多边形删除，切换到点模式，并在"捕捉"菜单中启用"捕捉""工作平面捕捉"和"网格线捕捉"。再选取端面的几个顶点，拖动对象坐标轴对齐到全局坐标轴所在的网格线上，如图 5-69 所示。

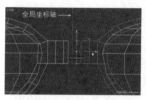

图 5-69

技术要点：

默认情况下，全局坐标轴和网格线是没有打开的，这需要在视图顶部选择"过滤"|"全局坐标轴"和"网格"命令，开启全局坐标轴和网格。

05 对鼻托部分的点进行移动变换造型，分别在正视图和顶视图中进行操作，结果如图 5-70 所示。

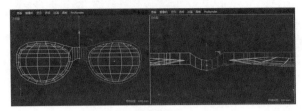

图 5-70

06 打开细分曲面效果，查看鼻托部分的造型，如图 5-71 所示。

3. 眼镜桩头部分建模

01 重新关闭细分曲面对象。切换到多边形模式，选取一个多边形进行挤压变形，如图 5-72 所示。

图 5-71　　　　　　图 5-72

02 移动和旋转挤压的端面，结果如图 5-73 所示。

03 切换到点模式，在网格"创建工具"工具列中单击"缝合"按钮，选取两个点进行缝合（缝合方法是选中并拖动一个点到另一个点上），如图 5-74 所示。

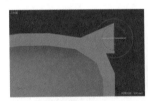

图 5-73　　　　　　图 5-74

04 同理，将另一组多边形的点缝合，如图 5-75 所示。

图 5-75

05 在正视图中框选点进行平移操作，如图 5-76 所示。

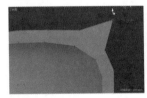

图 5-76

06 切换到多边形模式，选取如图 5-77 所示的一条边，执行"网格"|"命令"|"消除"命令，消除边。

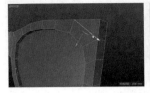

图 5-77

07 在"创建工具"工具列中单击"线性切割"按钮，分割多边形，如图 5-78 所示。同理，在其背面也进行消除和线性切割操作。

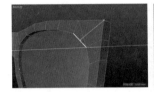

图 5-78

08 选取镜框侧面的两个多边形，再单击"挤压"按钮，创建挤压（"偏移"值为 70mm），如图 5-79 所示。

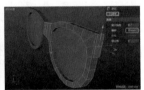

图 5-79

09 打开细分曲面效果，查看挤压后的细分效果，如图 5-80 所示。发现挤压的端部及镜框边缘太平滑，这就需要对多边形进行分割。

10 在"创建工具"工具列中单击"循环/路径切割"按钮，在靠近挤压端面的位置对多边形进行分割操作，如图 5-81 所示。

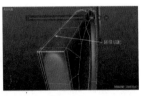

图 5-80　　　　　　图 5-81

11 同理，对镜框内部也进行路径切割操作，使镜框的边缘减少平滑效果，如图 5-82 所示。

12 再选取先前挤压的端面（图 5-79），向外拖动轴，拉出 150mm，如图 5-83 所示。

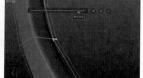

图 5-82

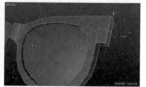

图 5-83

技术要点：

可以在坐标管理器"位置"的 X 文本框中，在原来的尺寸值上增加 150mm。

13 在镜框背面选取多边形，单击"挤压"按钮🔲创建挤压，"偏移"值为 200mm，如图 5-84 所示。

14 挤压后端面的平滑效果太明显了，同样需要对多边形进行循环路径切割操作，如图 5-85 所示。

图 5-84　　　　　　　　图 5-85

4. 眼镜脚建模

01 选取眼镜桩头部分的两个多边形，右击并执行快捷菜单中的"分裂"命令，创建一个多边形副本对象，如图 5-86 所示。

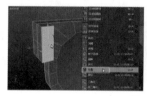
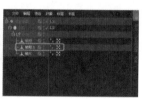

图 5-86

02 将分裂出来的多边形对象平移一段距离，与眼镜桩头隔开，如图 5-87 所示。

03 再单击"挤压"按钮🔲创建挤压，然后拖动轴将挤压端面继续往前平移，如图 5-88 所示。

图 5-87　　　　　　　　图 5-88

04 在"创建工具"工具列中单击"封闭多边形孔洞"按钮🔲，将挤压端面封闭。再结合细分效果查看封闭效果，如图 5-89 所示。

图 5-89

05 单击"循环 / 路径切割"按钮🔲，再将多边形进行两次循环 / 路径切割操作，如图 5-90 所示。

图 5-90

06 继续切割挤压多边形，如图 5-91 所示。

07 切换到点模式。在右视图中选取点并进行平移操作，操作结果如图 5-92 所示。

图 5-91　　　　　　　　图 5-92

08 将多边形再次进行循环 / 路径切割操作，并拖动点进行平移，结果如图 5-93 所示。

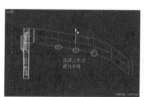

图 5-93

09 继续在右视图中进行移动点操作，如图 5-94 所示。

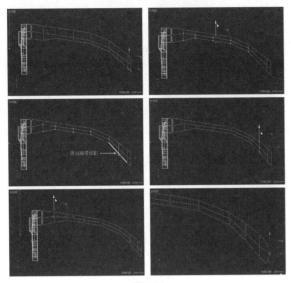

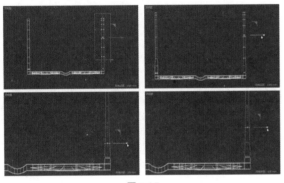

图 5-94

10 在顶视图中选取点进行缩放操作，如图 5-95 所示。

图 5-95

11 选取如图 5-96 所示的点，利用旋转操控器进行旋转操作，需要分两次旋转。第一次旋转角度稍大，第二次旋转角度稍小，作为平滑衔接。

图 5-96

12 在顶视图中选取点进行平移操作，如图 5-97 所示。

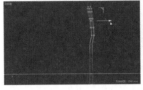

图 5-97

13 至此，完成了整个太阳镜模型的造型设计，结果如图 5-98 所示。

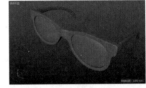

图 5-98

6.1 雕刻设置

雕刻是 C4D 中非常强大的建模工具，它使设计师能够像雕刻黏土一样塑造多边形的形状。雕刻建模是建立在可编辑多边形基础上的。如图6-1 所示为使用雕刻工具创作的角色头像模型。

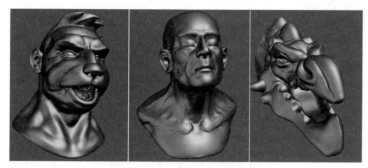

图 6-1

雕刻时必须遵循以下规则。

- 待雕刻的对象必须是可编辑的多边形对象。
- 待雕刻的对象应具有与细分曲面相同的属性。理想情况下，该对象最好由四边形或正方形的多边形组成，这些多边形均匀地分布在整个对象上。
- 确保要雕刻对象上的多边形尺寸不要相差太大，应尽量均匀。
- 即使可用高度细分的球体来创建任何形状，也应始终记住修改细分密度。

6.1.1 雕刻建模界面

在 C4D 的默认启动界面中，当基本体对象转换为可编辑多边形对象后，可以使用"雕刻"菜单中的相关雕刻工具进行雕刻建模，如图6-2 所示。在默认的启动界面中进行雕刻建模，是不能对模型进行分层管理的，且不易修改，因为雕刻模型是逐层进行雕刻的，所以在启动界面中只能完成简易的雕刻模型。

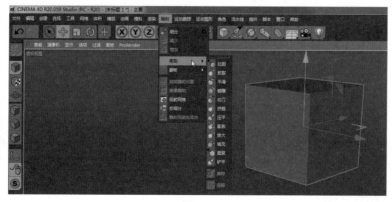

图 6-2

第 6 章

雕刻建模

雕刻是一种建模方法，与传统建模方法完全不同。传统的建模方法本质上往往是技术性很强或抽象的（使用拉伸、切割、多边形生成等），而雕刻是基于更自然的艺术方法。本章主要介绍C4D 雕刻工具的基本用法及实战应用。

知识分解：

- 雕刻设置
- 多边形的细分
- 雕刻笔刷
- 其他雕刻工具
- 实战案例——制作中秋月饼

可以进入 Sculpt（雕刻）模式界面进行雕刻设计，在 C4D 界面右上角的"界面"下拉列表中选择 Sculpt 选项，进入雕刻模式界面，如图 6-3 所示。

图 6-3

6.1.2 分层管理

在雕刻模式的操作界面中进行雕刻工作，一般要使用"层"来管理雕刻对象。一个完整的雕刻模型，可以按不同的构造或组来分层，也可以按雕刻的步进方式来分层。创建多个雕刻层以后，可以对单个雕刻层进行修改，不会对其他雕刻层产生任何影响。如图 6-4 所示为一个完整的雕刻模型，它是通过两个层分别操作完成的。

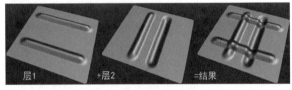

图 6-4

通过"雕刻层"管理器可以创建、重新排列、重命名和选择雕刻层，还可以使用雕刻层完成任何其他操作。雕刻层的操作选项在"雕刻层"管理器面板中，如图 6-5 所示。

当基本体对象转换成可编辑多边形对象并进入雕刻模式时，没有任何雕刻层，仅在对多边形对象进行多边形细分后才会创建第一个"基础对象"层，如图 6-6 所示。

图 6-5

图 6-6

1. "雕刻层"管理器面板中的选项

"雕刻层"管理器面板的第一行，显示的是当前选定的多边形模型信息，分别是"当前级别""多边形数量"和"内存"，其他选项含义如下。

- 包含最高级别：将多边形对象细分，可产生 6 个级别。选中此复选框，开启比当前细分级别更大的细分效果显示。

- Phong（网格阴影）：控制模型中是否显示网格阴影。显示网格阴影时，可以随时根据需要增加细分。如果要编辑非常精细的区域，该复选框很有用。选中该复选框，将显示网格阴影，反之不显示，如图 6-7 所示。

取消选中 Phong 复选框   选中 Phong 复选框

图 6-7

- 级别：该值表示相应的细分级别。当用大的笔刷在膨胀的表面上雕刻时，应使用较低的细分级别。在精细的区域上工作时，应使用更高的细分级别。

- 强度：该值可以无级调整层的影响力。值为 0% 时将禁用图层的影响；值为 100% 时将最大化图层的影响。

- 层操作列表：在层操作列表中有 6 个操作列。分别是"可见""锁定""名称""级别""蒙板""强度"。

2. "层"工具菜单

"雕刻层"管理器面板中的"层"菜单中的命令，用来创建和操作雕刻层，如图 6-8 所示。也可以在"雕刻层"管理器面板中任意位置右击，弹出含有"层"工具的快捷菜单。或在层操作列表底部的 Palette（调色板）工具列中单击相应的工具按钮进行层的操作，如图 6-9 所示。

"层"菜单中主要命令含义如下。

- 添加层：执行此命令，可以创建新的雕刻层，如图 6-10 所示。

图 6-8　　　　　　　图 6-9

- 添加文件夹：执行此命令，可以在层操作列表中添加一个雕刻文件夹。通过雕刻文件夹，可以组织多个雕刻层，如图 6-11 所示。

图 6-10　　　　　　　图 6-11

- 删除层：执行此命令，可以将选中的雕刻层删除。
- 清除层：执行此命令，可以将所选雕刻层中的雕刻信息全部清除。
- 清除蒙板：执行此命令，可以删除创建的蒙板。
- 反转蒙板：执行此命令，可以反转创建的蒙板。蒙板被反转后，之前的雕刻信息会被保留。
- 复制遮罩：执行此命令，可以复制创建的蒙板到剪贴板中。
- 粘贴遮罩：执行此命令，将剪贴板中的蒙板粘贴到多边形模型中。
- 合并可见：合并所有可见层（层操作列表中的"可见"列的选项要启用），基础对象层将不包括在内。但是，如果在执行此命令时选择了基础对象层，则将使用基础对象层的细分级别合并所有可见层。
- 合并：将所有细分级别的层展平为基础对象层。
- 删除更高级别：删除具有比所选的级别更大的所有细分级别（包括它们的层），这样可以释放鼠标更高细分所需的内存。
- 镜像层至：将雕刻中的信息以坐标轴进行镜像复制。
- 镜像遮罩至：将创建的蒙板以坐标轴进行镜像复制。

- 镜像对象至：将选定的多边形对象以坐标轴进行镜像复制。
- 均匀：通过将选定层的雕刻信息以 X、Y、Z 轴的两侧同时进行对称复制。

6.2　多边形的细分

细分是雕刻建模中最重要的步骤，雕刻是在局部区域进行的变形操作，只有当多边形对象中有足够的顶点时，才能使用笔刷工具进行表面雕刻。

细分可以在形成多边形对象之前进行，也可以转换为多边形对象后操作。

6.2.1　转为可编辑对象后的细分

在雕刻模式中使用 Palette（调色板）工具列中的"细分"工具，可以将多边形对象进行多次细分，一次细分产生一个细分级别，最多可以对多边形对象进行 6 次细分。

单击"细分"按钮　，可以在原有多边形数量基础上，以成倍的细分数量进行细分。也就是说，当多边形数量为 1 时，第一次单击"细分"按钮　后，多边形被细分为 1×6 个，第二次单击"细分"按钮　，将细分为 24（6×4）个，再单击"细分"按钮　，将细分为 96（24×4）个，以此类推直到完成 6 次细分。

细分的次数和多边形细分的数量均显示在"雕刻层"管理器面板中，如图 6-12 所示。

基体转为多边形　　　第一次细分　　　第二次细分

图 6-12

在"细分"按钮右侧单击"雕刻细分选项"按钮　，弹出"雕刻细分选项"对话框。通过此对话框可以设置细分的平滑度，百分比值越大越平滑。如图 6-13 所示为分别定义两种细分平滑度的细分效果对比。

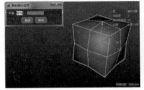 

图 6-13

单击"减少"按钮 ，可以切换回上一次的细分结果。单击"增加"按钮 将切换至下一次的细分结果。

6.2.2 基本体的细分

用户还可以在转换为可编辑多边形之前，对基本体对象进行细分操作。

1. 创建体素网格

创建一个基本体对象后，可直接在 Palette（调色板）工具列中单击"体素网格"按钮 ，对基本体对象进行体积网格划分。可在"对象"管理器面板中查看细分结果，如图 6-14 所示。

"体素网格"工具所创建的曲面网格细分，与使用"体积生成"和"体积网格"造型工具进行曲面网格细分的效果相同。创建体素网格后，再单击"转为可编辑对象"按钮 ，即可进行雕刻建模操作了。

2. 细分曲面

此外，还可以使用"细分曲面"生成器工具对基本体进行曲面细分，再转为可编辑多边形对象，继续进行雕刻建模操作。如图 6-15 所示为将基本体进行曲面细分的效果。

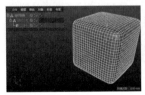 

图 6-14　　　　　　图 6-15

6.3 雕刻笔刷

雕刻笔刷就是以画笔的形式来实现雕刻刀具的功能，在多边形对象上雕刻（使用笔刷涂抹）出各种造型。

6.3.1 笔刷的设置与用法

在 Palette（调色板）工具列中使用任何一种雕刻笔刷工具，将鼠标指针放置于多边形对象上时，会显示雕刻笔刷，如图 6-16 所示。

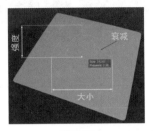

图 6-16

雕刻笔刷的设置包括压力、衰减和尺寸，可以使用以下组合键来设置压力和尺寸。

- 设置笔刷尺寸：鼠标中键 + 向上 / 下拖动。
- 设置笔刷压力：鼠标中键 + 向左 / 右拖动。

完成雕刻笔刷压力及尺寸设置后，可以在多边形对象中涂抹。以"拉起"笔刷工具的应用为例，按下鼠标左键（或右键）并自由滑动，可将多边形对象的顶点拉起并形成凸起。如果需要在某一个固定位置形成凸起，可以连续多次单击。若要形成相反的效果，可以按下 Ctrl 键（或 Shift 键）并按住鼠标左键滑动。

> **提示：**
>
> 只能在模型模式下应用雕刻笔刷。

除了通过组合键定义笔刷，在执行某个笔刷工具命令后，其属性管理器面板中的"设置""衰减"选项卡中，也可以定义笔刷尺寸、压力及间距等，如图 6-17 所示。

 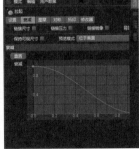

图 6-17

6.3.2　笔刷工具

C4D 雕刻模式中提供了多种雕刻笔刷工具，下面逐一进行介绍。

1. 拉起

"拉起"笔刷在多边形表面的法线平均方向上拉起或降低多边形的顶点。

在 Palette（调色板）工具列中单击"拉起"按钮，属性管理器中显示"拉起"属性面板。"拉起"属性面板中包含 6 个选项卡：设置、衰减、图章、对称、拓印和修改器，如图 6-18 所示。

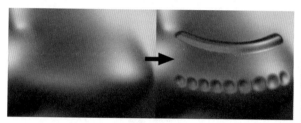

图 6-18

（1）"设置"选项卡。

该选项卡用于设置笔刷样式与使用方法，如图 6-19 所示。在"设置"选项卡中包括通用设置和当前笔刷设置两个选项组。通用设置选项组的主要选项含义如下。

- 链接尺寸\链接压力\链接镜像：这 3 个复选框主要是将某一个笔刷的尺寸、压力及镜像的设置也应用（链接）到其他笔刷中，例如，在拉起笔刷中设置的笔刷尺寸，在启用抓取笔刷时其笔刷尺寸将保持拉起笔刷中的尺寸。
- 背面：选中此复选框，可以在多边形的背面雕刻建模，笔刷在背面操作时颜色变为蓝色，如图 6-20 所示。
- 保持可视尺寸：选中此复选框，在放大或缩小视图时，其笔刷的尺寸也会相应更改，以保持相对于屏幕的视觉尺寸。
- 预览模式：在"预览模式"下拉列表中有 3 种笔刷的预览模式可选。"关闭"模式表示不显示笔刷预览；"屏幕"模式表示笔刷预览始终法向于屏幕，与模型表面无关；"位于表面"模式则始终在模型表面的法向上预览笔刷，这样可以更轻松地查看笔刷的雕刻

方向，如图 6-21 所示。

图 6-19

图 6-20

图 6-21

"设置"选项组的主要选项含义如下。

- 笔刷预置：当设定的笔刷尺寸、压力、笔触长度、间距、绘制模式等属性可用于模型中的多处雕刻建模时，可单击"保存"按钮将笔刷的设置保存起来，以备后用。单击"载入"按钮可将保存的笔刷设置载入到当前的雕刻建模中。若单击"重置"按钮，将笔刷重置为默认设置。
- 尺寸：此参数用于设置笔刷的尺寸，当然也可以在视图中按鼠标中键左、右滑动来设置笔刷尺寸。单击"效果"按钮，可在弹出的"效果设置"对话框中设置笔刷效果，如图 6-22 所示。但是笔刷的尺寸主要表现为笔刷的尺寸改变，所以在"效果设置"对话框中无须定义效果。
- 压力：此参数用来设置笔刷的笔触压力，也称笔刷压力。当然也可在视图中按鼠标中键并上、下滑动来设置笔刷压力。单击"效果"按钮，可在弹出的"效果设置"对话框中设置笔刷压力的效果，如图 6-23 所示。
- 稳定笔触：选中该复选框，可以或多或少地沿曲线拉动笔刷，这使创建笔直的笔触变得更加容易，如图 6-24 所示。

图 6-22   图 6-23

- 长度：此参数用于定义笔触的长度。值越大，将补偿得越好，并且"拉起"笔刷就会越来越笔直地滑动。

- 间距：选中该复选框，会影响笔刷在每个笔画中执行其效果的频率。较大的值（应相应增加压力）甚至可以应用画笔的轮廓。

- 百分比：此参数用于设置间距，也就是控制每次笔刷的效果频率。如图 6-25 所示为"百分比"值从小往大依次增加，且前部的笔触具有衰减效果。

图 6-24   图 6-25

- 边缘检测：该复选框用于检测笔刷终止于对象边缘的效果。如果选中此复选框，则笔刷将不断比较其笔刷尺寸范围内的表面法线与笔刷中心处的法线。如果角度偏差大于"角度"值，则笔刷将不会影响这些区域。换句话说，"角度"值越小，笔刷影响区域所必需的角度偏差就越大。如图 6-26 所示为没选中"边缘检测"复选框和选中后的效果对比。

- 角度：此参数影响边缘检测效果。

- 绘制模式：在用笔刷雕刻建模时，在该下拉列表选择以下 7 种绘制模式（如图 6-27 所示）可以帮助完成各种雕刻操作。

图 6-26   图 6-27

- ✦ 自由手绘：这是默认的笔刷绘制模式，只要按下鼠标按键并滑动，笔刷就会相应地雕刻表面。

- ✦ 拖曳矩形：可以与印章功能一起创建印模。只要按住鼠标按钮，就可以交互更改大小和角度。释放鼠标按钮后，最终形状将生效。

- ✦ 拖曳涂抹：单击会使笔刷在对象上做出一次雕刻标记。只要鼠标按键保持按下状态，此笔刷的效果就可以移至对象上的其他位置，如图 6-28 所示。此模式最好与图章或模板功能结合使用。

- ✦ 矩形填充：单击并拖动，画出一个矩形，笔刷将在矩形范围内起作用，如图 6-29 所示。

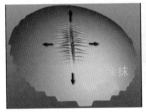 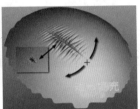

图 6-28   图 6-29

- ✦ 线：选择此选项，在视图中单击以设置线的终点（或起点），以此按直线进行精准雕刻。

- ✦ 套索填充：绘制手绘线，并且在释放鼠标左键时将自动连接起点和终点。然后，笔刷将影响该线包围的整个区域。如图 6-30 所示为"线"模式和"套索填充"模式的两种雕刻效果。

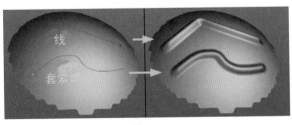

图 6-30

- 多边形填充：设置角点以创建多边形轮廓，笔刷将影响形状所包围的整个区域。

- 填充镜像：对于填充绘制模式，此复选框定义笔刷效果是否应遵循"对称"选项卡中定义的对称设置。如果未选中此复选框，则可以同时塑造多个雕刻对象的形状。

- 填充背面：对于填充绘制模式，此复选框定义是否将笔刷效果通过对象投影到对象的背面。这对于"蒙板"笔刷特别有用，因此可以快速遮罩较大的对象区域。
- 方向：使用此下拉列表可以定义笔刷效果的方向。默认为"法线"方向，这将对应于笔刷中心的法线，从而使表面垂直凸起。该表面还可以沿对象坐标系的 X、Y、Z 方向或与摄像机视角相反的方向升高。
- 组合：笔刷效果的叠加，此参数不依赖于"压力"参数的设置。
- 反转：选中该复选框，反转笔刷的效果，即应该升高的区域将降低，反之亦然。当然也可以按住 Ctrl 键来实现此效果。

（2）"衰减"选项卡。

通常，笔刷的效果会从其中心到边缘均匀消失。"衰减"选项卡的设置可以定义从笔刷中心到其边缘的衰减程度，"衰减"选项卡如图 6-31 所示。

雕刻笔刷的删减可以通过手动修改衰减曲线中锚点的位置、方向及曲线方位来实现，也可以通过右击，在快捷菜单中选择相关命令来定义衰减曲线，如图 6-32 所示。

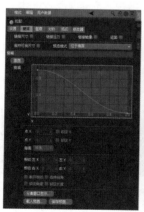

图 6-31　　　　　　　图 6-32

单击选中衰减曲线的锚点，会显示衰减曲线的曲率手柄，拖曳切向手柄可以更改曲线的曲率，如图 6-33 所示。

图 6-33

还可以在曲线中间任意位置添加锚点，方法是按住 Ctrl 键并在曲线中间的任意位置单击，即可添加锚点，如图 6-34 所示。拖动新增锚点的曲率手柄，以改变该位置的衰减，如图 6-35 所示。

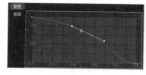 

图 6-34　　　　　　　图 6-35

通过设置笔刷的衰减，也可以定义出新的雕刻形状，如图 6-36 所示。

（3）"图章"选项卡。

"图章"选项卡中的选项主要用于参考取样的图像进行涂抹雕刻，其主要选项含义如下。

- 图章预设：将图章的主要选项进行定义后，可以单击"保存"按钮保存；当其他雕刻模型需要使用此设置时，可以单击"载入"按钮载入到当前文档；单击"清除"按钮清除当前的图章属性设置。
- 使用图章：选中此复选框，将对相关图章选项进行定义与设置。
- 图像：单击"浏览"按钮 ，从外部打开用于图章雕刻的图像文件。
- 材质：图章不仅可以用位图图像进行定义，还可以使用材质进行定义。操作方法是，在"材质"面板中新建一个材质，然后将该材质拖至"属性"面板的"图章"选项卡的"材质"框中释放鼠标即可，如图 6-37 所示。

图 6-36　　　　　　　图 6-37

- 旋转：将位图图像载入后，会在选项卡底部显示预览。通过预览设置图像的角度，旋转图像后将会应用到雕刻模型中，如图 6-38 所示。

- 翻转镜像：选中此复选框，将翻转图像，如图 6-39 所示。

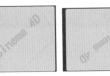

图 6-38　　　　　　　　图 6-39

- 翻转 X、翻转 Y：选中此复选框，可将图像绕 X 轴或 Y 轴翻转，如图 6-40 所示。

图 6-40

- 灰度值：此值在应用"抓取"笔刷时有用。可以通过选中"投影深度"复选框来精确控制。较高的灰度值将引起相应区域的凸起，较低的或为 0 的灰度值，黑色区域将不会受到笔刷的影响。

- 跟随：如果要使图章沿笔触方向定向，需要选中此复选框。默认情况下，图章图像应垂直放置（但也可以使用"旋转"参数进行调整）。

- 使用衰减：如果"衰减"选项卡的设置会影响图章图像，可选中此复选框。通常，图章图像中已经包含衰减，在这种情况下，不要选中此复选框。

- 使用 Alpha 通道：如果图章图像包含 Alpha通道，则此复选框可用于决定是仅使用 Alpha通道（选中此复选框）还是使用图像的 RGB值（取消选中此复选框）。如果图像不包含Alpha 通道，则此复选框将显示为灰色。

- 投影深度：如果选中此复选框，拉起升高的区域将以绿色显示，降低的区域将以红色显示（在选项卡底部的预览中）。黑色区域是不受影响的区域。除图章图像外，这可能会受到"灰度值"的影响。

- 双线性：如果使用图章模板，则可以通过选

中此复选框来减轻像素之间的突然过渡。

- 密封：因为位图是矩形的，而笔刷是圆形的，所以必须确定如何将矩形图章图像拟合到一个圆中。

（4）"对称"选项卡。

"对称"选项卡中的选项用于对称雕刻建模，也就是针对具有对称特性的造型，可以启用对称雕刻，如图 6-41 所示，该选项卡中主要选项含义如下。

图 6-41

- 轴心：使用该下拉列表中的选项定义坐标系，该坐标系将作为"对称"功能的镜像平面的基础。包括 3 个选项（3 种坐标系统）：世界、局部和工作平面。

- X（YZ）\Y（XZ）\Z（XY）：这 3 个参数用于定义镜像对称的平面。

- 径向：仅当参照坐标系（轴心）选择为"局部"时，此复选框才可以用。选中此复选框可创建径向对称效果，例如需要旋转角度、空间重复等效果，如图 6-42 所示。径向对称中心点可以自由定位。

图 6-42

- 径向对称模式：包括 XY、YZ、XZ 和点 4 种模式。不选中任何复选框，则为默认的对称镜像模式。

提示：

"径向"非"镜像"。

- 自定义点：如果"径向对称模式"设置为"点"模式，则可以右击以定义径向对称笔刷笔触的中心点。

- 径向笔触数量：此参数可以定义同时应用的画笔笔触数，值较高时，可以创建旋转对称的缠绕形状，如图 6-43 所示。

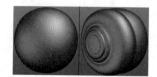

图 6-43

- 径向间隙：使用此参数，如果输入的值大于 0°，则可以将间隙添加到其他情况下均匀分散的径向对称笔刷笔触中。

（5）"拓印"选项卡。

"拓印"一词来自于考古学，主要是将石刻、石碑等具有文字和图案的信息通过科学手段将其纹理复印在纸张上，便于后期的科学研究。而 C4D 中雕刻建模的"拓印"，却是通过载入的纹理图案进行印刷雕刻，等同于使用模板来印刷。

"拓印"与"图章"的功能相似。"图章"功能主要用于制作印章、图章等效果。"拓印"则除了可以创建图章效果，还能根据任何图案制作雕刻效果。另外，"图章"的图像不会放置于视图中，而"拓印"会将载入的图像自动放置在激活的视图中。

"拓印"选项卡如图 6-44 所示，拓印雕刻的效果如图 6-45 所示。

"拓印"选项卡中的选项与"图章"选项卡中的选项基本相同，这里就不赘述了。

图 6-44

图 6-45

（6）"修改器"选项卡。

可以使用"修改器"选项卡的选项来补充笔刷的

效果，"拉起"笔刷暂不能使用修改器功能。

2. 抓取

利用"抓取"笔刷工具，可抓取部分网格并将其拉到所需的位置，如图 6-46 所示。"抓取"笔刷工具的选项卡含义与"拉起"笔刷工具的选项卡含义相同。

图 6-46

3. 平滑

通常，由于细分的限制，雕刻时（例如，使用非常精细的拓印模板时）会产生不均匀的现象。使用"平滑"笔刷工具可以很轻易地消除这种现象，如图 6-47 所示。

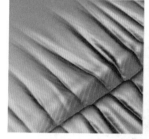

图 6-47

4. 蜡雕

使用"蜡雕"笔刷工具，可以在对象中根据笔刷大小去除一些材料，形成一些特殊的表面效果，如图 6-48 所示。

图 6-48

5. 切刀

使用"切刀"笔刷工具，可以根据笔刷的设置分别控制多边形顶点的合拢和散开，如图 6-49 所示。

图 6-49

6. 挤捏

使用"挤捏"笔刷工具，可以拉刷凸起下方的多边形网格顶点，一起垂直于笔刷行程方向并朝向中心。此工具专用于创建边缘或脊，如图 6-50 所示。

图 6-50

7. 压平

可以使用"压平"笔刷工具，在表面凸起较大的区域创建平坦区域，如图 6-51 所示。

图 6-51

8. 膨胀

使用"膨胀"笔刷工具，可以沿多边形顶点的法线方向移动顶点（按 Ctrl 键可将顶点朝相反方向移动），以创建膨胀或凹入的区域，其操作过程犹如充气一般。如图 6-52 所示，充气效果导致下巴变圆，按下 Ctrl 键导致眼窝变大。

9. 放大

可以使用"放大"笔刷工具，将现有笔刷创建的细节或形状放大，如图 6-53 所示。

10. 填充

使用"填充"笔刷工具填充凹入区域。在这种情况下，计算笔刷下方顶点的平均高度，并相应升高顶点，如图 6-54 所示。

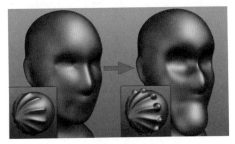

图 6-52

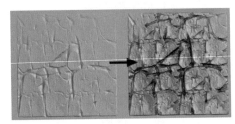

图 6-53

图 6-54

11. 重复

"重复"笔刷工具是专门为反复施加笔刷和笔刷冲压方向而设计的。在"拓印"选项卡中定义的拓印位图（在笔触的方向上垂直应用）是可平铺的，以便"重复"笔刷可以无缝地重复印记。

在"设置"选项卡中选中"稳定笔触"复选框并使用较大的"长度"值时，使用"重复"笔刷可以获得最佳效果，产生非常柔和的曲线，如图 6-55 所示。

图 6-55

12. 铲平

　　"铲平"笔刷工具与"填充"笔刷工具的工作方式相似，只是"铲平"笔刷可以刮掉峰顶和尖峰而不是填充凹入区域。操作时将计算笔刷下方的平均高度，并相应降低网格顶点，"铲平"笔刷应用效果如图 6-56 所示。

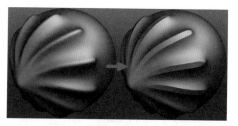

图 6-56

13. 擦除

　　使用"擦除"笔刷删除活动图层的雕刻区域，也就是无论在何处应用"擦除"笔刷，雕刻区域都将重置为中性状态，不会移动任何网格顶点。如果在此处进行雕刻，则可以在基础对象层上使用。"擦除"笔刷的应用效果如图 6-57 所示。

图 6-57

6.3.3　雕刻蒙板

　　雕刻模式中的"蒙板"功能与 Photoshop 中的"蒙板"功能类似，是一种涂刷遮罩，本意是蒙住不需要操作的区域。

　　C4D 雕刻模式中的"蒙板"工具也是一种笔刷工具，只不过作用与前面介绍的笔刷工具不同，它不是用来雕刻的，而是用来遮罩对象区域的，然后保护该对象区域免受其他雕刻笔刷的修改。如图 6-58 所示为在使用蒙板笔刷功能前后的雕刻效果对比。图（a）为拓印图像；图（b）为遮罩左上区域后的雕刻效果；图（c）则是反转遮罩后的雕刻效果。

　　在 Palette（调色板）工具列中单击"蒙板"按钮右侧的三角按钮，展开"蒙板"工具列，其中包括 5

种蒙板操作工具，如图 6-59 所示。

図（a）　　　　图（b）　　　　图（c）

图 6-58

图 6-59

- 蒙板：单击此按钮，利用蒙板笔刷涂抹对象，创建遮罩区域。
- 反转蒙板：单击此按钮，反转遮罩区域。
- 清除蒙板：单击此按钮，删除创建的蒙板（遮罩区域）。
- 隐藏蒙板：单击此按钮，隐藏创建的蒙板。
- 显示蒙板：单击此按钮，将隐藏的蒙板重新显示。

6.4　其他雕刻工具

　　除了上述的雕刻笔刷工具，还包括其他辅助雕刻建模的工具，介绍如下。

1. 雕刻笔刷选择工具

　　在 Palette（调色板）工具列中的"选择"笔刷与其他笔刷略有不同，因为它不会移动任何点。该笔刷可用于在未分配雕刻标签（也就是在默认的"启动"界面中）的变形对象上进行点或多边形选择，然后可以通过雕刻笔刷评估此选择，如图 6-60 所示。

图 6-60

技术要点：

该工具与"实时选择"工具的不同之处在于，"实时选择"工具使其选择垂直于视角。而雕刻笔刷的"选择"工具内部使用一个球形空间，其边界会将选择进一步扩展，可以包括不面向摄像机方向的较小区域。该工具还包括雕刻对称选项，但是，此工具在"边"选择模式下不起作用。

2. 烘焙雕刻对象

"烘焙"的概念在介绍多边形建模时已经详解过了。"烘焙雕刻对象"主要是将雕刻中的细节烘焙到纹理中，并投影到低分辨率对象上。在 Palette（调色板）工具列中单击"烘焙雕刻对象"按钮 ，弹出"烘焙雕刻对象"对话框，如图 6-61 所示。

图 6-61

烘焙雕刻对象的操作步骤如下。

① 选中雕刻对象。

② 单击"烘焙雕刻对象"按钮 ，打开"烘焙雕刻对象"对话框。

③ 在"烘焙"选项卡中设置纹理保存的路径、文件格式及图像大小等。

④ 在"选项"选项卡中选择为材质通道创建的纹理选项（"置换"用于强烈变形，"法线"用于详细信息）。

⑤ 如果尚未编辑对象的 UV 网格，可以在"优化映射"下拉列表中选择"立方"或"角度"选项，如果已存在修改的 U 网格，可以选择"关闭"选项。

⑥ 在"来源对象"列表中，定义细分级别，在该级别上应用烘焙纹理的细节级别（通常是最高级别）。

⑦ 在"目标对象"列表中，定义应以多边形方式创建新对象的细分级别（应该是较低的细分

级别，甚至为 0）。

⑧ 单击"烘焙"按钮，稍后将创建一个具有相应材质和材质标签的新对象。

3. 镜像雕刻

"镜像雕刻"工具用于对称结构的雕刻建模，可以先雕刻一般的模型，然后使用此工具镜像出另一半即可，如图 6-62 所示。

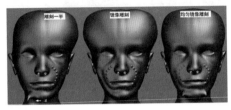

图 6-62

4. 投射网格

通过"投射网格"工具，可将低分辨率的网格对象投影到使用雕刻笔刷向其添加了细节的雕刻模型对象上，如图 6-63 所示。

图 6-63

对其工作方式的简要说明为：将要投影的对象的点（可以在过程中细分为任何级别）沿其点法线移动（或相反，自动选择距离较短者），直到它们置于目标物体的表面上。因此，重要的是要投影的对象的形状与源对象非常相似。例如，将球体投影到详细的头部上几乎是不可能的。

6.5 实战案例——制作月饼模型

虽然 C4D 的雕刻建模功能不是十分强大，但对于一些简易的场景模型构建来说，还是能够完全满足其造型需求的。前面小节中介绍了雕刻建模的基本功能，本节以一个典型的雕刻建模案例详解雕刻建模工具在造型设计中的具体应用方法，希望读者能从中学到并掌握一些操作技巧。

本例利用 C4D 雕刻建模工具制作一个月饼模型。月饼的雕刻制作比较简单，通过使用抓取、拉起、平滑、切刀、填充等雕刻笔刷进行细节雕刻。本例的月饼模型效果如图 6-64 所示。

图 6-64

制作过程如下。

01 新建 C4D 文件，进入 Sculpt 雕刻建模界面。

02 在上工具栏的"对象"工具列中单击"立方体"按钮 ，创建一个立方体对象，如图 6-65 所示。

03 将立方体对象转为可编辑多边形对象。切换到多边形模式，选取上、下两个多边形，单击"缩放"按钮 进行缩放操作，如图 6-66 所示。

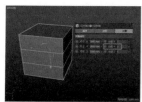

图 6-65　　　　　　　　图 6-66

04 切换到模型模式，在 Palette 工具列中单击"细分"按钮 ，对多边形进行细分，将多边形细分到最高级别（6次细分），结果如图 6-67 所示。

05 在"内容浏览器"管理器的预置库中为多边形添加一个可实时预览的材质预置，如图 6-68 所示。

> **提示：**
>
> 可实时预览的材质预设文件 HB_RealtimeUtilityShaders.lib4d 在本例源文件夹中，将其复制并粘贴到 C4D 安装路径 X（盘符）:\Program Files\MAXON\CINEMA 4D R20\library\browser 下，重启 C4D 软件即可。

图 6-67　　　　　　　　图 6-68

06 在 Palette 工具列中单击"拉起"按钮 ，在"拉起"属性面板的"设置"选项卡中设置笔刷"尺寸"和"压力"值，在"衰减"选项卡中设置衰减曲线，如图 6-69 所示。

图 6-69

07 设置"对称"选项卡中的对称选项，如图 6-70 所示。在视图中从上往下使用拉起笔刷刷出月饼侧壁的纹路（仅刷一次即可），如图 6-71 所示。

图 6-70　　　　　　　　图 6-71

08 单击"切刀"按钮 ，笔刷"尺寸"值设为 30、"压力"值设为 20%，并在月饼侧壁上从上往下刷出沟壑，如图 6-72 所示。

图 6-72

09 重新设置拉起笔刷，首先恢复"对称"选项卡中的设置，并在"衰减"选项卡中单击"重置"按钮恢复到默认设置，最后在"设置"选项卡中设置笔刷"尺寸"与"压力"值，如图 6-73 所示。

10 在视图中将月饼的上、下两个面微微拉起即可，幅度无须太大，效果如图 6-74 所示。

 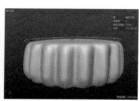

图 6-73　　　　　　　　图 6-74

11 在"雕刻层"管理器中新建一个雕刻层，作为月饼表面纹理的雕刻管理层。

12 在新雕刻层被自动激活的状态下，单击"拉起"按钮 ，在"拉起"属性面板中设置"图章"选项卡中的选项，从本例源文件夹中导入"月饼贴图 .bmp"贴图文件，并设置图章选项，如图 6-75 所示。

13 设置"设置"选项卡中的选项，如图 6-76 所示。

图 6-77

15 细看表面的雕刻效果，表面纹理不光滑，需要单击"平滑"按钮 稍加处理一下，如图 6-78 所示。

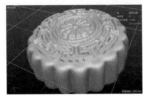

图 6-78

16 至此，完成了月饼的雕刻建模。

图 6-75   图 6-76

14 在底视图中捕捉到坐标系圆心，从内向外拖曳鼠标，刷出月饼表面纹理，如图 6-77 所示。

7.1 渲染基础

当场景中完成了建模、材质 / 贴图赋予、灯光添加等操作后，即可使用 C4D 渲染器进行最终的渲染操作，并将渲染图像输出。如图 7-1 所示为渲染器渲染的场景。

图 7-1

要想制作高品质的图像效果，需要了解一些基本的数字图像知识。

1. 像素

"像素"（Pixel）是由 Picture（图像）和 Element（元素）这两个单词的字母所组成的，是用来计算数字图像的一个单位。利用平面图像处理软件（如 Photoshop）打开图片，并把图片放大到一定的倍数，会发现图片上的连续色调其实是由许多色彩相近的小方点所组成的，这些小方点就是构成图像的最小单位"像素"（Pixel）。这种最小的图像单元在屏幕上通常显示为单个的染色点，一个像素通常被视为图像中最小的完整采样。

2. 像素尺寸

"像素尺寸"是位图图像在长度和宽度上的像素数量。图像在屏幕上显示的大小是由图像的像素尺寸决定的。例如，640 像素 ×480 像素、1024 像素 ×768 像素等。像素尺寸越大，图像的面积也越大。在成像的两组数字中，前者为图片长度，后者为图片宽度，两者相乘得出的是图片的总像素数。

3. 图像分辨率

"图像分辨率"指的是每英寸图像所包含的像素数量，常以 dpi 来表示，如 72dpi 表示图像中每英寸包含 72 像素。在数字图像中，分辨率的大小直接决定图像的质量，分辨率越高，图像显示就越清晰，图像文件所需的磁盘空间也越大。如果单纯在显示器上显示，72dpi 就达到图像输出的最高分辨率了，而印刷一般要求 300dpi 才能达到清晰的效果。

4. 超级采样

"超级采样"就是对一个像素做多次取样来解决图像显示的问题，以这样的取样方式所获得的图像会更接近原来的图像，因此超级取样就是利用更多的取样点来增加图像像素的密度，从而改善图像内容的平滑度。

第 7 章

C4D 场景渲染

一个完整的 C4D 场景由模型、场景、摄像机、灯光、材质 / 贴图及动画构成。模型的构建在前几章有了深刻的理解，而动画部分将在后面章节中介绍，本章将详细介绍 C4D 自带渲染器中场景、灯光、材质、贴图及渲染等相关知识。

知识分解：

- 渲染器基础
- 场景
- 摄像机
- 灯光
- 材质与贴图
- 渲染与输出
- 渲染案例——养生壶模型的渲染

5. 抗锯齿

"抗锯齿"也可称为"图形保真"。由于数字图像是以像素为基本单位组成的,因此将屏幕上的图像放大时会发现物体(线)的边缘呈现锯齿现象,如同一个个台阶,如图 7-2 所示。而抗锯齿就是指对图像边缘进行柔化处理,使图像边缘看起来更平滑,更接近实物的效果。

图 7-2

6. 其他优秀渲染器

C4D 自带的标准渲染器有着兼容性好、渲染速度快等特点,但缺点也很明显,渲染品质达不到电影级,只能做产品的初级渲染,而且也不能实时查看渲染状态,给渲染过程的参数设置带来诸多不便。即便如此,作为零基础教程,接下来依然为大家详细介绍这款产品级别的渲染器。因为下面介绍的渲染功能也可以与其他高级渲染器结合使用,创造出高品质的电影级渲染作品。

除了 C4D 自带的标准渲染器,还有很多优秀的渲染器插件可选择性使用。例如 Arnold(阿诺德)渲染器、Octane 渲染器、Redshift 渲染器、Corona 渲染器与 V-Ray 渲染器等电影级高品质的渲染器,这些能渲染出高品质图像的渲染器以插件的形式搭载到 C4D 软件中。那么,作为初学者或者 CG 动画师来讲,是不是每一款渲染器都要全面掌握呢?当然能全面掌握更好,即便不能,也可以只掌握其中一款跟自己学习和工作相关的渲染器。

另外,还有实时渲染插件 Cycles 4D、PixelBerg、Corona Renderer for C4D、Blender Cycles 4D、Twinmotion 等,可以帮助用户在渲染流程操作中实时观察渲染效果,有效解决相关问题。

7.2 场景

C4D 中的"场景"也就是真实世界中的环境,场景分室内场景与室外场景。构建场景的要素包括天空、云、地面、前景、背景、环境、草坪及舞台等。创建场景的工具命令在上工具栏中,如图 7-3 所示。当然,也可以在"创建"|"场景"子菜单中执行相关的命令。

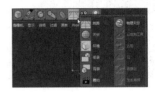

图 7-3

7.2.1 地面

"地面"指的是楼层地板或室外地坪。C4D 中"地面"总是位于世界坐标系的 XZ 平面上,地面对象是无限延伸的,没有边界。

在上工具栏的"场景"工具列中单击"地面"按钮,创建如图 7-4 所示的地面。地面对象可以更改其中心位置、缩放大小及旋转角度等,如图 7-5 所示。

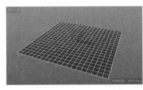

图 7-4   图 7-5

当制作一个物体掉落的动力学模拟时,即可建立地面对象,用作模拟物体掉落的地板(碰撞体对象)。

7.2.2 天空

单击"天空"按钮,可以在场景中创建天空对象,天空对象是一个无限大的球体。也就是说,创建天空对象后是无法在视图中看见天空对象的。

天空对象其实模拟的是一个虚拟的贴图或颜色背景环境,当为天空对象添加纹理贴图或自发光材质后,即可感受到天空对象的存在,如图 7-6 所示。

7.2.3 物理天空

物理天空才是模拟真实的天空,可以调取预置的天空、乌云等。物理天空可以调整的参数很多，例如太阳、大气、云层、时间与区域等。

图 7-6

单击"物理天空"按钮，将创建物理天空对象。同时，将激活场景工具菜单中的"云绘制工具""云组"和"云"工具，意味着在物理天空中可以创建自然云组件对象。

"物理天空"的属性面板如图 7-7 所示。通过在"时间与区域""天空""太阳"及"细节"等选项卡中设置，可以得到你想要的真实天空场景。

提示：

在本章源文件夹中提供了物理天空预置文件，也就是各种天气环境下的室外场景设置。使用时可以通过内容浏览器面板中的"预置"选项，找到物理天空预置文件 TFMStyle-Phyical Skies，选择一个预置并双击，即可使用物理天空预置，如图 7-8 和图 7-9 所示。

图 7-7　　　　　　　　图 7-8

图 7-9

当然，C4D 系统也提供了一些物理天空预置。当创建了物理天空对象后，在"物理天空"属性面板的"基本"选项卡中单击"载入天空预置"按钮，弹出 C4D 系统提供的天空预置浏览窗口，如图 7-10 所示。在物理天空预置窗口中找到所需的天空预置后，单击天空图块即可使用物理天空预置了。

图 7-10

创建物理天空后，可以使用"云绘制工具""云组""云"和"连接云"工具创建天空中的云朵。

动手操作——创建物理天空中的云

01 新建 C4D 场景。

02 单击"物理天空"按钮，创建物理天空对象。

03 单击"云"按钮，创建云对象。将云对象拖至物理天空对象中，成为其子对象，如图 7-11 所示。

04 激活物理天空对象，在其属性面板的"基本"选项卡中选中"体积云"复选框，如图 7-12 所示。

图 7-11　　　　　　　图 7-12

技术要点：

如果选中"云"复选框，将会在物理天空中显示预置的云，如图 7-13 所示。

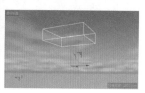

图 7-13

05 此时天空中显示体积云的编辑框，用来创建和编辑云，如图 7-14 所示。

06 单击对象工具菜单中的"球体"按钮，创建球体对象作为云朵的基础模型，如图 7-15 所示。

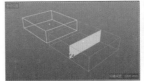
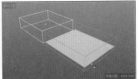

图 7-14   图 7-15   图 7-21

07 执行"工具"|"环绕对象"|"PSR 转移"命令，并选取体积云编辑框的中心点，随后系统自动将球体对象移至其中心点上，如图 7-16 所示。

08 按 C 键将球体对象转为可编辑对象，并利用"缩放"工具将其放大，如图 7-17 所示。

13 确定绘制云的工作平面后单击，即可放置工作平面。接着单击并拖曳鼠标开始绘制云，如图 7-22 所示。绘制完成后释放鼠标键，按 Enter 键结束操作。

14 单击"渲染当前窗口"按钮，渲染绘制的云，如图 7-23 所示。

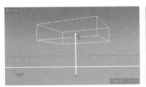

图 7-16   图 7-17

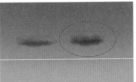

图 7-22   图 7-23

09 切换到点模式。执行"网格"|"移动工具"|"磁铁"命令，按下鼠标中键并拖曳，将选择框放大，接着拖动模型中的点进行变形，如图 7-18 所示。

15 可以使用"云组"工具将物理天空对象内的两个及两个以上的云组合，这便于移动、缩放及旋转等操作，如图 7-24 所示。

图 7-18

图 7-24

10 在"对象"管理器中将球体对象拖入云对象中，成为其子对象，此时单击"渲染活动对象"按钮，可以看到渲染云的状态如图 7-19 所示。

11 手工绘制云。重新创建一个云对象，并将其拖至物理天空对象中。将新建的云编辑框移至原先的云编辑框以外，如图 7-20 所示。

7.2.4 环境

创建环境对象也就是定义场景中的全局参数，例如场景的环境光（自然光）。环境光属于灯光系统的一种，可以与其他光源一起使用。

7.2.5 前景\背景

前景与背景在电影场景中就像是物体前面或后面的布景。使用前景时，物体对象是看不见的，但可以看见预览，如图 7-25 所示。使用背景时，背景对物体毫无遮挡，如图 7-26 所示。

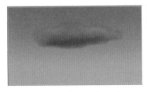

图 7-19   图 7-20

12 在新建的云对象处于激活状态时，单击"云绘制工具"按钮，按住 Shift 键并将鼠标指针放置在云编辑框内。可以看到，当鼠标指针在不同的编辑框面时会显示不同的切面，这个切面就是绘制云的工作平面，如图 7-21 所示。

图 7-25   图 7-26

创建前景或背景对象后，在材质管理器中创建材质，将材质拖至"对象"管理器中的前景或背景对象上，这一过程称作"添加纹理标签"。双击纹理标签，在"材质"管理器面板的"颜色"选项卡中，设置"纹理"选项即可将贴图添加到前景或背景中，如图 7-27 所示。

图 7-27

7.2.6 舞台

舞台对象就像是拍电影的导演，它确定何时在动画中使用相机、环境及背景等。例如，可以在场景中创建许多不同的摄像机，并使用舞台对象来决定何时剪切到特定摄像机。单击"舞台"按钮 创建舞台对象后，可以将先前创建的摄像机、天空、前景、背景及环境等对象拖至"舞台对象"属性面板中的"对象"选项卡中，然后设置这几个对象的先后动画时间，即可完成"导演"的工作，如图 7-28 所示。

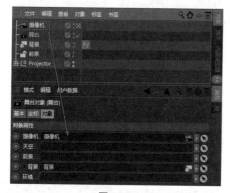

图 7-28

7.3 摄像机

C4D 中的摄像机在制作效果图和动画时非常有用，C4D 中的摄像机工具如图 7-29 所示。

真实的摄像机使用镜头将场景反射的光线聚焦到具有灯光敏感性曲面的焦点平面上。如图 7-30 所示为现实中的摄像机。

C4D 中的摄像机并不是现实中拍摄影片的那种摄像机，它是 C4D 的场景中制作特殊观察角度（视角）的工具。但"摄像机"工具也有现实摄像机的特有能力——变焦。

图 7-29

创建一台摄像机之后，可以设置视图以显示摄像机的观察点。使用"摄像机"视图可以调整摄像机，就好像正在通过其镜头进行观看。摄像机视图对于编辑几何体和设置渲染的场景非常有用。多台摄像机可以提供相同场景的不同视角。

如果要设置观察点的动画，可以创建一台摄像机并设置其位置的动画，例如，飞过一个地形或走过一个建筑物。还可以创建一个能设置摄像机参数的动画，例如，可以设置一个摄像机视野的动画以获得场景放大的效果，如图 7-31 所示。

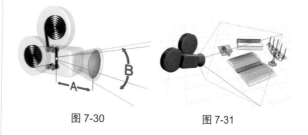

图 7-30　　　　　　　　图 7-31

1. 摄像机（自由摄像机）

C4D 中的"摄像机"工具创建的摄像机，也称"自由摄像机"，在摄像机指向的方向查看区域。与目标摄像机不同，目标摄像机表示目标和摄像机的独立图标，自由摄像机由单个图标表示，目的是更轻松地设置动画。

当摄像机位置沿着轨迹设置动画时可以使用自由摄像机，与穿行建筑物或将摄像机连接到行驶中的汽车上时一样。当自由摄像机沿着路径移动时，可以将其倾斜；如果需要将摄像机直接置于场景顶部，则使用自由摄像机可以避免围绕其轴旋转。如图 7-32 所示，自由摄像机的初始方向始终指向负 Z 轴方向，如图 7-33 所示。

图 7-32

图 7-33

在"透视""用户""灯光"或"摄像机"视图中单击将使自由摄像机沿着"世界坐标系"的负 Z 轴方向指向下方。

由于摄像机在活动的构造平面上创建，在此平面上也可以创建几何体，所以在"摄像机"视图中查看对象之前必须移动摄像机，从若干视图中检查摄像机的位置以将其校正。

2. 目标摄像机

目标摄像机查看目标对象周围的区域。创建目标摄像机时会看到两个图标，这两个图标表示摄像机及其目标（显示为一个小框）。目标摄像机比自由摄像机更容易定向，因为只需将目标对象定位在所需位置的中心即可，如图 7-34 所示。

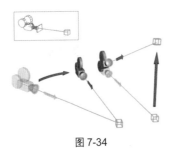

图 7-34

3. 立体摄像机

立体摄像机是用来拍摄 3D 电影的摄像机。如图 7-35 所示为立体摄像机（摄像机图标显示）的视图。立体摄像机也是普通的摄像机，只是在自由摄像机的"摄像机对象"选项卡中选择"对称"模式即可，如图 7-36 所示。

图 7-35

图 7-36

4. 运动摄像机

运动摄像机是通过运动轨迹进行机动拍摄的摄像机，如图 7-37 所示。

5. 摇臂摄像机

摇臂摄像机完全模拟电影拍摄现场所使用的摇臂摄像机，如图 7-38 所示。

图 7-37

图 7-38

动手操作——创建一个简单的摄像机视图及动画

01 打开本例源文件"宇宙飞船 .c4d"，打开的模型视图状态如图 7-39 所示。

02 用摄像机功能定义所需的摄像机视图。在摄像机工具菜单中单击"目标摄像机"按钮 ，创建一台摄像机。

03 在视图中调整摄像机的角度及位置，如图 7-40 所示。

图 7-39

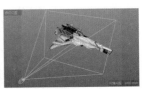

图 7-40

04 在"对象"管理器中激活摄像机对象，并在其属性面板的"坐标"选项卡中单击 （黑色圈）按钮记录动画起始位置，单击激活后按钮变成 （红实心圈），表示已创建动画关键帧，如图 7-41 所示。

05 在动画管理器的时间栏中将时间滑块拖至 30 的位置，表示创建 30 帧的动画，如图 7-42 所示。

图 7-41

图 7-42

06 在视图中拖动摄像机，设置摄像机角度和位置，如图 7-43 所示。

07 在摄像机的属性面板中单击黄空心圆 使其变成 ，

表示记录动画结束位置。

08 在视图上方的"摄像机"菜单中选择"使用摄像机"|"摄像机"命令，切换到自定义的摄像机视图，如图 7-44 所示。

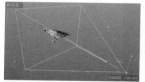

图 7-43　　　　　　　图 7-44

09 此时再拖动时间滑块到 0 位置，并单击"向前播放"按钮 ▷，可以播放宇宙飞船的旋转动画，如图 7-45 所示。

图 7-45

7.4　灯光

不同的环境中灯光的布置也是不同的。C4D 中的灯光系统包含了用于室内场景的灯光，如灯光、点光、目标聚光灯、区域光、IES 灯、PBR 灯光，以及用于室外场景的日光及无限光等，如图 7-46 所示为 C4D 的灯光创建工具。

7.4.1　灯光

"灯光"工具可以创建除点光源外的其他类型的灯光，但默认创建的是泛光灯，也就是白炽灯类型的光源，如图 7-47 所示。

图 7-46　　　　　　　图 7-47

"灯光"工具由于能创建多种类型的灯光，所以各类型灯光的属性选项设置都是相同的，下面介绍"灯光"类型的属性设置。

"常规"选项卡用于设置光源的类型、颜色、投影方式等，如图 7-48 所示。

- 颜色：该选项控制光源的颜色。
- 使用色温：是否开启色温。
- 色温：色温是表示光线中包含颜色成分的计量单位。
- 强度：该值控制光源的整体亮度。虽然这种控制可能只是一种使光源变亮或变暗的方法，但它也能够产生另一种有趣且非常有用的效果。
- 类型：光源的类型，包含了灯光工具菜单中的所有光源类型。
- 投影：定义光源的阴影类型。
- 可见灯光：定义场景中灯光的可见性。"无"表示不可见；设置为"可见"时光源将产生穿过所有对象的可见光，如图 7-49 所示；设置为"正向测定体积"时可见光不会影响位于其光锥中的物体（为了通过可见光投射阴影，必须使用体积照明），如图 7-50 所示；设置为"反向测定体积"时可以有效地反转体积光，如图 7-51 所示。

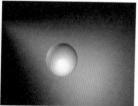

图 7-48　　　　　　　图 7-49

图 7-50　　　　　　　图 7-51

- 没有光照：选中此复选框，仅看到可见光，而光源不会照亮物体。
- 显示光照：选中此复选框，则视图中将显示灯光照度的线框近似值。可以通过拖动线框来调整此范围。
- 环境光源：启用环境照明，所有表面都以相同的强度点亮。通过为光源启用环境光照和衰减，可以使用与负光照变暗的方式照亮场景的特定区域，如图 7-52 所示。

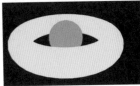

开启环境照明　　　　启用衰减的环境照明

图 7-52

- 显示可见灯光：选中此复选框可在视图中显示可见光。不会影响到"光照"。
- 漫射：选中此复选框时，对象的颜色特性由光源忽略，光只产生镜面表面。这对于诸如黄金材质之类的对象非常有用，在这些对象中需要镜面反射闪光，但不会减轻颜色属性，如图 7-53 所示。

禁用漫反射　　　　　启用漫反射

图 7-53

- 显示修剪：选中此复选框会在视图中显示所选灯光的剪切范围（光照范围的限制）。
- 高光：选中此复选框后，光源会在场景的对象上产生镜面高光。
- 分离通道：选中此复选框，则在渲染时为光源创建单独的漫反射、镜面反射和阴影图层。
- GI 照明：间接照明。此设置可以定义由给定光源照射的物体是否应"传递"与 GI 相关的光线。如果未选中此复选框，此光源的照明将影响对象（它们将被照亮），但这些对象不会将光反射到任何其他对象上。如图 7-54 所示，左图为禁用 GI 照明，右图为开启 GI 照明。

图 7-54

- 导出到合成：如果选中此复选框，光源将导

出到合成应用程序。

7.4.2 点光源

点光源是指一个光源向 360°方向均匀发散出光线。这类光线比较柔和，产生的阴影比较虚。生活中属于自由点光类型的灯具有：台灯（白炽灯泡）、落地灯、某些吊灯等，如图 7-55 所示。在 C4D 中，点光源与聚光源有相同的选项设置，只是光源参数设置不同。

图 7-55

7.4.3 目标聚光灯

目标聚光灯是一个将光束限制在一个锥形体积内的光源。聚光灯仅沿一个方向投射光线，默认情况下沿 Z 轴方向。创建后，可以轻松移动和旋转它们，以点亮场景中的单个对象和特定区域。聚光灯可以投射圆锥形或方锥形光，如图 7-56 所示为投射圆锥形光源。

7.4.4 区域光

区域光源也称面光源。这类光线很柔和，产生的阴影比较虚。生活中属于平面光源类型的灯具有：电视屏幕、计算机屏幕、吸顶灯、灯盘等，如图 7-57 所示。

图 7-56　　　　　　　　图 7-57

7.4.5 IES 灯

IES 灯称为光度学灯光，是通过使用 IE 灯光 S 文件实现真实世界的灯光效果，可在"光度"选项卡中设置 IES 灯光，如图 7-58 所示为各种 IES 光。

图 7-58

7.4.6　无限光

无限光之所以被称为"无限光"是因为它模仿了从无限远的距离投射的光。例如，使用无限光可以均匀地照亮整个地板（只要地板是平的）。

由于无限光是无限的，光没有实际来源。因此，无限光（近或远）的确切位置对场景的物体没有影响。对于该光源，仅其实际方向是重要的。如图 7-59 所示为无限光的照射状态。

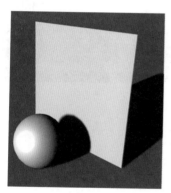

图 7-59

7.4.7　日光

日光光源就是创建模拟太阳照射的光源。在灯光对象属性面板的灯光类型中称为"平行光"。像无限光一样，平行光不能呈现为可见光。

阳光和环境光的区别如下。

- 阳光的光照强度大；环境光的光照强度小。
- 阳光具有明确的方向性；环境光的方向性不明确，只要房子有窗户，环境光都可以照射进来。
- 阳光对物体的光照影响范围不均匀；环境光对物体的光照影响范围较均匀。
- 阳光照射下的物体具有明显的阴影；环境光照射下的物体所产生的阴影较虚。

阳光和环境光是共同影响物体的，有阳光就肯定会有环境光，如图 7-60 所示。

图 7-60

7.4.8　PBR 灯光

PBR 光是与光度学功能一起创建的尽可能逼真的光源。物理上正确的照明具有以下两个已知属性，在选择 PBR 灯光时会自动启用这些属性。

- 区域阴影类型。
- 反方形衰减。

原则上 PBR 灯光的照明类似多边形对象（具有发光材料的对象），如图 7-61 所示。

图 7-61

7.5　材质与贴图

在制作效果图时，当模型创建完成之后，必须通过"材质"系统来模拟真实材料的视觉效果。因为在 C4D 中创建的三维对象本身不具备任何质感特征，只有给场景物体赋上合适的材质及纹理后，才能呈现出具有真实质感的视觉特征。

7.5.1　材质

"材质"就是三维软件对真实物体的模拟，通过它再现真实物体的色彩、纹理、光滑度、反光度、透明度、粗糙度等物理属性。这些属性都可以在 C4D 中运用相应的参数来设定。在光线的作用下，我们便看到一种综合的视觉效果，如图 7-62 所示。

图 7-62

在 C4D 中应用材质一般有两种方式，一种是使用材质预置（也就是材质库），另一种就是自定义材质（新建材质）。

1. 使用材质预置

安装 C4D R20 软件后并没有材质预置，需要去官网下载材质预置包。材质预置包下载后，将 .lib4d 类型的预置文件全部复制并粘贴到 X（C4D 安装路径）:\Program Files\MAXON\CINEMA 4D R20\library\browser 文件夹中即可。重启 C4D 后即可在内容管理器中选择"预置"选项，然后在展开的预置库中找到 Standard Materials Catalog（标准材质目录）库，如图 7-63 所示。

图 7-63

> **提示：**
>
> 当然，前面介绍的灯光和场景及预置库，都在官方提供的这个材质预置包中。

双击 Standard Materials Catalog（标准材质目录）库文件，其中包含了上千种 C4D 标准材质，如图 7-64 所示。双击一个材质文件夹（例如 Glass 文件夹），在文件夹中拖动一种材质到视图窗口中的某个对象中释放鼠标，即可完成材质的应用，如图 7-65 所示。

当然也可在库中双击要应用的材质，或者右击在弹出的快捷菜单中选择"打开"命令，将所选材质先添加到材质管理器中，待在材质管理器中重新编辑材质后，将其拖至对象上。

图 7-64　　　　　　图 7-65

2. 自定义材质

要自定义材质就要先认识一下材质管理器，它位于动画工具栏的左下方，如图 7-66 所示。可通过执行"窗口"|"材质"命令，开启或关闭材质管理器。

图 7-66

当需要自定义任何类型的材质时，可在材质管理器的"创建"菜单中选择"新 BPR 材质"或"新材质"命令，创建一个带有默认属性的空白材质，如图 7-67 所示。

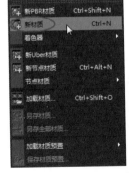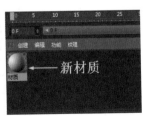

图 7-67

下面介绍材质管理器中重要的两个菜单中的命令含义。

（1）创建菜单。

- 新 PBR 材质 ：此命令的工作方式与"新材质"命令相同，会创建正确的物理材料。该材料仅由有效反射材料通道构成。使用 PBR 材质时，建议使用 PBR 灯。

- 新材质 ：此命令将创建具有默认值（带镜面反射的白色）的新材质。

- 三维着色器 ：此菜单列出了 C4D 的三维着色器。三维着色器也称"体积着色器"，因为它们会渗透到对象的体积中，实质上通过其表面发光。这意味着这些着色器不能用于代替纹理或与普通纹理混合使用。三维着色器用于直接定义材质。

- 新 Uber 材质 ：该材质基于节点。首先，这意味着材料的计算方式与标准材料或物理材料不同——它由节点控制。

- 新节点材质 ：C4D R20 中引入的基于节点的材料系统是一种通用材料系统，可以替代标准或物理材料系统使用。它尤其可用于定义使用其他材料系统无法实现的复杂材料属性。

- 节点材质 ：节点材质类型。节点包含颜色、形状、驱动器、信息、上下文节点、转变、材质、数学、表面、文本及效用等。

- 加在材质 ：选择此命令，可以从其他场景文件中读取并导入材质。

- 另存材质 ：将创建的材质保存为 C4D 场景文件。

- 另存全部材质 ：将当前场景中的所有材质全部保存。

- 加载材质预置 ：从材质预置库中加载预置的材质。

- 保持材质预置 ：将当前材质保存为材质预置。

（2）编辑菜单。

- 撤销 \ 重做 \ 剪切 \ 复制 \ 粘贴 \ 删除：这些操作是针对材质管理器中的材质而言的，与场景中的其他对象没有任何关联。

- 全部选择 \ 取消选择：这 2 个命令也是针对材质进行操作的，是管理器中材质的选择方式。

- 材质编辑器：在材质管理器中选择某种材质，可以执行此命令打开"材质编辑器"窗口进行材质的编辑操作，"材质编辑器"窗口如图 7-68 所示。在"对象"管理器中双击纹理标签的图标，属性管理器将会打开材质编辑属性选项，如图 7-69 所示。这些属性选项与"材质编辑器"窗口中的选项相同。

图 7-68　　　　　图 7-69

- 节点编辑器：节点编辑器是创建和编辑材料节点时所发生的一切操作。在节点编辑器中看到的所有内容都必须与节点材料链接。也就是说，要创建和编辑节点，必须选择节点材质。节点编辑器始终显示当前选定的节点材质。"节点编辑器"窗口如图 7-70 所示。

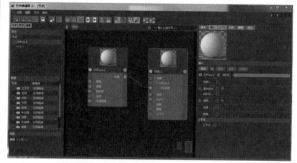

图 7-70

- 材质 \ 材质列表 \ 层管理器（紧凑）\ 层管理器（扩展 / 紧凑）\ 层管理器（扩展）\ 层管理器（活动纹理）：这些命令用于控制材质在材质管理器中的排列状态。例如，默认为并列排列方式，"方式"为材质以列表形式进行排列，如图 7-71 所示为"材质""材质列表"及"层管理器（紧凑）"排列方式。

图 7-71

- 微型图标 \ 小图标 \ 中图标 \ 大图标：这几个命令用于控制材质图标的显示大小。
- 单线图层：用于控制图层标签的排列，即单行排列。

7.5.2 贴图

贴图是一种图像，是指定给几何体模型或者模型材质的图像，给人真实的材质感。使用贴图通常是为了改善材质的外观和真实感，也可以使用贴图创建环境或灯光投射。

贴图可以模拟纹理、应用的设计、反射、折射以及其他一些效果。与材质一起使用时，贴图可增加细节而不会增加对象几何体的复杂程度。

技术要点：

贴图是不能单独添加给模型对象的，必须与材质一起使用，即在材质中应用贴图。

材质与贴图的区别是：材质可以模拟出物体的所有属性；而贴图是材质的一个层级，对物体的某种单一属性进行模拟，所以也称作"纹理"。一般情况下，使用贴图通常是为了改善材质的外观和真实感。

在 C4D 中如何使用贴图呢？其实是在编辑材质的颜色时，通过导入贴图文件来实现的，如图 7-72 所示。

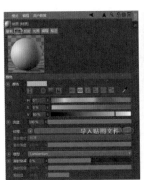

图 7-72

7.6 渲染与输出

渲染是最后一道工序（后期处理除外）。渲染是对场景进行着色的过程，它是通过复杂的运算，将虚拟的三维场景投射到二维平面上，这个过程需要对渲染器进行复杂的设置。

1. 渲染设置

执行"渲染"|"编辑渲染设置"命令，或者在上工具栏中单击"编辑渲染设置"按钮，打开"渲染设置"对话框，如图 7-73 所示。

具体的渲染选项设置将会在后续的渲染案例中体现，这里重点介绍渲染器部分。在没有安装新的渲染器的情况下，"渲染器"列表中有 5 种渲染器。

- 标准：C4D 系统默认的渲染器，多数情况下应该使用标准的 C4D 渲染器，它的速度非常快且稳定。
- 物理：如果要正确描绘渲染景深并具有相应的模糊效果、眩晕及色差等照片效果，则应该使用物理渲染器。

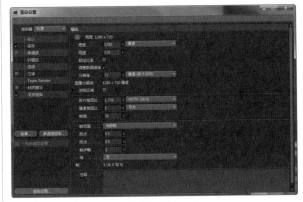

图 7-73

- 软件 OpenGL：完全按照视图中显示的内容进行渲染。OpenGL 将使用 CPU 渲染，因此，比使用硬件 OpenGL 渲染器慢。
- 硬件 OpenGL：完全按照视图中显示的内容进行渲染。OpenGL 将使用图形卡进行最大速度的渲染。
- ProRender（专业渲染器）：此渲染器是图形卡加速、物理性正确的渲染器，始终渲染 GI 间接照明或全局照明。

当安装了其他插件如 Arnold、Vray、Octane、Conora 等时，则渲染器列表中将会显示安装的渲染器选项。

2. "渲染"菜单

在渲染图像时，总会使用到"渲染"菜单中的相关命令，介绍如下。

- 渲染到活动视图：当 4 个视图中的某一个视

图处于活动状态时（选择某一个视图即可激活该视图），渲染器将完成此视图的渲染，如图 7-74 所示。

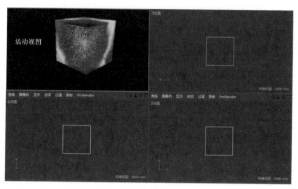

图 7-74

- 区域渲染：此命令仅对用户框选的区域（单个视图内）进行渲染，如图 7-75 所示。

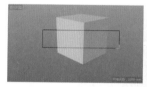 

图 7-75

- 渲染激活对象：当场景中有多个对象时，此命令可以渲染选中的那个对象，如图 7-76 所示。

图 7-76

- 渲染到图片查看器：此命令将场景渲染到图片查看器，图片查看器是独立的渲染窗口，如图 7-77 所示。
- 创建动画预览：通过此命令，可以创建渲染动画的预览。
- 添加到渲染队列：将当前打开的场景添加到渲染队列的渲染作业列表中。
- 渲染队列：如果是批处理渲染，可以从渲染队列中选择渲染任务进行渲染。
- 交互式区域渲染（IRR）：是一种有效且实用的工具，可帮助大幅加快测试渲染的速度，如图 7-78 所示。
- 在标记处开始 ProRender：可用于在相应视图

中启动 ProRender 专业渲染器。

图 7-77

- Team Render 机器：将当前渲染文件删除或添加到网络共享中。
- 清空光照缓存：使用此命令可以删除缓存文件。

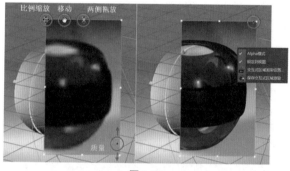

图 7-78

7.7 渲染案例——养生壶模型的渲染

养生壶的结构组成如图 7-79 所示。在本例中养生壶的模型已经建立完毕，渲染完成的效果如图 7-80 所示。

图 7-79

图 7-80

1. 添加材质与贴图

（1）为桌面及墙壁应用材质。

01 打开本例源文件"动手操作\源文件\Ch05\养生壶\养生壶.c4d"，打开的模型如图 7-81 所示。

02 桌面创建一个新材质（也可以称"材质球"）。在材质管理器中执行"创建"|"新材质"命令，创建一个新材质，然后将此材质拖至视图中的桌面模型中释放鼠标，随即完成材质的应用，如图 7-82 所示。

03 默认的新材质是没有颜色及任何纹理的，在"对象"管理器中找到"桌面"对象，然后双击此对象的纹理标签，在其属性面板的"颜色"选项卡中单击"纹理"选项右侧的 按钮，从本例源文件夹中打开"大理石.jpg"图片文件，如图 7-83 所示。此操作即是为桌面应用一种大理石的纹理图案，模拟大理石材质。

图 7-81

图 7-82

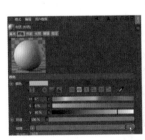
图 7-83

技术要点：

除了通过属性面板来设置材质的属性，还可以直接在材质管理器中双击要编辑的材质，然后在弹出的材质编辑器中编辑材质的属性。

04 为墙壁对象应用一种新材质，并对新材质的颜色进行修改。首先将源文件夹中的"参考图.jpg"文件用照片查看软件打开，如图 7-84 所示。

图 7-84

05 双击墙壁的材质球，在弹出的"材质编辑器"窗口中，单击"纹理"选项右侧的右三角按钮 ，在弹出的菜单中选择"渐变"选项，如图 7-85 所示。

图 7-85

06 单击渐变的色块会出现"着色器"选项卡，双击渐变颜色条左侧的（黑色块）色标 1，如图 7-86 所示。

图 7-86

07 在弹出的"渐变色标设置"对话框中单击颜色吸管按钮 ，然后到参考图中拾取颜色，如图 7-87 所示。单击"确定"按钮后完成颜色的拾取。

图 7-87

08 同理，双击最右侧的色标 2，再拾取参考图中最右侧的颜色（较深的粉色）。关闭"材质编辑器"窗口完成墙壁的材质应用，效果如图 7-88 所示。

（2）为玻璃瓶和烧水壶应用材质。

01 玻璃瓶和烧水壶的外观材质相同，这里将应用到材质预置库中的材质。在"内容浏览器"|"预置"|=standard materials catalog=（标准材质目录）|Glass 库中将 Simple Glass 2（简单玻璃）材质拖至玻璃瓶模型上，或者在材质管理器中执行"创建"|"加载材质预置"|=standard materials catalog=|Glass\Simple Glass 2 命令，再将材质球拖至玻璃瓶上，效果如图 7-89 所示。

图 7-88　　　　　　　　图 7-89

02 采用同样的操作，将预置库中的 Steel 金属钢材质应用到瓶盖部分和烧水壶的壶盖顶、旋钮、铆钉上，如图 7-90 所示。壶盖是一个细分曲面，需要切换到面选择模式后，激活细分曲面内的圆盘子对象，才可将金属材质应用给壶盖上的面。在选取面前，需要执行"选择"|"循环选择"命令。

图 7-90

03 接着为壶盖的部分曲面和底座、部分手柄等曲面应用 ABS Plastic-Black（ABS 黑色塑料）塑料材质，如图 7-91 所示。

04 为这个黑色塑料材质更改颜色，使用颜色吸管到参考图中拾取颜色并修改，如图 7-92 所示。

图 7-91　　　　　　　　图 7-92

05 将黑色 ABS 塑料应用给手柄及旋钮的部分曲面上，如图 7-93 所示。再将颜色更改，到参考图中拾取颜色。

06 为内部容器应用玻璃材质，如图 7-94 所示。

07 为烧水壶内的液体应用液体材质，但是 C4D 没有液体材质。本例的液体材质文件"水效果材质 01.c4d"和"水效果材质 02.c4d"在源文件夹中，先将"水效果材质 01.c4d"文件拖至 C4D 中，如图 7-95 所示。

图 7-93　　　　　　　　图 7-94

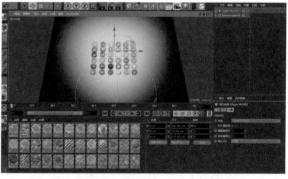

图 7-95

08 在内容浏览器中执行"文件"|"新建预置库"命令，新建一个"液体材质 -1"预置库，如图 7-96 所示。

图 7-96

09 新预置库中什么都没有，需要在材质管理器中全选所有的液体材质，并全部拖至新预置库中，即可完成预置库的创建，如图 7-97 所示。同理，另一个液体材质文件也进行相同的操作，创建新的预置库。

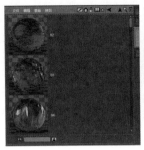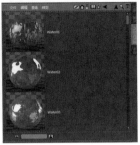

图 7-97

10 将材质预置库中的 Water11 液体材质应用给烧水壶内部的液体对象，如图 7-98 所示。同时将液体颜色设置成暗红色，当然也可以把红色玻璃材质应用给液体对象。

11 为瓶子内的枸杞和液体中的枸杞新建一个材质，材质的颜色在参考图中拾取，效果如图 7-99 所示。

液体材质

图 7-98　　　　　图 7-99

（3）为果盘和草莓应用材质。

01 在 Ceramic（陶瓷）材质预置库中将 Porcelain（瓷）材质应用给盘子，如图 7-100 所示。

02 给草莓新建一个材质球，然后编辑这个材质球的颜色为红色，并将此材质应用给完整的草莓肉，而后再创建一个材质球，颜色设置为绿色，并应用给草莓蒂。最后创建一个新材质球，将剖开的草莓贴图添加进来，并将其应用给半个草莓的对象，结果如图 7-101 所示。

图 7-100　　　　　图 7-101

技术要点：

如果要改变贴图的平铺方式（C4D 中称"投射"），需要在"对象"管理器中选中要编辑的纹理标签，然后在属性面板中调整"标签"选项卡中的"投射"选项。

（4）创建纹理贴图。

在烧水壶身上贴图，这里要用到节点材质与贴图的方式。

01 首先在"对象"管理器中复制壶身对象"布料曲面"，如图 7-102 所示。

02 在材质管理器中执行"创建"|"新材质"命令，为复制的壶身创建一个材质。双击材质，弹出"材质编辑器"窗口，如图 7-103 所示。

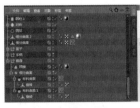

图 7-102　　　　　图 7-103

03 在"材质编辑器"窗口中分别在颜色和 Alpha 选项区中载入纹理图片"刻度 .png"，如图 7-104 所示。进入纹理标签的属性设置面板中更改投射方式为"柱状"。

提示：

注意，这样的贴图必须是经过 Photoshop 抠图处理后的透明图，保存的图片格式必须是 png 格式。

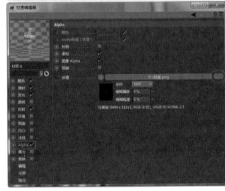

图 7-104

04 在左工具栏中单击"纹理"按钮 进入纹理模式，然后通过平移、缩放及旋转等操控器对纹理贴图进行调整，结果如图 7-105 所示。

图 7-105

05 同理，为底座添加纹理贴图。需要创建两个新材质，一个材质设置为黑色，切换到多边形模式后，将黑色材质应用给所选的多边形，如图 7-106 所示。

图 7-106

06 另一个新材质就是纹理贴图，与前面的纹理贴图创建方法相同，只是添加进来的"温度 .png"贴图的投射方式设置为"平直"，且需要将贴图进行平移、缩放及旋转，如图 7-107 所示。

图 7-107

07 对底座上的两个旋钮重新应用黑色材质，如图 7-108 所示。

图 7-108

08 新建一个纹理贴图材质，贴图文件为"功能 .png"，纹理标签的投射方式设置为"平直"，通过平移、旋转

及缩放后的效果如图 7-109 所示。

图 7-109

09 另一个旋钮的纹理贴图文件为"时间 .png"，效果如图 7-110 所示。

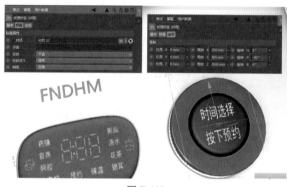

图 7-110

2. 应用场景和灯光

有时候需要一个场景预设，加强场景中物体的照明反射及漫射效果。应用场景之前需要将本例源文件夹中的官方预置文件 Studio.lib4d 放置到 X（用户的软件安装盘）:\Program Files\MAXON\CINEMA 4D R20\library\browser 预置库路径中。

01 在内容浏览器中选择 Prime|Presets|Light Setups|HDRI 库，将 Room01 房间场景拖至视图中释放鼠标，随即完成场景的应用，如图 7-111 所示。

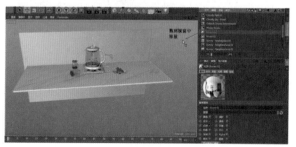

图 7-111

02 在灯光工具栏中单击"目标聚光灯" 按钮，创建聚光灯，并在视图中调整聚光灯的位置和方向，如图7-112所示。

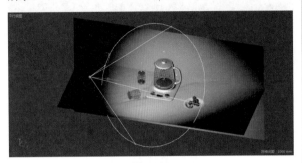

图 7-112

03 设置聚光灯的属性。在属性面板中设置灯光"强度"值为120%，其他选项保持默认，如图7-113所示。

04 在视图中按住 Alt 键+鼠标左键拖曳，调节视图方向，获得一个较好的观察角度，如图7-114所示。

图 7-113

图 7-114

3. 渲染

01 在工具栏中单击"编辑渲染设置" ，弹出"渲染设置"窗口，设置"渲染器"类型为"标准"，如图7-115所示。

图 7-115

02 单击"渲染到图片查看器"按钮 弹出"图片查看器"窗口，随后系统自动完成渲染，效果如图7-116所示。

图 7-116

03 在图片查看器窗口中单击"另存为"按钮 ，然后在弹出的"保存"对话框中设置图像的格式，如图7-117所示。单击"确定"按钮后将渲染的效果图保存。

图 7-117

8.1 动画概述

动画，顾名思义，就是让角色或物体动起来，其英文为Animation。动画与运动是分不开的，因为运动是动画的本质，将多张连续的单帧画面连在一起播放就形成了动画，如图8-1所示。

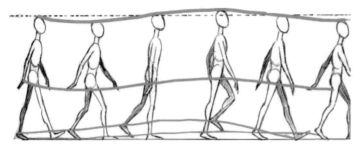

图 8-1

C4D作为世界优秀的三维软件之一，提供了一套非常强大的动画系统，如关键帧动画、路径动画、非线性动画、表达式动画和变形动画等。但无论使用哪种方法来制作动画，都需要对角色或物体有着仔细的观察和深刻的体会，这样才能制作出生动的动画效果。

C4D动画制作工具在"动画"菜单中，或者在视图下方的"动画"工具栏中，如图8-2所示。

图 8-2

为了能更好地理解"动画"的含义，下面通过一个简单动画的制作实例来了解关键帧与时间栏，并提高随时间更改C4D中任何参数的能力。

动手操作——制作一个简单的动画

01 单击"立方体"按钮，创建一个默认尺寸的立方体，如图8-3所示。

图 8-3

02 确保时间栏中的时间滑块在0位置上，表示没有创建任何的时间帧。

03 在"属性"管理器的"立方体对象"属性面板的"坐标"选项卡中，需要在位置坐标前单击◉（黑色圈）按钮来激活位置记录，激活后按钮变成◉（红实心圈），表示已创建关键帧，如图8-4所示。

动画是电影特效、电视栏目制作、片头广告及动态仿真等工程项目的软件基础。CG动画其实就是把建模或创建场景的第一秒动作记录到最后一秒，并把整个过程播放出来的短片。C4D的中文全称就是电影4D，意思是3D（三维建模）+1D（一维时间）的表现效果，那么这个动画就是第四维。

知识分解：

- 动画概述
- 帧
- 时间线窗口
- 动画输出
- 动画制作案例

图 8-4

技术要点：

仅激活一个轴的位置坐标记录，只能在该方向上创建动画，也可以同时激活其余两个轴的位置坐标记录。

04 在时间栏中拖动时间滑块到 50 的位置，意思是将创建 50 秒的动画，如图 8-5 所示。

图 8-5

05 此刻，"坐标"选项卡中的关键帧按钮 ⊙ 变成了 ⊙（红空心圈），表示动画中的当前位置存在动画轨迹。也就意味着在视图中可以将模型在 X 轴方向上平移，以此确定模型在 50 帧时的动画位置，如图 8-6 所示。

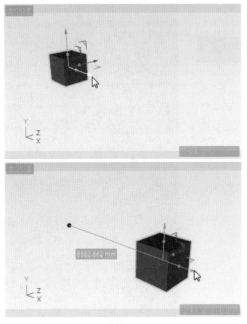

图 8-6

06 确定动画位置后，"坐标"选项卡中的 ⊙ 红空心圈又自动变成了红实心圈 ⊙，表示在模型的位置上又创建了一个关键帧。

07 在时间栏中将时间滑块拖至 0 位置，然后单击动画工具栏中的"向前播放"按钮 ▷，即可播放从 0 帧到 50 帧的动画。

8.2 帧

要弄清楚什么是"帧"，就要去了解电影（或者动画）的制作原理。

电影是将依一定时序摄制的景物各运动阶段的静止画面连续播放出来，借助人的视觉暂留原理，在人的视觉中造成再现景物运动影像的效果。1725—1839 年，一些科学家研究了某些物质的感光性，继而发明了摄影术。人类从此便可用感光材料逼真地记录和传播自己所看到的现象和人物等，但当时获得的影像是静止的。

活动影像在电影发明以前，无论进行何种方法的实验，都是把运动的景物或现象依一定时序拍成一幅幅运动阶段的静止画面，再设法使它们依照同样的时序逐一呈现，让人依次看到，这样便在观者大脑中产生动的印象。

那么这一幅幅运动阶段的静止画面就是动画中的每一帧。在 C4D 的时间栏上，每一小格就代表了一帧。时间栏中总帧数（默认为 90 帧）的显示可以通过在动画工具栏中设置，如图 8-7 所示。

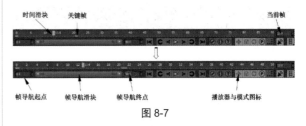

图 8-7

- 时间滑块：在时间栏中拖动时间滑块来设定动画的帧数。

- 关键帧：是指在整个动画中记录有关键动作的那一帧，也就是说，一个恒定动作的起点和终点就需要创建关键帧用于记录整个动作。如果还有新的动作，就需要创建新的关键帧来记录新动作。关键帧与关键帧之间的那些帧称为"过渡帧"或"中间帧"。

- 当前帧：当前帧列表中显示的是时间滑块在某一帧的位置。

- 帧导航起点：此列表中可以输入值来设定时间栏中的起始关键帧的位置。意思就是，原本动画是从第一帧开始播放，但设置了帧导航起点位置后，动画将从该位置开始播放。

- 帧导航滑块：可以手动拖动导航滑块来设定

动画播放的起点与终点位置。

- 帧导航终点：可以设定时间栏中动画的播放终点。
- 播放器与模式图标：用于播放动画和定义录制的模式等。
- ![转到第一帧图标]：转到第一帧。
- ![转到前一关键帧图标]：转到前一关键帧。
- ![转到上一帧图标]：转到上一帧。
- ![向前播放动画图标]：向前播放动画。
- ![转到下一帧图标]：转到下一帧。
- ![转到下一关键帧图标]：转到下一关键帧。
- ![转到动画结束图标]：转到动画结束。
- ![记录活动对象图标]：记录活动对象。记录动画中当时所有选定对象的当前属性，并自动创建相应的时间和关键帧。单击此按钮，将自动创建位置动画、缩放动画和旋转动画，即"坐标"选项卡中所有关键帧按钮自动被激活，如图 8-8 所示。

图 8-8

- ![自动关键帧图标]：自动关键帧。单击此按钮，将会自动创建所有动作的关键帧，无须手动单击任何关键帧按钮。

技术要点：

完成动画后，不要忘记取消激活自动关键帧模式。否则，最终可能会覆盖刚刚创建的整个动画！

- ![设置关键帧选集图标]：设置关键帧选集。
- ![记录位置缩放旋转图标]：记录对象的位置、缩放及旋转动作的开关。
- ![记录参数级别动画图标]：记录参数级别动画的开关。
- ![点级别动画图标]：点级别动画。此模式仅适用于多边形对象，将记录所有对象点的位置。
- ![播放动画声音图标]：播放动画声音的开关。
- ![设置回放比率图标]：设置回放比率为方案设置。

8.3　时间线窗口

如果需要显示更专业的动画工具栏，可以在软件窗口的右上角选择 Animate 界面选项，如图 8-9 所示。从专业的动画制作界面看，它增加了时间线窗口。

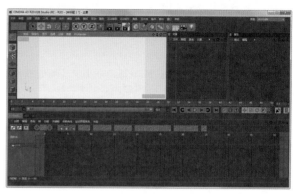

图 8-9

当记录完对象的动画关键帧后，时间线窗口中将显示创建的关键帧，如图 8-10 所示。

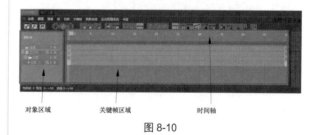

对象区域　　关键帧区域　　时间轴

图 8-10

时间线窗口有 3 种显示模式：摄影表模式 ![摄影表模式图标]、函数曲线模式 ![函数曲线模式图标] 和运动剪辑模式 ![运动剪辑模式图标]。

8.3.1　摄影表模式

图 8-10 中显示的为摄影表模式。该模式下，窗口左侧为所有对象动画的总览，右侧为时间轴和关键帧设置区域。

时间轴是一个功能强大的工具，可以使用它控制、编辑和播放动画。所有场景对象的动画范围都显示在关键帧区域中，所有动画的关键元素都是关键帧。关键帧包含与动画中特定时间的对象有关的移动、缩放、旋转信息。大多数动画都需要设置至少两个关键帧。对象属性值的变化将在这两个关键帧之间进行插值（如在 1 帧中从 0°旋转到 50 帧中的 90°）。一旦播放动画，就可以看到运动效果，这就是时间轴的作用。

在对象区域中，将找到所有对象、标签、材质、着色器、后期效果、XPresso 和材质节点及其相应的动画轨迹。除了目录名称（如对象、位置等），几乎所有项目都可以重命名。

时间轴中的每个项目都可以分配给一个图层。分配对象、材料和标签等是全局完成的，即如果将立方体分配给黄色图层，则在"对象"管理器中将显示具有黄色图层的同一个立方体。另一方面，每个动画轨道可以分配给不同的层。

8.3.2 函数曲线模式

函数曲线表示在关键帧之间的插值，函数曲线不与任何形式的单位相关联，因此，可以与任何关键帧之间平滑插值的属性一起使用。

函数曲线模式的时间线窗口如图 8-11 所示。

图 8-11

通过编辑函数曲线的两个插值点位置曲线，可直接影响到动画在关键帧之间的动作变化。在编辑函数曲线时，可以借助快捷键进行以下操作。

- 按 Shift 键 + 单击函数曲线：编辑单个切线，左右切线断开可单独编辑。
- 按 Ctrl 键 + 单击函数曲线：添加插值点（插入关键帧），或者按 Ctrl 键 + 拖动插值点完成复制插值点操作。
- 按 Ctrl 键 + 单击插值点切线：可编辑切线长度，但不能旋转切线。
- 按 Alt 键 + 单击插值点切线：可旋转切线，但不能编辑切线的长度。

当在函数曲线中间添加了新的插值点后，可以利用如图 8-12 所示的关键帧工具按钮来进行操作。

图 8-12

- 创建标记在当前帧：为当前帧创建一个时间标记，当创建多个关键帧时可以创建时间标记来定义动作。仅在时间滑块位置创建标记，如图 8-13 所示。要删除时间标记，可以

将标记拖出关键帧区域。

图 8-13

- 创建标记在视图边界：在可视范围的起点与终点创建时间标记。
- 删除全部标记：删除所有时间标记。
- 零角度（相切）：将插入点切线（用于控制关键帧的插值曲线曲率）设置为水平状态。在这样做时，关键帧插值点附近的动画曲线将不会超出插值点的插值。
- 零长度（相切）：将切线长度设置为 0，这可以防止曲线中的扭结。具有此属性的两个顺序关键帧将在它们之间产生线性插值。
- 线性：设置关键帧为线性插值。
- 步幅：设置关键帧为步幅插值。
- 样条：设置关键帧插值为样条曲线。
- 缓和处理：使所选关键帧的插值逐渐减弱，插值点的切线方向将被改变为水平方向。
- 缓入：此选项用于控制两个插值点的切线方向。第一个插值点的切线方向不变，第二个插值点的切线方向呈水平状态。
- 缓出：第一个插值点的切线方向呈水平状态，第二个插值点的切线方向不变。
- 自动相切 - 经典：当移动关键帧（或相邻关键帧）时，切线斜率是可变的，并且它在时间上越接近相邻关键帧就越会变化。通常，将生成更柔和的曲线。
- 自动相切 - 固定斜率：切线斜率在两个相邻关键帧之间保持不变（只要这些关键帧未被修改）。可以在保持恒定切线斜率的同时移动关键帧。此模式与"加权相切"选项配合使用效果最佳。
- 自动加权：如果启用此按钮，则将应用"加权相切"选项所述的一次性加权。之后，切线的 Time（= X）分量将被修复。切线手柄只能垂直移动，切线本身只能旋转。移动关键帧时，斜率将保持不变。此按钮的行为与

其他应用程序中的自动切线功能类似。

- 移除超调：当关键帧值偏离相邻关键帧的键值时，不会突然设置过冲（因此，可能会出现短暂的过冲），但切线将更加水平，越接近极限，这意味着不会发生过冲。

- 加权相切：如果禁用此按钮，还启用了"自动相切"按钮，则加权切线将根据与相邻关键帧的距离更改其切线长度。

- 断开切线：激活此按钮将允许彼此独立地编辑左右切线，切线的手柄将从三角形变为圆盘形。

- 锁定切线角度：可锁定切线的提升，关键帧附近的动画速度将保持不变。

- 锁定切线长度：可锁定切线的长度，只能更改切线的旋转。拉动切线的手柄时同时按下 Alt 键，以暂时保持恒定的长度。

- 锁定时间：可以锁定特定位置的关键帧，使其无法在摄影表模式和函数曲线模式下水平移动。

- 锁定数值：可锁定关键帧的值，以防止无意中更改关键帧。

- 分解颜色：为关键帧分配不同的颜色，例如，标记重要的关键帧。

8.3.3　运动剪辑模式

运动剪辑模式专门用于处理运动系统——管理运动源，在运动图层上放置和分层运动剪辑，以及混合运动和动画层。

运动剪辑模式的时间线窗口如图 8-14 所示，将在介绍"运动图形"一章中详解。

图 8-14

8.4　动画输出

在 C4D 中，制作好的动画怎么保存为需要的视频或 GIF 动态图呢？这里需要用到渲染设置。

首先制作好动画，执行"渲染"|"编辑渲染设置"

命令，弹出"渲染设置"对话框。在该对话框中的"输出"选项页中设置选项，如图 8-15 所示，完成后关闭对话框。

图 8-15

选择"渲染"|"渲染到图片查看器"命令，弹出"图片查看器"窗口，系统对动画进行渲染，渲染完成后单击"另存为"按钮，如图 8-16 所示。

在随后弹出的"保存"对话框中设置动画输出格式及其他选项，如图 8-17 所示。如果输出为视频，设置视频格式即可，如果要制作 GIF 动态图，请设置 GIF 图片格式输出即可。

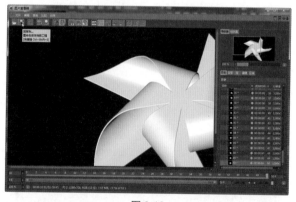

图 8-16

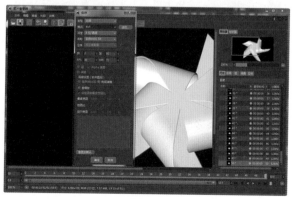

图 8-17

8.5 动画制作案例

本节制作几个动画案例,将前面介绍的动画工具融入案例中。

8.5.1 制作风车动画

在 C4D 中使用变形器和克隆工具创建一个风车模型,然后创建风车的动画,如图 8-18 所示。

图 8-18

01 新建 C4D 场景文件。

02 在曲线工具栏中单击"星形"按钮 ☆,绘制一个星形,并将其变为一个三边形,如图 8-19 所示。

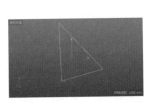

图 8-19

03 单击"转为可编辑对象"按钮 👹,将三边形转为可编辑对象。

04 在左工具栏中单击"点"按钮 👹,切换到点编辑模式。

05 选取三边形上的 3 个中点按 Delete 键删除,如图 8-20 所示。

图 8-20

06 在正视图中选取一个角点,并修改其 X 值为 1000mm,如图 8-21 所示。

图 8-21

07 切换回模型模式,按住 Alt 键并单击生成器工具栏中的"挤压"按钮 🗔,创建拉伸对象,如图 8-22 所示。

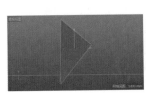

图 8-22

08 在"拉伸对象"属性面板的"封顶"选项卡中设置相关选项,如图 8-23 所示。

09 在对象工具栏中单击"空白"按钮 ,创建一个空对象集,并将挤压对象拖至空对象中,成为其子对象,如图 8-24 所示。

图 8-23

图 8-24

10 在左工具栏中单击"启用轴心"按钮 ,并拖动对象轴到顶点位置,如图 8-25 所示,随后单击 按钮关闭轴心模式。

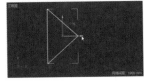

图 8-25

11 在变形器工具栏中单击"扭曲"按钮 ,并将"扭曲"对象变成空白对象的子对象,如图 8-26 所示。

12 选中扭曲对象,在属性管理器的"弯曲对象"属性面板"对象"选项卡中设置"强度"值,观察对象弯曲的效果是否符合要求,如图 8-27 所示。很显然弯曲效果不对,需要调整角度。

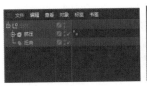

图 8-26

图 8-27

13 在上工具栏中单击"旋转"按钮 ⊚，拖动旋转操控器中的绿色轴环，并按下 Shift 键旋转 90°，如图 8-28 所示。

14 此时再次进行扭曲变形操作，发现三边形会跟随变形，如图 8-29 所示。

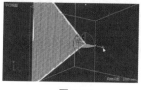 

　　图 8-28　　　　　　　　　图 8-29

15 在"对象"管理器中展开"挤压"对象，选中"星形"对象，设置"点插值方式"为"细分"，如图 8-30 所示。

16 此时再看扭曲效果，如图 8-31 所示。

 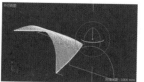

　　图 8-30　　　　　　　　　图 8-31

17 在弯曲对象面板的"对象"选项卡中设置对象属性值，查看新的扭曲效果，如图 8-32 所示。

 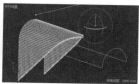

　　　　　　图 8-32

18 在"坐标"选项卡中设置坐标参数，得到满意的扭曲效果，如图 8-33 所示。

　　　　　　图 8-33

19 在"对象"管理器中选中"空白"对象，按住 Alt 键并执行"运动图形"|"克隆"命令，创建克隆对象，如图 8-34 所示。

20 单击"对象"选项卡中的"偏移"选项前的 ⊚ 按钮，使其变成红心圈 ⊚，意味着创建了第一个关键帧。

21 在时间栏拖动时间滑块到 50 帧的位置，红实心圈 ⊚ 变成红空心圈 ⊚。改变"偏移"值为 360，此时红空心

圈 ⊚ 则变成了黄心圈 ⊚，设置后单击黄心圈 ⊚ 使其变成红实心圈 ⊚，这一轮操作意味着完成了 50 帧的动画制作。

　　　　　　图 8-34

22 在动画工具栏中单击"向前播放"按钮 ▷，风车开始转动，如图 8-35 所示。

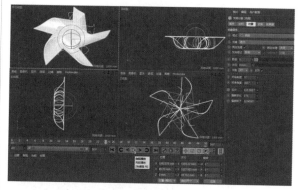

　　　　　　图 8-35

8.5.2　制作三维小球的环形循环动画

　　本例将利用螺旋、扭曲等变形工具，以及运动图形的克隆工具来制作一个三维小球的环形循环动画，效果如图 8-36 所示。

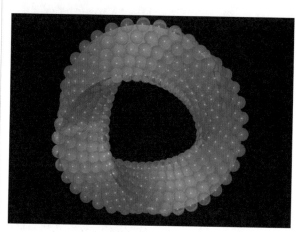

　　　　　　图 8-36

01 新建 C4D 场景文件。

02 执行"渲染"|"渲染设置"命令，弹出"渲染设置"

对话框。在"输出"页面中设置相关的参数，如图 8-37 所示。

图 8-37

03 在对象工具栏中单击"空白"按钮创建一个空对象，接着单击"圆柱"按钮创建一个圆柱体（实际是创建一个三棱柱），将圆柱体对象拖至空对象中，成为其子对象，如图 8-38 所示。

图 8-38

04 在变形器工具栏中单击"螺旋"按钮，并将创建的螺旋对象拖至圆柱对象中成为其子对象，并设置螺旋对象的属性，如图 8-39 所示。

图 8-39

05 在变形器工具栏中单击"扭曲"按钮，将创建的扭曲对象拖至圆柱对象中（螺旋子对象下方）成为其子对象，并设置扭曲对象的属性，如图 8-40 所示。

图 8-40

06 形成一个环形扭曲的效果后，让这个形状运动起来。在"对象"管理器中将螺旋子对象和扭曲子对象一同拖至圆柱对象外，使它们与圆柱对象的级别相同，共同成为空对象的子对象，如图 8-41 所示。

图 8-41

07 选中圆柱对象，在其属性面板的"坐标"选项卡中，如果持续改变 R.H 旋转值，可以看到整个模型旋转起来了。也就是说，在这个旋转参数上定义两个关键帧即可。

当 R.H 值为 0°时，单击按钮变成红实心圈，在时间栏中拖动时间滑块到 100 帧，此时红实心圈变成红空心圈，待输入 R.H 值为-359°后，再单击红空心圈变成红实心圈，完成 100 帧动画的制作，如图 8-42 所示。

08 在动画工具栏中单击按钮播放动画，发现当播放到 100 帧时动画会有一个停顿，这说明动画的时间曲线是曲线（非线性）的，需要更改其时间函数曲线。在 R.H 位置右击并在弹出的快捷菜单中选择"动画"|"显示函数曲线"命令，如图 8-43 所示。

09 在弹出的"时间线窗口"中单击"线性"按钮，将时间曲线变成直线，完成后关闭此窗口，如图 8-44 所示，这样一来播放动画时就是匀速而无卡顿的了。

图 8-42　　　　　　　　　　图 8-43

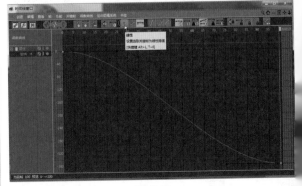

图 8-44

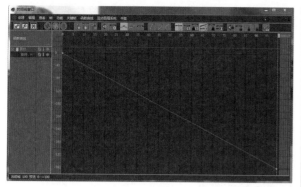

图 8-44（续）

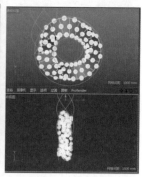

图 8-46

10 在对象工具栏中单击"球体"按钮，创建一个小球，如图 8-45 所示。

图 8-45

11 此处需创建多个小球，所以要使用"克隆"工具。选中"球体"对象并按住 Alt 键，执行"运动图形"|"克隆"命令，或者在造型工具栏中单击 按钮，创建球体的克隆体。在属性管理器的"克隆对象"属性面板的"对象"选项卡中设置克隆选项，如图 8-46 所示。

12 通过克隆后，但球体并未完全覆盖圆柱的表面，这需要进一步的细分圆柱，使其有更多的边来分布这些球。在"对象"管理器中选中圆柱，按住 Alt 键并单击生成器工具栏中的"细分曲面"按钮，然后在"细分曲面"属性面板的"对象"选项卡中设置选项及参数，如图 8-47 所示。

13 在"对象"管理器中重新选中"克隆"对象，并将"细分曲面"对象（包含了圆柱对象）拖至"克隆对象"的属性面板中，如图 8-48 所示。

图 8-47   图 8-48

14 应用属性后，可以看到视图中的三维小球已经完全覆盖在了扭曲的圆柱表面上，可以完美地播放动画了，如图 8-49 所示。

15 在"对象"管理器中选中扭曲对象和螺旋对象，并在管理器的"对象"菜单中选择"隐藏对象"命令，即可隐藏这两个对象，最终效果如图 8-50 所示。

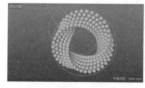
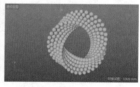

图 8-49   图 8-50

16 最后按照前面介绍的动画输出方法，将本例的三维小球的动画输出为 AVI 格式文件。

第9章

布料与动力学模拟

在 C4D 中，可以对一系列的物理对象进行仿真模拟，例如机构运动模拟、毛发模拟、布料模拟及粒子系统模拟。物体的运动模拟过程其实也是一种高级的动画效果。

知识分解：

- 布料模拟
- 机械动力学模拟

9.1 布料模拟

布料模拟是 C4D 专门用来为角色和动物创建逼真的织物动态效果的，属于高级的动画效果工具。如图 9-1 所示为模拟旗帜飘扬和桌布的效果，下面介绍布料模拟的相关工具。

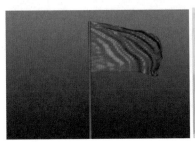

图 9-1

9.1.1 布料曲面

"布料曲面"是一个理想的布料模拟辅助工具。"布料曲面"工具本身不会创建任何曲面，它仅应用于多边形对象，多边形对象的细分程度将在布料的动画效果中起到重要作用。

对于逼真的布料，理想的布料对象应具有尽可能高的多边形数量，这将使布料"发动机"有更多的点来模拟布料，并产生更高质量的动画结果。但是，高多边级计数会导致编辑器播放速度变慢。为避免这种情况的发生，可以通过 C4D 的"细分曲面"或"布料曲面"来实现。

例如，首先创建一个平面，转成可编辑多边形后，再按住 Alt 键选择"模拟"|"布料"|"布料曲面"命令，即可将布料曲面应用到平面多边形对象中，如图 9-2 所示。

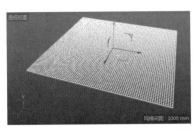

图 9-2

9.1.2 布料缓存工具

"布料缓存工具"工具可精确编辑存储的模拟计算。这通常是必要的，因为布料模拟是一种物理模拟，尽管它具有真实的结果，但如果在这里折叠或皱纹在视觉上看还是不太正确，可能需要进行微调。

执行"模拟"|"布料"|"布料缓存工具"命令，属性面板中显示"布料缓存工具"的属性设置，如图 9-3 所示。

属性设置中主要选项含义如下。

- 模式：包括"涂抹"模式和"平滑"模式。"涂抹"模式由"帧数 +/-"参数定义的相邻点将遵循脱落函数曲线。

- 显示 +/-：可以定义在哪个时间范围内，或者根据具体情况，定义在实际时间之前和之后应显示多少个样条点。

- 帧数 +/-：这是帧中的时间范围，或者视情况而定，受到缓存工具影响的实际时间之前和之后的样条点。

- 强度：这是一个全局因素，表示布料缓存工具的强度。

- 衰减：可定义衰减类型。如果选择了"样条"类型，则可以手动调整下面的曲线，如图 9-4 所示。

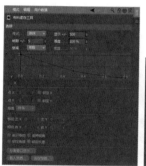

图 9-3　　　　　　图 9-4

- 宽度：可定义缓存效果应如何变软或变硬。

9.1.3　布料模拟标签

当定义了多边形对象后，需要为多边形对象添加布料属性，也就是让可编辑多边形对象继承布料的特性，便于模拟。C4D 中包含了为可编辑对象定义的多种特性，这种定义特性的操作过程就是应用模拟标签。

在"对象"管理器中右击对象，在弹出的右键快捷菜单的"模拟标签"子菜单中，显示所有的模拟标签类型，如图 9-5 所示。与布料模拟相关的特性标签如"布料""布料碰撞器"和"布料绑带"等。

1. 布料标签

布料标签可为多边形对象添加布料特性。添加布料标签后，在"对象"管理器中将显示布料图标，如图 9-6 所示。

图 9-5　　　　　　图 9-6

> **提示：**
>
> 这里的"标签"并非是属性面板中的选项卡（也称"选项卡"），而是在对象管理器的标签栏中显示的约束图标（或称"标记"）。也就是说，"标签"代替的是约束关系。本书后续章节中若有描述"添加……标签"，就是表示添加何种约束的意思。

这个布料图标是动态的，一旦模拟的设置改变，图标也会发生变化。

添加布料标签后，属性管理器中显示"布料标签"属性面板，其中包含 5 个选项卡：基本、标签、影响、修整、缓存与高级。

（1）"基本"选项卡。

"基本"选项卡上唯一的属性是标记的名称，如图 9-7 所示。

- 名称：可以输入对象的新名称。

- 图层：如果将元素指定给图层，则会在此处显示其图层颜色。

- 模拟：选择模拟的优先级。一般来说，只有在产生异常效果时才应修改优先级。

- 应用：打开或关闭布料模拟。

（2）"标签"选项卡。

"标签"选项卡中的设置会影响控制框架的实际结构，这还提供了处理布料模拟的存储计算的功能，如图 9-8 所示。

图 9-7　　　　　　图 9-8

- 自动：如果选中此复选框，布料模拟将链接到当前场景的最大长度。例如，在动画工具栏中，如果最大帧数设置为 150，则布料模拟系统将计算整个 150 帧。反之，可以自定义计算的帧数。

- 迭代：该参数基本上控制织物的整体弹性。设置迭代可提高织物整体刚度的质量，可在下方的"硬度""弯曲"和"橡皮"选项中进行参数调整。

- 硬度：此参数控制布料对象的整体刚度。随着该值的增加，内部弹簧将对几何形状的点施加更多控制，使布料看起来更硬。较高的迭代值也会增加硬度，如图 9-9 所示为布料在硬度为 10%、30% 与 100% 时的效果。

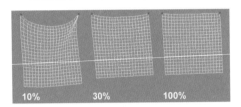

图 9-9

- 顶点贴图：顶点贴图控制布料的刚度值。当刚度设置为 40% 时，顶点贴图应用了 100% 到 0% 的渐变。所有质量均为 100% 的点都具有 40% 的刚度。相反，所有质量为 50% 的点的刚度为 20%。

- 弯曲：使布料产生弯曲、扭曲。

- 橡皮：此参数控制布料对象可执行的拉伸量。默认值为 0% 时不允许布料拉伸，然而 100% 的值将允许布料被拉伸，也可以通过顶点贴图控制此参数。

- 反弹：此参数控制布料对象的反弹量。在与碰撞体对象发生碰撞时会考虑此值。该值越高，布料对象与物体碰撞时发生的反弹越多。因此，非常高的值会使布料从碰撞物体上弹开。

- 摩擦：衣物的某些区域可能与其碰撞表面具有大量摩擦，主要在衬衫的领部和肩部区域。

- 质量：一块织物上的不同区域可以具有不同的质量值。根据服装是否有口袋、领子、拉链等，由于涉及额外的布料，这些区域将承载更多的质量。

- 尺寸：允许服装上的某些区域收缩或放大，在穿着状态期间最常用，以使衣服适合角色。

- 撕裂：模拟衣服布料被撕裂的状态，如图 9-10 所示。

- 使用撕裂：启用衣服撕裂状态。

（3）"影响"选项卡。

"影响"选项卡中的属性模拟真实世界的力，如重力和风力，如图 9-11 所示。

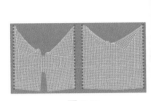 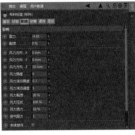

图 9-10　　　　　　　图 9-11

- 重力：重力是一种将布料物体拉向某个方向的力。始终以 Y 轴计算重力参数，并对该轴上的布料对象产生影响。

- 黏滞：与"风力黏滞"的参数非常相似。但此参数处理布料对象在全球范围内的能量损失，这意味着将控制布料对象的所有参数的阻尼（能量损失），而不仅是风。

- 风力方向 .X/Y/Z：这些参数定义了风的方向，可以输入正值或负值。例如，可以将风向 X 设置为负值或正值，以使风分别沿-X 或 X 轴吹。如图 9-12 所示为风力方向的演示。

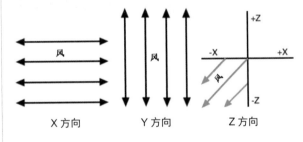

图 9-12

- 风力强度：风力强度参数控制风的强度。该值越高，影响布料的风越大。其他风参数与此值相乘，因此，该值为 0 时将不会在布料对象上施加任何风力。如图 9-13 所示为 3 种风力强度的布料模拟表现。

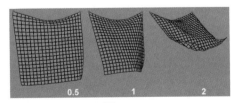

图 9-13

- 风力湍流强度：风力湍流是模拟真实世界中

的阵风，时而强时而弱。当值设置为 0 时，风将没有变化，通过增加该值，风将开始改变爆发的强度。如图 9-14 所示为 3 种强度值的湍流状态。

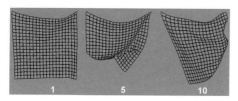

图 9-14

- 风力湍流速度：此参数与风力湍流强度配合使用，控制风力突发的速度，此值越高，风速就越快。
- 风力黏滞：来自风的阻力。当风影响布料时，该参数控制布料的阻尼或能量损失。
- 风力压抗：此参数处理风在任何布料表面的不同影响程度。值为 100% 时将确定风力击中布料物体的整个表面；当值为 0% 时风力将不会击中布料表面。如图 9-15 所示为风力压抗的 3 种表现。

图 9-15

- 风力扬力：此参数模拟布料被风力提升的状态。100% 的值将允许布料很容易被风抬起；而 0% 的值则不会被风力提升。
- 空气阻力：当一块布在空中移动时，即使风不吹，也会遇到一种风力，这种风力称为"空气阻力"。高空气阻力值会使布料看起来像是在水中移动。此参数的低值将使布料看起来好像在空气中移动。
- 本体排斥：此复选框将改进布料模拟效果。允许布点彼此排斥，这可以帮助极端力或运动导致布点与其表面相交的情况。

（4）"修整"选项卡。

"修整"选项卡中的所有属性都是用于创建服装的工具，可以定义接缝、初始状态设置、固定点、衣服装配等，如图 9-16 所示。

图 9-16

- 修整模式：一旦服装被分配了其着装状态（原始多边形模型），该模式将变为活动状态。在此模式下，布料标签将使用黄色十字显示受影响的多边形创建的所有接缝。当此模式处于活动状态时，布料图标将在"对象"管理器中被更改。
- 松弛：此选项仅考虑"影响"选项卡中的参数，将允许在修整状态期间将实际力施加到布料对象上。在运行之前，必须先建立服装的初始状态，如图 9-17 所示为模拟衣物的松弛状态。

图 9-17

- 步：此值决定了布料"发动机"在将重力和风力施加到衣服上时将采样的次数。此数值越大，力对布料对象的影响就越大。
- 收缩：此选项与"松弛"相反。
- 宽度：此值确定接缝多边形所在的目标距离。如果值为 100mm，布料模拟系统将缩小接缝，使多边形的尺寸为 100mm。
- 初始状态：使用此选项，在穿着布料后，将布料的当前状态用作其起始姿势。单击"设置"按钮返回初始状态，单击"显示"按钮，显示这种初始状态。
- 放置状态：对衣服建模后，使用此选项将确定模型的原始形状。
- 固定点：实际上，诸如窗帘之类的布料通常使用窗帘杆固定，此选项就是做这样的操作，也就是将选定的多边形点进行固定，一般用来模拟旗帜飘扬的效果。单击"设置"按钮设置固定点；单击"清除"按钮清除固定点；

单击"显示"按钮模拟时将用紫色显示固定点。

- 绘制：选中该复选框将突出显示视图中的固定点，可将这些固定点清楚地识别为具有固定布料作用的大紫点。取消选中该复选框将从视图中删除这些固定点。

- 缝合面：可以将衣服接缝在一起。

（5）"缓存"选项卡。

- 缓存模式：启用此模式后，布料引擎将查看存储的模拟计算，允许快速回放动画而无须等待引擎来控制布料。

- 开始：使用此设置可以定义缓存解决方案的时间偏移量。例如，保存的解决方案包含从第 0 帧到第 50 帧运行的动画，如果"开始"设置为 20，则动画将从第 20 帧到第 50 帧运行。

- 计算缓存：将为布料引擎创建存储的计算值。执行后，引擎将开始播放动画，因为它将计算存储到内存中。计算完成后，将自动启用缓存模式并开始读取缓存的解决方案。

- 清空缓存：从内存中删除存储的计算。清空缓存后，布料将返回初始状态。

- 更新帧：模拟缓存后，有一些帧需要调整设置才能使布料正确反应或碰撞。

- 加载：加载保存的缓存文件。

- 保存：将保存的解决方案作为单独的文件保存到特定位置。

（6）"高级"选项卡。

"高级"选项卡中的设置可以控制布料引擎在布料模拟期间解决方案的方式，如图 9-18 所示。

图 9-18

- 子采样：确定布料模拟在找到布料对象的解决方案时，可能经历的深度量。

- 本体碰撞：允许布料对象碰撞自己的点。这可以防止在播放模拟时布料穿透其自身表面。

- 全局交叉分析：将找到最佳解决方案，使布料引擎能够继续进行模拟。

- 点碰撞：布料通常会碰到某种表面。无论是衣物撞到角色的身体，还是桌布碰撞桌子，

布料大部分都会与某种物体碰撞。布料引擎将在模拟布料时计算这些因素。布料引擎如何计算几何体的碰撞可以通过在相应的多边形几何体类型旁边放置一个复选标记来手动指定。默认情况下，将启用"点""边"和"多边形"的碰撞方式，但可以禁用任何几何类型。选中"点碰撞"复选框，布料引擎将计算任何布料对象几何体中每个点的碰撞。这意味着一旦属于布料对象的任何点击中另一个表面，就不允许它穿过该表面。

- 点 EPS：将此参数视为围绕布料对象的每个点的数量。EPS 值越高，布点撞击对象点的距离就越远。如果点要穿过碰撞对象，则需要增加点 EPS 的数值。

- 边碰撞：选中此复选框后，布料引擎将计算任何布料对象几何体中每个边缘的碰撞。这意味着一旦属于布料对象的任何边缘击中另一个表面，就不允许它穿过该表面。

- 多边形碰撞：选中此复选框后，布料引擎将计算任何布料对象几何体中每个多边形的碰撞。这意味着一旦属于布料对象的任何多边形击中另一个表面，就不允许它穿过该表面。

- 限制到：放置在此框中的任何对象都是计算中所包含的对象。如果此框没有放置对象，则系统会默认为计算包括的所有对象。

2. 布料碰撞标签

布料碰撞标签是为布料添加要进行碰撞的特性标签。添加布料碰撞标签后，属性管理器中显示"碰撞标签"属性面板，如图 9-19 所示。下面仅介绍"碰撞标签"属性面板中"标签"选项卡的选项。

图 9-19

- 使用碰撞：选中此复选框后，应用了布料碰撞图标 ![icon]的对象将能够与场景中的任何布料对象发生碰撞。反之，任何布料对象都不会碰撞对象。

- 反弹：设置碰撞体的反弹值，不同的碰撞体具有不用的反弹值。

- 摩擦：布料对象碰撞的表面可以具有不同的

摩擦值。

- 排除多边形：这将排除在碰撞中计算碰撞对象的任何指定多边形。在许多情况下，当衬衫被覆盖在角色上时，只需要将角色的胸部和手臂包含在碰撞中。这样，可以排除形成头部和腿部的多边形，以加快计算时间。

3. 布料绑带标签

布料绑带标签可以模拟真实服装的腰或飘带。添加布料绑带标签后，"对象"管理器中显示布料绑带图标 ，属性管理器将显示"绑带标签"属性面板，如图 9-20 所示。

图 9-20

"标签"选项卡中的主要选项含义如下。

- 绘制：选中此复选框将显示带有黄色的每个点。将从该点绘制线或样本到变形对象上的相对靠近的区域。这在视图中表示为黄线。反之将删除视图中的显示，如图 9-21 所示。
- 点：可以重新选择已分配给绑带对象的任何点。单击"设置"按钮，将选定的点设置为带点；单击"清除"按钮将删除已分配给绑带对象的任何点；单击"显示"按钮，选择分配给绑带对象的所有点。
- 绑定至：此选项中的对象是布料的绑带对象。如果在此选项中定义了一个对象，则该对象将随着布料对象的每次变形而移动。

图 9-21

- 影响：此值将确定绑带对象对布料对象的影响程度。值为 0% 时将不允许绑带对象完全影响布料对象，而值为 100% 时将对布料对象产生完全影响。
- 顶点贴图：控制绑带对象对布料对象的影响。

具有 100% 权重的点将完全受到绑带对象的影响；具有 0% 权重的点将不受绑带对象的影响。

- 悬停：控制布料对象与绑带对象的距离。当布料将样品指向变形几何体时，它们具有表示悬停值为 100% 的初始距离。这意味着如果该值减小到 50%，布点将是距其初始状态的距离的一半。值为 200% 将是点的初始状态距离的两倍。
- 顶点贴图：以皮带影响一条裤子为例，角色臀部两侧的裤子区域将更靠近腰带，而裤裆周围的区域可以更自由。在此框中使用顶点贴图可以将裤子两侧的区域绘制成更靠近绑带对象，并在裤裆区域增加一点空间。

9.1.4　布料模拟案例

这里将用 3 个小案例来演示关于布料模拟的实际应用。

动手操作——旗帜飘扬

旗帜飘扬就是运用了"布料"标签的特性，操作步骤如下。

01 新建 C4D 场景文件。

02 在上工具栏的"对象"工具栏中单击"平面"按钮 ，创建一个长为 1440mm，宽为 960mm 的长方形，如图 9-22 所示。

03 按住 Alt 键执行"模拟"|"布料"|"布料曲面"命令，使平面对象成为布料曲面对象的子对象，然后设置布料曲面属性参数，如图 9-23 所示。

图 9-22　　　　　　图 9-23

04 单击"转为可编辑对象"按钮 ，将布料曲面转为可编辑多边形对象。

05 在材质管理器中执行"创建"|"新材质"命令，新建一个材质。将该材质拖至视图中的多边形对象上，或者将材质拖至"对象"管理器中的平面对象之后（意味着添加了纹理标签），如图 9-24 所示。

06 在纹理标签的属性面板中设置材质颜色为红色，在"纹理"选项中单击 按钮，从本例源文件夹中导入"五

星红旗 .jpg"贴图图片，如图 9-25 所示。

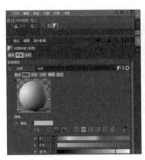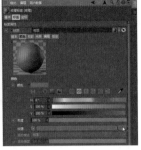

图 9-24　　　　　　　图 9-25

07 此时视图中的多边形对象已经贴上了五星红旗的贴图，如图 9-26 所示。

08 创建一个圆柱体作为旗杆，并赋予金属材质，如图 9-27 所示。

图 9-26　　　　　　　图 9-27

09 在"对象"管理器中选中平面对象并右击，选择快捷菜单中的"模拟标签"|"布料"命令，添加布料标签，如图 9-28 所示。

图 9-28

10 添加布料标签后，意味着已经创建了一个布料舞动的动画。可以单击动画工具栏中的"向前播放"按钮 ▷ 进行第一次动画播放，但会发现这个旗帜会掉落或者会乱动，这说明需要将旗帜靠近旗杆的这一端固定。

11 选择平面对象后，再在左工具栏中单击"点"按钮 ▣ 切换到点选择模式，然后框选左侧一列的所有点，在布料标签的属性面板的"修正"选项卡中单击"固定点"选项旁的"设置"按钮，此时所选的点全部显示为紫色，如图 9-29 所示。

图 9-29

12 单击 ▷ 按钮播放动画，旗帜绕着旗杆迎风飘扬。

13 在布料标签的属性面板（"影响"选项卡中调整）中设置各种风力参数，可以得到各种情况的旗帜状态，如图 9-30 所示。

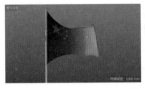

图 9-30

动手操作——桌布覆盖模拟

本例利用布料碰撞标签的特性来模拟桌布在茶几上的覆盖状态。

01 打开本例的源文件"茶几 .c4d"，如图 9-31 所示。

02 要模拟桌布的状态，除了建立桌布的曲面，还要建立用于模拟地面的平面。首先单击"平面"按钮 ▱ 创建一个默认尺寸的平面，如图 9-32 所示。

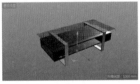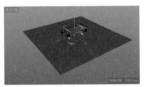

图 9-31　　　　　　　图 9-32

03 为地面应用一个木地面材质，将材质管理器中默认场景的木地板材质拖至视图中的地面上，效果如图 9-33 所示。

04 再创建一个平面（2000mm×2000mm），作为桌布，同理，也给桌布平面应用本例源文件中的"桌布 .jpg"纹理贴图，效果如图 9-34 所示。

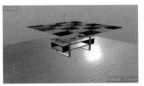

图 9-33　　　　　　　图 9-34

05 在"对象"管理器中重命名 3 个对象，分别为"茶几""地板"和"桌布"。选中桌布对象并转为可编辑多边形对象。

06 现在场景中有了 3 个对象，接下来就要为这 3 个对象分别添加模拟标签。桌布应添加"布料"标签，地板与茶几（茶几对象内部的子对象）应添加"布料碰撞器"模拟标签，如图 9-35 所示。

07 在动画工具栏单击 ▷ 按钮播放动画，可以看到桌布对象直接就掉落在茶几与地板上，与现实中的情况相同，如图 9-36 所示。

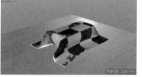

图 9-35　　　　　　　　图 9-36

动手操作——女性 T 恤设计

本例是利用布料模拟系统来设计女性 T 恤的经典实战案例，希望大家能从中学到人体衣物的设计方法。

01 打开本例源文件"女模特 .c4d"，如图 9-37 所示。

02 在上工具栏的"对象"工具栏中单击"平面"按钮 ，创建一个长方形面。通过不同视图将长方形面的位置及大小进行调整（可以使用"移动""旋转"和"缩放"工具），如图 9-38 所示。

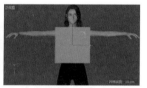

图 9-37　　　　　　　　图 9-38

03 在正视图中将视图显示设置为"光影着色"，这样便于看清 T 恤的创建过程，同时还要将平面单独显示线条。操作方法是：在"对象"管理器中选中"平面"对象，按快捷键 Shift+V 在属性管理器中打开"视图"属性设置，最后在"显示"选项卡中选中"所选线框"复选框即可，如图 9-39 所示。

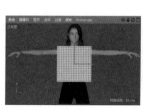

图 9-39

04 重新选中"平面"对象，并在其属性管理器的"对象"选项卡中将"宽度分段"和"高度分段"值均设置为 6，如图 9-40 所示。

05 在左工具栏中单击"转为可编辑对象"按钮 进入多边形编辑模式。在左工具栏中单击"多边形"按钮 ，选取部分多边形并删除（按 Delete 键删除），如图 9-41 所示。

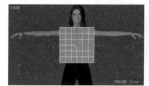

图 9-40

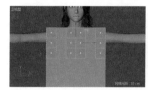

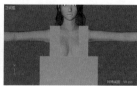

图 9-41

06 执行"雕刻"|"笔刷"|"抓取"命令，在"抓取"属性面板的"对称"选项卡中选中 X（YZ）复选框。在正视图中抓取多边形进行变形，变形结果如图 9-42 所示。

07 建立衣物的接缝。在左工具栏中单击"边"按钮 ，再单击上工具栏中的"实时选择"按钮 ，并在正视图中选取如图 9-43 所示的多边形边缘。

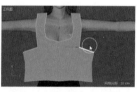

图 9-42　　　　　　　　图 9-43

08 在正视图中右击，选择快捷菜单中的"挤压"命令 ，在视图中拖动鼠标指针挤压多边形，也可以在"挤压"属性面板中设置"偏移"值为 1cm，如图 9-44 所示。

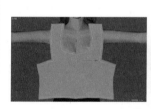

图 9-44

09 在左工具栏中单击"点"按钮 ，显示多边形的控制点。执行"雕刻"|"笔刷"|"抓取"命令，调整多边形控制点来变形多边形，如图 9-45 所示。

10 单击"多边形"按钮 切换到多边形选择模式。在上工具栏中单击"框选"按钮 ，框选所有平面多边形，如图 9-46 所示。

11 执行"选择"|"设置选集"命令，创建一个多边形选集。同理，选取如图 9-47 所示的多边形边缘，再执行"选择"|"设置选集"命令，创建一个边选集。

图 9-45　　　　　　图 9-46

图 9-47

12 切换为模型模式。单击"移动"按钮 ✛，在透视视图中按住 Ctrl 键拖动移动操控器的绿色轴（Z 轴），将多边形平移复制，如图 9-48 所示。

13 在"对象"管理器中按住 Ctrl 键选取两个多边形对象，右击，在弹出的快捷菜单中选择"连接对象＋删除"命令，将两个对象（平面和平面 .1）合并为一个对象（平面 .2），如图 9-49 所示。

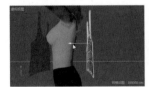

图 9-48　　　　　　图 9-49

14 在"对象"管理器中先选中"平面 .2"对象，再选择边选集标签 ◢。接着在左工具栏中单击"边"按钮 ⬦ 切换到边模式，此时视图中的边选集高亮显示。在视图中右击，在弹出的快捷菜单中选择"优化"命令 ♻，将边缘优化，如图 9-50 所示。

15 在边选集被选中的状态下右击，并选择快捷菜单中的"缝合"命令 ⊞，按住鼠标左键选取 1 个点作为缝合的起点（按住鼠标左键拾取且不要松开），如图 9-51 所示。

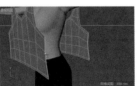

图 9-50　　　　　　图 9-51

16 拖动鼠标指针到对称的缝合终点上形成连接直线，释放鼠标则自动创建缝合曲面，如图 9-52 所示。

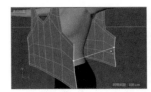
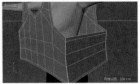

图 9-52

注意：

创建缝合时需要按住 Shift 键来选取起点和终点，否则将不能按照对称性原则来创建缝合曲面，如图 9-53 所示。

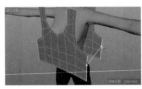

图 9-53

17 同理，按此方法创建出其余的缝合曲面。

18 将创建的缝合曲面选中，执行"选择"|"设置选集"命令，新建一个选集，如图 9-54 所示。

图 9-54

注意：

如果部分多边形的法线方向与其他所选多边形的法线方向不一致，可以右击并选择快捷菜单中的"对齐法线"命令。

19 在上工具栏中单击"空白"按钮 ⬜，在"对象"管理器中新建一个空集对象。按住 Ctrl 键将"平面 .2"对象拖至"空白"对象中成为其子级（复制的副本对象成为子级），再将空白对象移至底部，如图 9-55 所示。

图 9-55

20 在"对象"管理器中选中 0001_c_c_f_onepiece_kkponea（上身）对象并选择快捷菜单中的"模拟标签"|"布

料碰撞器"命令，为上身和下身添加一个布料碰撞器标签，如图 9-56 所示。

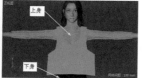

图 9-56

21 选中"平面 .2"对象添加"布料"标签，并在布料标签的属性面板中设置选项，将多边形曲面收缩，如图 9-57 所示。

图 9-57

22 从初次的收缩效果看，T 恤不合身，需要在布料标签的属性面板中设置收缩的"宽度"值为 10mm，设置高级选项中的点碰撞、边碰撞及多边形碰撞等参数，如图 9-58 所示。设置后重新单击"收缩"按钮进行收缩。

图 9-58

23 但收缩的效果仍然不理想，需要调整。在布料标签属性面板中取消选中"启用"复选框，如图 9-59 所示。在属性管理器中选中"平面 .2"对象，单击"点"按钮 进入点选择模式。

24 在视图中右击并选择快捷菜单中的"笔刷"命令，然后设置笔刷的强度、半径等参数，如图 9-60 所示。

图 9-59　　　　　　图 9-60

25 在视图中调整多边形控制点，改变多边形的形状，使 T 恤能完全松弛下来，如图 9-61 所示。

26 切换到多边形模式。选取所有多边形并右击，在弹出

的快捷菜单中单击"细分"命令右侧的齿轮按钮，打开"细分"对话框，如图 9-62 所示。

图 9-61　　　　　　图 9-62

27 在"细分"对话框中设置"细分"值为 1，选中"细分曲面"复选框，单击"确定"按钮完成多边形的细分操作，效果如图 9-63 所示。

图 9-63

28 重新打开"平面 .2"对象的布料标签属性面板，在"影响"选项卡中设置"重力"和"风力压抗"等值，如图 9-64 所示。

29 在"基本"选项中选中"启用"复选框，最后单击动画工具栏中的"向前播放"按钮 ，完成女性 T 恤的造型模拟，如图 9-65 所示。

图 9-64　　　　　　图 9-65

9.2　机械动力学模拟

C4D 中的动力学模拟主要是针对物理学中的机构运动模拟与物体碰撞模拟，例如模拟弹簧、模拟电机（马达）、模拟碰撞、模拟机构连接、模拟物体填充等。如图 9-66 所示为模拟物体的填充效果及引力效果。

图 9-66

动力学模拟与基本的关键帧动画有所不同，两者的区别如下。

对于关键帧动画，动画师必须计划发生碰撞的位置。例如两个台球的位置，动画师必须分别为每个球设置动画，即设置关键帧。为了使动画看起来更逼真，动画师必须有一个真实世界（视频）来源作为参考。然后，使用时间轴中的位置和旋转轨迹，基于此参考动画，尽可能准确地模拟动画，这是一个复杂而耗时的过程。然而，动画师确实完全控制了台球的运动。

使用动力学模拟的优点在于，例如，台球之间的碰撞不会预先计划好，简单地给台球提供一个初始速度，然后让它们运动。C4D 的动态模拟通过使用质量和速度等真实的物理属性自动计算物体的运动，从而完成了许多工作。这些物体可能受力场（例如，粒子修改器）、弹簧、马达、碰撞和连结器的影响。

9.2.1 创建运动副

为了组成一个能运动的机构，必须把两个相邻构件（包括机架、原动件、从动件）以一定方式连接起来，这种连接必须是可动连接，而不能是无相对运动的固接（如焊接或铆接），凡是使两个构件接触而又保持某些相对运动的可动连接即称为"运动副"。在 C4D 中创建运动副的动力学工具包括连结器、弹簧、力和驱动器。

1. 连结器

连结器用于两个对象之间的运动连接，如铰链连接、万向节连接、滑动连接、滚动连接、销钉连接、平面连接、盒子连接、固定连接等。

执行"模拟"|"动力学"|"连结器"命令，"对象"管理器中显示连结器对象，其属性管理器中的属性设置如图 9-67 所示。

图 9-67

下面仅对"对象"选项卡中的选项进行介绍。

- 类型：对象与对象之间的连接类型，如图 9-68 所示为不同类型的示意图。
- 对象 A：连接的第一个对象。将要连接的第一个对象拖至此选项框中。
- 参考轴心 A：只要对象之间有旋转运动，就需要指定参考轴。这里设置第一个对象的旋转参考轴。
- 对象 B：连接的第二个对象。将要连接的第二个对象拖至此选项框中。
- 参考轴心 B：设置第二个对象的旋转参考轴。
- 忽略碰撞：此复选框仅影响连结器相互关联的对象的冲突。在创建场景并测试某些构造时，启用碰撞检测可能会分散注意力。
- 反弹：如果使用上限 Y 值或下限 Y 值来定义角度限制，则可以使用"反弹"参数来定义当对象达到相应限制值时移动的反弹方式。
- 角度限制：为"力"和"扭矩"的"固定"设置定义限制。
- 来自：设置角度起始位置。
- 到：设置角度终止位置。

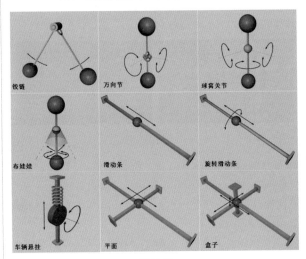

图 9-68

2. 弹簧

弹簧是施加力的元件，其根据自身变形而增加。弹簧在其静止状态（给定角度弹簧的旋转）中具有给定长度，其中没有施加力。一旦弹簧的长度或角度被改变，就会施加力以试图使弹簧恢复到其静止状态。

弹簧的属性设置如图 9-69 所示。

- 类型：C4D 提供两种弹簧类型：线性和角度，

如图 9-70 所示。

图 9-69

图 9-70

- 对象 A：弹簧连接的第一个对象，将对象拖至此选项框中。
- 对象 B：弹簧连接的第二个对象，将对象拖至此选项框中。
- 截止长度：弹簧的截止长度是它在没有受力的情况下，静止状态的长度。
- 硬度：弹簧的刚度，此值定义了弹簧膨胀或压缩所需的力的大小。弹簧越硬，膨胀或压缩就越困难（弹簧越快）。
- 阻尼：弹簧停止的速度取决于制造弹簧的材料的摩擦力（阻尼）。"阻尼"值越大，弹簧停止振荡的速度越快。
- 弹性拉伸极限：设置弹簧的拉伸极限值。
- 弹性压缩极限：设置弹簧的压缩极限值。
- 破坏拉伸：如果弹簧超出了拉伸极限值，将会拉断。
- 破坏压缩：如果超出压缩极限值，将会损坏。

3. 力

此运动力将模拟物体的重力（或引力）及反作用力。如图 9-71 所示，该动态力对象会影响左图克隆的对象。在右图，它被分别定义为吸引力和排斥力。

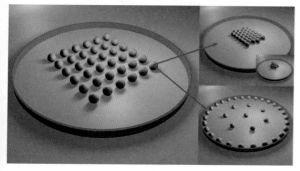

图 9-71

力的属性设置如图 9-72 所示。

图 9-72

- 强度：作用力的强度。
- 阻尼：定义阻尼效果，这可以防止动态对象无限期地保持其运动。
- 考虑质量：如果使用具有不同质量的对象也应施加相应的力，则应选中此复选框。较轻的物体的速度将比较重的物体更快地增加并且施加更小的力。
- 衰减：与现实一样，C4D 中的力随着与克隆对象的距离增加而减弱。关于力的衰减示意如图 9-73 所示。

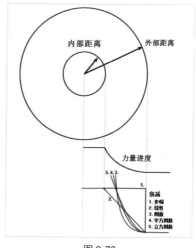

图 9-73

- 内部距离：与克隆对象的最近距离。
- 外部距离：与克隆对象的最远距离。

4. 驱动器

驱动器就是常说的电动机或发动机，可以模拟电动机驱动旋转的效果，如图 9-74 所示。

驱动器的属性设置如图 9-75 所示。

图 9-74

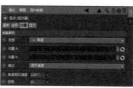

图 9-75

- 类型：有两种电动机类型可选：线性和角度。
- 对象 A：要连接的第一个对象。
- 对象 B：要连接的第二个对象。
- 模式：电动机速度调节模式，包括调节速度和应用力。
  - ✦ 线性相切速度：如果"模式"设置为"线性"，则可以在此处定义最大速度。当达到此速度时，力将在内部受到限制。
  - ✦ 角度相切速度：如果"模式"设置为"调节速度"，则可以在此处定义最大角速度。达到此速度时，扭矩将受到限制。
- 扭矩：在电动机的 Z 轴周围施加扭矩。对象质量越大，所需的值越大。

9.2.2 动力学模拟标签

动力学的模拟标签有 4 个：刚体、柔体、碰撞体和检测体，如图 9-76 所示。这 4 个模拟标签的属性选项设置相同，在同一个"力学体标签"属性面板中，如图 9-77 所示。

图 9-76   图 9-77

4 个模拟标签的应用方法如下。

- 刚体模拟标签：在"力学体标签"属性面板的"动力学"选项卡中，如果选中"动力学"复选框，说明即将应用的是刚体模拟标签。
- 柔体模拟标签：在"柔体"选项卡中，将"柔体"选项设置为"由多边形 / 线构成"或"由克隆构成"，那么，说明即将应用的是柔体模拟标签。
- 碰撞体模拟标签：当"动力学"选项与"柔体"选项均设置为"关闭"，C4D 系统自动应用碰撞体模拟标签。
- 检测体模拟标签：当"动力学"选项卡中的"动力学"选项设置为"检测"时，即将应用的是检测体模拟标签。

9.2.3 动力学模拟案例

下面将以几个案例来详细介绍动力学模拟的真实场景应用方法。

动手操作——模拟鸡蛋破碎效果

本例要模拟鸡蛋掉落地面的破碎效果，如图 9-78 所示。操作步骤是先建立鸡蛋、蛋清及蛋黄模型，然后利用动力学模拟工具进行动态模拟。

1. 安装并使用插件

01 在模拟鸡蛋破碎效果之前，将会利用一款免费的破碎插件 NitroBlast 来制作鸡蛋的破碎状态。这款插件安装成功之后，可在"插件"菜单中找到，如图 9-79 所示。如果常用此插件，最好是通过执行"窗口"|"自定义布局"|"自定义命令"命令，打开"自定义命令"窗口，调整其位置。

> **提示：**
>
> 此处将会使用 NitroBlast 中文版操作，由于这款插件目前安装在 C4D R20 中不稳定，部分功能无法使用，因此将其安装在 C4D R19 版本中使用，待稳定的破碎插件出现后读者再自行替换。C4D R19 软件与 C4D R20 界面及功能基本相同。

图 9-78   图 9-79

02 通过输入插件工具的名称，找到相应命令，并将其拖至左工具栏中，方便经常调用该命令，如图 9-80 所示。

图 9-80

03 此外，自定义命令后，要执行"窗口"|"自定义布局"|"另存为启动布局"命令，以便以后重启 C4D 软件时能显示自定义的这些命令。

2. 建立蛋壳模型

01 单击"球体"按钮 ，创建一个球体，如图 9-81 所示。

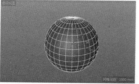

图 9-81

02 按 C 键将球体转为可编辑对象，并在视图中通过缩放操控器  将球体变成鸡蛋形状，如图 9-82 所示。

03 在球体可编辑对象处于激活状态下，单击破碎插件的 NitroBlast Main 破碎管理器按钮 ，打开 NitroBlast 1.02 管理器对话框，如图 9-83 所示。

图 9-82　　　　　　　图 9-83

04 设置"质量 Qu"选项为 Extreme（顶级），设置"碎片"值为 8，设置"厚度"值为 2%，其余选项保持默认设置，单击 Fracture（断裂）按钮，破碎插件对球体对象进行破裂效果创建（创建了一个"蛋壳"），如图 9-84 所示。

05 为了演示蛋壳掉落地面的破裂效果，在上工具栏中单击"地面"按钮 ，在视图中创建地板用于演示，然后将地板对象向下移动一定的距离，如图 9-85 所示。

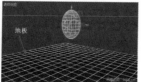

图 9-84　　　　　　　图 9-85

06 在"对象"管理器中选中地板对象并右击，在弹出的快捷菜单中选择"模拟标签"|"碰撞体"命令，为地板

对象添加一个碰撞体的模拟标签，如图 9-86 所示。表示蛋壳掉落在地面上时会碰撞，否则，蛋壳将穿透地面不会出现碰撞效果。

07 在动画工具栏中单击"向前播放"按钮 ▷，可以看到蛋壳掉落在地面的破碎效果，如图 9-87 所示。

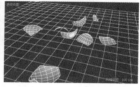

图 9-86　　　　　　　图 9-87

08 如果蛋壳在地面上破碎后散得很开，说明地板与蛋壳的碰撞弹性太大，需要修改。如图 9-88 所示，在蛋壳的模拟标签下进行属性设置。同理对地板的模拟标签属性选项也进行相同设置。设置后的掉落效果如图 9-89 所示。

图 9-88　　　　　　　图 9-89

3. 建立蛋清和蛋黄模型

01 蛋清与蛋黄是随蛋壳一起掉落的，所以初始状态应该是三者建模在一起的。单击"球体"按钮创建一个球体（二十四面体），作为蛋清模型，转变为可编辑对象后，通过缩放操控器将其变成鸡蛋形状，并在"对象"管理器中重命名这个球体为"蛋清"，如图 9-90 所示。

图 9-90

02 把蛋清模型拖至蛋壳中，如图 9-91 所示。

03 为蛋清对象添加柔体模拟标签，接下来要进行蛋清的掉落模拟测试。

04 在"对象"管理器中按住 Ctrl 键选中蛋清对象和地板对象，单击 MagicSolo 按钮 **S**，蛋壳对象将被隔离隐藏，如图 9-92 所示。

图 9-91　　　　图 9-92

05 选中柔体模拟标签，在"力学体标签"属性面板的"柔体"选项卡中设置柔体碰撞参数，如图 9-93 所示。

06 单击"向前播放"按钮 ▷，播放蛋清掉落动画，模拟掉落测试的效果，如图 9-94 所示。

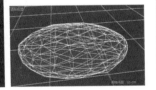

图 9-93　　　　图 9-94

07 可以说效果非常不错。同理，创建一个球体（二十四面体）并转为可编辑对象，重命名为"蛋黄"，如图 9-95 所示。选中蛋黄对象，利用缩放操控器改变其大小。

08 新建两个材质，一个材质颜色设置为黄色，并赋予蛋黄对象，另一个材质设置为透明显示（在此材质的属性面板"基本"选项卡中选中"透明"复选框），并赋予蛋清，如图 9-96 所示。

图 9-95　　　　图 9-96

09 编辑蛋黄对象的"柔体"选项卡参数，如图 9-97 所示。

10 分别修改蛋黄及蛋清柔体模拟标签，在力学体标签属性面板的"碰撞"选项卡中，设置"外形"为"自动（MoDynamjcs）"，如图 9-98 所示。同理蛋清的碰撞属性也设置为相同的外形参数。

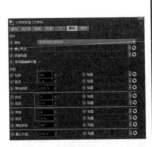
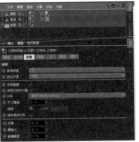

图 9-97　　　　图 9-98

11 选中蛋清和蛋黄两个对象的柔体模拟标签，并在"力学体标签"属性面板的"缓存"选项卡中单击"清除对象缓存"按钮和"烘焙对象"按钮，让两个对象能同时进行模拟，并不会与其他对象产生干涉，如图 9-99 所示。

12 单击 **S** 按钮显示蛋壳模拟对象。同样单独选中蛋壳对象中的模拟标签，然后在"力学体标签"属性面板的"缓存"选项卡中单击"清除对象缓存"按钮和"烘焙对象"按钮，让蛋壳对象能独立进行模拟，并不干涉蛋清及蛋黄对象。

13 最后单击动画工具栏中的"向前播放"按钮 ▷，可以看到整个鸡蛋掉落在地板上的破碎情况，如图 9-100 所示。

图 9-99　　　　图 9-100

动手操作——汽车运动模拟

本例是通过对汽车的运动轨迹的模拟操作，详解动力学在汽车运动中的模拟应用。

01 打开本例源文件"汽车 .c4d"，如图 9-101 所示。

02 在上工具栏的"对象"工具栏中单击"平面"按钮 创建一个平面，用于模拟汽车行驶的道路，然后平移和缩放平面，如图 9-102 所示。

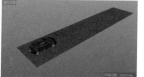

图 9-101　　　　　图 9-102

03 在"对象"管理器中将属于汽车的 4 个轮胎子对象拖至汽车对象之外，便于添加驱动和连接，如图 9-103 所示。

图 9-103

04 在"对象"管理器中暂将车身部分隐藏，如图 9-104 所示。

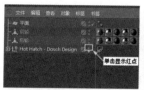

图 9-104

05 为前、后轮对象添加一个"刚体"模拟标签，给平面对象添加一个"碰撞体"模拟标签，如图 9-105 所示。因为车轮是在平面上进行滚动的，所以车轮必须是刚体，而平面作为地面要与车轮产生碰撞摩擦。

图 9-105

06 执行"模拟"|"动力学"|"驱动器"命令，添加一个驱动器到"对象"管理器中，如图 9-106 所示。

图 9-106

07 在"对象"管理器中拖动前轮对象到驱动器的"驱动"属性面板的"对象"选项卡的"对象 A"元素选择框中，此时视图中可以看到驱动器，如图 9-107 所示。

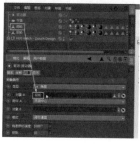

图 9-107

08 视图中的驱动器所显示的旋转方向与实际车轮前进方向不符，需要使用"旋转"拖动器进行旋转（按住 Shift 键旋转 90°），如图 9-108 所示。

09 驱动器本身是有坐标定位的，如果驱动器与地面重合，将不能正确模拟出汽车运动轨迹，所以需要驱动器与车轮轴水平对齐。操作方法是拖动"移动拖动器"的轴来平移驱动器，如图 9-109 所示。

图 9-108　　　　　图 9-109

10 在对象工具栏中单击"立方体"按钮 ，创建一个立方体。缩放立方体并放置到驱动器位置，如图 9-110 所示。

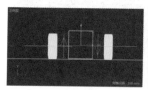
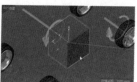

图 9-110

11 将立方体拖至驱动器属性面板中的"对象 B"选择框中。同时，修改驱动属性面板中的"应用"选项为"仅对 A"，如图 9-111 所示。

12 在"对象"管理器中将驱动器拖至前轮对象中成为其

子级。同理，复制这个驱动器到后轮对象中（按住 Ctrl 键拖曳驱动器），并修改后轮驱动器属性面板中的"对象 A"为后轮，如图 9-112 所示。

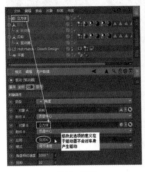

图 9-111　　　　　　　图 9-112

13 在"对象"管理器中选中前轮对象中的驱动器子对象，并执行"网格"|"重置轴心"|"对齐到父级"命令，如图 9-113 所示。同样在后轮对象中也将驱动器子对象对齐到父级。

图 9-113

14 在视图中需要重新旋转驱动器，效果如图 9-114 所示。此时再播放动画，可以看到前、后轮是同时前进的。在"对象"管理器中将平面对象拖至底部。

15 显示隐藏的车身部分，如图 9-115 所示。播放车轮动画时，发现车轮在滚动，而车身没有运动，这需要进一步设置车身与车轮之间的关联关系。

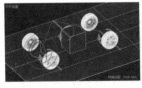

图 9-114　　　　　　　图 9-115

16 选中车身的 6 个对象，右击并选择快捷菜单中的"连接对象＋删除"命令，将 6 个子对象合并为一个对象，然后重新命名为"车身"，如图 9-116 所示。

17 将车身子对象拖至父级对象外，使其与前轮、后轮等对象成为平级关系，然后删除父级对象 Hot Hatch -

Dosch Design，如图 9-117 所示。

图 9-116　　　　　　　图 9-117

18 为车身对象添加一个刚体模拟标签。修改前、后轮对象驱动器的驱动器属性面板的"对象 B"为"车身"对象，如图 9-118 所示，然后删除立方体对象。

图 9-118

19 此时若播放动画，会发现车身被车轮给弹开了，如图 9-119 所示。这说明车身与车轮仍然没有形成一整体，需要在两者之间添加连结器。

20 执行"模拟"|"动力学"|"连结器"命令，创建一个动力学连结器。将连结器拖至前轮对象中成为其子级，再执行"网格"|"重置轴心"|"对齐到父级"命令，旋转连结器为如图 9-120 所示的状态。

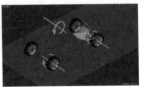

图 9-119　　　　　　　图 9-120

21 分别拖动前轮对象和车身对象到连结器属性面板中的"对象 A"选择框和"对象 B"选择框中，如图 9-121 所示。

22 同理，复制连结器到后轮对象中。修改后轮对象的连结器属性面板的"对象 A"为"后轮"对象。再执行"网格"|"重置轴心"|"对齐到父级"命令，使连结器与后轮对象对齐，同时还要旋转连结器，如图 9-122 所示。

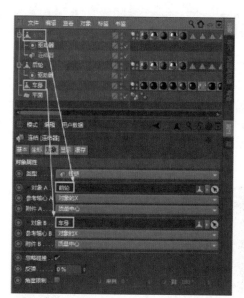

图 9-121

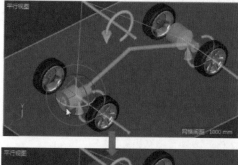

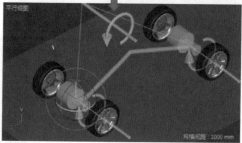

图 9-122

23 汽车运动模拟基本完成，单击动画工具栏中的"向前播放"按钮 ▷，成功模拟出汽车的运动轨迹，如图 9-123 所示。

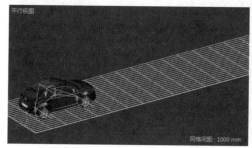

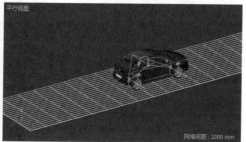

图 9-123

第 10 章

粒子特效与毛发模拟

粒子系统的特效功能可以帮助动画师制作一些高级的影视特效。而毛发工具可以模拟人类和动物的毛发及运动状态。粒子系统与毛发工具同时也是物体运动模拟的两种动画制作工具。本章将详细介绍 C4D 的粒子系统和毛发模拟功能。

知识分解：

- 粒子系统及特效制作
- X-Particles 粒子插件应用案例
- 毛发模拟系统应用案例

10.1 粒子系统及特效制作

你是否可曾想到，熊熊燃烧的大火、漫天飞舞的白雪、高山流水等场景是通过粒子系统进行模拟的？ C4D 的粒子系统是一种用于模拟特殊大自然现象的高级技术工具，而这些大自然现象是无法用其他传统渲染技术来实现的，使用粒子系统模拟的现象包括：水流、雾、爆炸、落叶、飘雪、沙尘、流星雨、烟雾、星云等。如图 10-1 所示为使用粒子系统模拟的爆炸、雪景等效果。

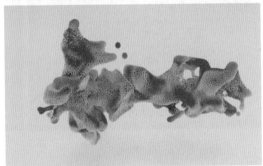

图 10-1

10.1.1 粒子发射器

C4D 的粒子系统的核心是粒子发射器，它可以喷射出一串粒子，这些粒子的形状可以通过各种参数和控制选项来修改，以此产生旋转、偏转和减速等效果。

粒子发射器是所有粒子的发射母体，使用它可以定义新粒子的初始属性，例如移动和速度等。执行"模拟"|"粒子"|"发射器"命令，在

"对象"管理器中创建发射器对象。发射器对象的"粒子发射器对象"属性面板如图 10-2 所示。在"粒子发射器对象"属性面板中，"粒子"和"发射器"选项卡是用于控制粒子发射器的主要属性选项，如图 10-3 所示为"发射器"选项卡的选项。

图 10-2　　　　　　　　图 10-3

1. "粒子"选项卡

"粒子"选项卡中的主要选项含义介绍如下。

- 编辑器生成比率：定义在视图中每秒所创建的粒子数。
- 渲染器生成比率：定义在渲染器中每秒所创建的粒子数。
- 可见：定义在视图或渲染器中能见的粒子数量。
- 投射起点：定义粒子发射的开始时间（以帧为单位）。
- 投射终点：定义粒子发射的结束时间（以帧为单位）。
- 种子：定义粒子流的图案。如果有复制发射器，可以通过此参数来实现不同的粒子流。
- 生命：定义粒子可见的时间长度。在"变化"文本框中可设置粒子的生命的延续时间。值越大，粒子存活时间就越长，反之就越短。
- 速度：此值表示单个粒子的速度。单位为 mm/s。"变化"值可以定义速度的快慢，100% 可以使单个粒子快两倍。
- 旋转：此值指定粒子围绕空间轴旋转的量，"变化"值可以控制旋转的速度。
- 终点缩放：此值定义粒子相对于投射终点的最终大小。例如，当值为 0.5 时会使粒子缩小到初始大小的一半。"变化"值定义缩放的可变因子，以便在动画结束时使粒子更大或更小。
- 切线：取消选中此复选框，各个对象粒子的局部 Z 轴将始终与发射器的 Z 轴对齐。

- 显示对象：取消选中此复选框，粒子将在视图中显示为线条。反之，粒子将作为对象显示在视图中（前提是已将对象设为发射器的子对象）。
- 渲染实例：选中此复选框，可根据内存使用情况优化发射器生成的对象。

2. "发射器"选项卡

"发射器"选项卡中的主要选项含义如下。

- 发射器类型：用于控制粒子的发射状态是角锥形（金字塔形）还是圆锥形。
- 水平尺寸、垂直尺寸：水平尺寸与垂直尺寸控制了发射器的大小。
- 水平角度、垂直角度：水平角度和垂直角度确定了发射粒子的角度。当发射器类型为"圆锥"时，水平角度的范围是 0° ~ 90°。若发射器类型为"角锥"，水平角度范围为 0° ~ 360°，垂直角度范围为 0° ~ 180°。

动手操作——制作烟花效果

01 执行"模拟"|"粒子"|"发射器"命令，创建粒子发射器对象。

02 在动画工具栏单击"向前播放"按钮 ▷，播放粒子发射的效果，如图 10-4 所示。可见粒子是从一个默认大小的矩形框（发射器的形状）中发射出来的。

图 10-4

03 烟花其实是从一个点发射粒子进行模拟的。在"粒子发射器对象"属性面板的"发射器"选项卡中设置参数，并在"粒子"选项卡中设置参数，如图 10-5 所示。

图 10-5

04 单击"向前播放"按钮 ▷ 播放粒子发射的效果，可见到粒子像烟花一样发射了，如图 10-6 所示。

05 由于粒子发射器是不能渲染出材质效果的，需要添加

一个运动图形的追踪对象。执行"运动图形"|"追踪对象"命令，创建一个追踪对象，并拖动粒子发射器对象到"运动图形追踪对象"属性面板的"追踪链接"列表中，如图 10-7 所示。

图 10-6　　　　　　图 10-7

06 在"运动图形追踪对象"属性面板中设置参数，设置完成后再单击"向前播放"按钮▷播放粒子发射效果，此时模拟烟花的效果就逼真多了，但还是没有材质效果，如图 10-8 所示。

图 10-8

07 按快捷键 Ctrl+B 打开"渲染设置"对话框。单击"效果"按钮在弹出的快捷菜单中选择"素描卡通"命令，创建"素描卡通"渲染设置，如图 10-9 所示。

08 在"素描卡通"的"线条"选项卡中设置线条类型为"交叉"，在下面的"交叉"卷展栏中选择"文档"选项并选中"本体交叉"复选框，如图 10-10 所示。

图 10-9　　　　　　图 10-10

09 在"着色"选项卡中设置渲染的背景颜色与对象着色等，如图 10-11 所示。设置完成后关闭"渲染设置"对话框。

10 在材质管理器中可以看到创建的"素描材质"材质球。双击此材质球，在弹出的"材质编辑器"窗口中首先设置素描材质的 HSV 参数（颜色的色调、饱和度与明度），如图 10-12 所示。

11 设置素描材质的颜色选项和粗细选项，如图 10-13 所示。设置完成后关闭"材质编辑器"窗口。

12 将创建的素描材质赋予"对象"管理器中的追踪对象，单击"向前播放"按钮▷，播放烟花的动画效果，如图 10-14 所示。

图 10-11　　　　　　图 10-12

设置颜色选项　　　　　　设置粗细选项

图 10-13

图 10-14

10.1.2　粒子修改器

利用粒子修改器，通过对粒子发射器发射的粒子进行影响或修改，可得到一些奇异的粒子流效果。C4D 包括引力、反弹、破坏、摩擦、重力、旋转、湍流及风力等粒子修改器类型，如图 10-15 所示。粒子修改器不仅影响着粒子对象，还影响着头发、布料与运动图形等对象。如图 10-16 所示为对毛发对象使用了"旋转"修改器后的效果。

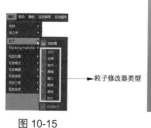

←粒子修改器类型

图 10-15　　　　　　　　图 10-16

1. "引力"修改器

"引力"修改器可以使粒子对象被吸引到引力场的轨道中，这类似于太阳捕获单个行星的方式来捕获粒子。在引力范围之外，粒子会以线性运动方式进行移动。下面用一个小范例来说明"引力"修改器的应用方法。

动手操作——"引力"修改器的应用方法

01 要应用"引力"修改器，需要先创建一个粒子发射器来模拟粒子的运行轨迹。执行"模拟"|"粒子"|"发射器"命令，创建粒子发射器对象，如图 10-17 所示。

图 10-17

02 在动画工具栏中单击"向前播放"按钮▶播放粒子发射的动画，可以看到粒子数量少并且速度很慢。可以通过在"粒子发射器对象"的属性面板中设置粒子的数量和发射速度，如图 10-18 所示。

图 10-18

03 这个粒子的形状为 C4D 系统默认的形状，可以将默认的粒子替换为想要的形状，例如球形、方形或其他任意形状。在对象工具栏中单击"球体"按钮●创建球体对象，再将球体对象缩小。将球体对象拖至发射器对象中成为其子级，最后在"粒子发射器对象"属性面板中选中"显示对象"复选框，这样就替换默认的粒子为球

体对象了，如图 10-19 所示。

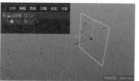

图 10-19

04 执行"模拟"|"粒子"|"引力"命令，创建引力修改器对象。在视图中将引力修改器对象平移到粒子在运动时的所经之路上，以此来吸引粒子，达到改变粒子的运动轨迹的目的，如图 10-20 所示。

技术要点：

引力修改器对象是看不见的，它表达了一个引力场的作用，在 C4D 中只能以坐标系的原点来表示引力修改器对象的位置。其他粒子修改器对象同样如此。

05 单击"向前播放"按钮▶，可以看到发射的粒子经过引力修改器对象时，由于受到引力的作用，其运动轨迹发生了改变，如图 10-21 所示。

引力修改器
对象的位置

图 10-20　　　　　　　　图 10-21

06 可以在"引力对象"属性面板中设置强度参数和速度限制参数，使引力场的引力强度增大、速度增加。"引力对象"属性面板"对象"选项卡中的选项含义如下。

- 强度：定义引力的强度。输入正值为吸引，若输入负值则表现为排斥。
- 速度限制：定义粒子在引力场中的移动速度。值越大，速度越慢，反之，移动速度越快。
- 模式：定义引力修改器影响粒子的方式。包含两种模式，分别为加速度和力。

2. "反弹"修改器

"反弹"修改器可以使粒子产生反弹的运动效果。"反弹"修改器可以模拟诸如桌球在桌案边连续反弹后弹射入网，或者模拟乒乓球在球桌上的运动。添加"反弹"修改器的方法与添加"引力"修改器的方法相同。可在"反弹对象"属性面板中设置反弹的"弹性"参数。

如图 10-22 所示为粒子在经过反弹修改器时产生的反弹现象。

图 10-22

3. "破坏"修改器

利用"破坏"修改器可以从发射的粒子流中移除部分粒子，如图 10-23 所示。使用"破坏"修改器后，在"破坏对象"属性面板中可以设置"随机特性"值来改变移除粒子的量。例如，0% 的随机特性值将不会移除粒子；100% 的随机特性值将完全移除粒子。另外，粒子的移除量还取决于粒子在"破坏"修改器中的通过距离。也就是说，当"尺寸"选项的最后一个参数取值越大，粒子所通过的"破坏"修改器的距离就越长，其移除的粒子量就会增加，如图 10-24 所示。

图 10-23

图 10-24

4. "摩擦"修改器

利用"摩擦"修改器可以降低粒子的运动速度，甚至可以使粒子运动完全停止，如图 10-25 所示。在"摩擦对象"属性面板的"对象"选项卡中的主要选项含义如下。

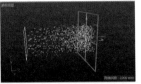

图 10-25

- 强度：摩擦力的强度。此值会影响粒子的运动速度。

- 角强度：此值除了影响线性运动，还可影响刚体的旋转运动。
- 模式："摩擦"修改器影响粒子动态的方式，包括"加速度"模式和"力"模式。"加速度"模式是在不考虑质量的情况下旋转物体，即使是沉重的物体也会像羽毛一样；"力"模式是将物体对象的质量考虑在内，也就是较重的物体受"摩擦"修改器的影响程度较小。

5. "重力"修改器

"重力"修改器对粒子的影响效果与"引力"修改器对粒子的影响效果恰恰相反，重力仅作用在坐标系的-Y方向，"重力"修改器在视图中以黄色箭头显示。如图 10-26 所示为粒子在"重力"修改器的影响下的运动状态。

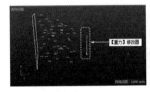

图 10-26

6. "旋转"修改器

粒子在"旋转"修改器的影响下绕坐标系的 Z 轴旋转，如图 10-27 所示。

图 10-27

若需要创建粒子的螺旋运动，可以旋转"旋转"修改器的红色操控环，效果如图 10-28 所示。

图 10-28

7. "湍流"修改器

应用"湍流"修改器可以使粒子运动状态由平稳

转变为湍流。如图 10-29 所示为应用"湍流"修改器后的粒子运动状态的前后对比效果。

平稳的运动状态　　　　　　　　湍流运
动状态
图 10-29

8. "风力"修改器

应用"风力"修改器后，在风力的影响下粒子流的平稳运动轨迹被破坏，如图 10-30 所示。"风力"修改器在视图中以"风扇"来表示，黄色箭头指向风的方向。"风力对象"属性面板"对象"选项卡中主要选项含义如下。

图 10-30

- 速度：定义风速，值越大风力就越大。
- 紊流：也可以理解为"湍流"。此值用于改变紊流，值越大，紊流越强。
- 紊流缩放：此值用来调整紊流内部的 3D 噪点比例。值越低，粒子的速度变化越大，也就是"风将变得更不稳定"，较大的值将使粒子流更均匀，其速度变化更慢，如图 10-31 所示。

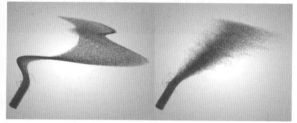

紊流噪点比例最小 0%　　紊流噪点比例最大 1000%
图 10-31

- 紊流频率：此值使 3D 噪点随时间变化。较低的值会导致噪点变化更慢；值越大，噪点的变化就越快，如图 10-32 所示。

紊流频率 0%　　　　　紊流频率 100%
图 10-32

- 模式："风力"修改器影响粒子动态的方式，包括"加速度"模式、"力"模式和"空气动力学风"模式三种。"加速度"模式与"力"模式与前面介绍的"摩擦对象"属性面板中的模式相同。"空气动力学风"模式会产生一股空气流（电流），使物体根据其空气动力学形状做出反映。此模式不适用于所有修改器，仅适用于有用的修改器（例如"风力"修改器、"湍流"修改器等）。

9. 烘焙粒子

在创建了粒子发射器和粒子修改器后，可以利用"烘焙粒子"工具进行粒子流的特性修改。"烘焙粒子"工具有以下作用。

- 在极端情况下，由于粒子修改器的不准确性，非常快的粒子可能会出现意外——它们可能会通过修改器而不发生运动状态的改变。而烘焙粒子流很好地避免了这个问题，因为它们的计算更准确。
- 在需要创建多个粒子流时，为防止一个粒子流中的修改器影响到其他粒子流中的粒子，为此需要烘焙这个粒子流。

在"对象"管理器中选中发射器对象后，可以执行"模拟"|"粒子"|"烘焙粒子"命令，打开"烘焙粒子"对话框。主要选项含义如下。

- 起点：设置烘焙粒子流的时间起点。
- 终点：设置烘焙粒子流的时间终点。
- 每帧采样：此参数定义烘焙每帧所需的动画样本数。例如，如果将值设置为 2，则烘焙将每隔半帧对动画进行采样。
- 烘焙全部：此值定义烘焙粒子的帧频率。要获得最准确的结果，可以将值设置为 1。

10.2 X-Particles 粒子插件应用案例

C4D 中的粒子系统只能解决简单的粒子问题，对于复杂的粒子效果，如烟、火、谷物及布料等是无法满足功能需求的。

X-Particles 是 C4D 的全功能高级粒子和视觉效果的插件系统。X-Particles 可以无缝地嵌入 C4D 中，就像它是 C4D 软件程序的一部分。X-Particles 与 C4D 中现有的粒子修改器、对象变形器、克隆工具、毛发模拟系统等原生粒子兼容，并能够与 R14 及更高版本中的动力学系统配合使用。

除了能创建强大的粒子，X-Particles 能够在 C4D 渲染器中渲染粒子、样条曲线、烟雾和火焰，也包括一系列渲染插件、粒子打湿贴图和蒙皮颜色，甚至可以使用声音来创建物体的纹理。

> **提示：**
>
> 目前 X-Particles 最高版本是 X-Particles 4.0.0642，此版本粒子插件的学习版只能通过官网注册账号并下载，以获得 30 天的试用期，待试用期结束，可以重新注册账号再次获得试用期限。在这里，将以 X-Particles 4.0.0642 中文汉化版为基础，介绍该粒子插件在实际工程中的应用。免费的中文汉化包在本章的源文件中，由热心网友提供。

下面用一个案例详解 X-Particles 插件的应用方法。本例是模拟圆球滚落到沙土地面后所产生的滑坑效果，如图 10-33 所示。本例中除了会使用 X-Particles 插件，还会使用到其他插件，如地面对齐插件、独显插件、Cycles 4D 插件等。

图 10-33

1. 创建沙土效果

首先需要创建两个体积容器用来存放沙子和圆球，再创建 X-Particles 粒子系统，并创建发射器、动力学、修改器等子对象。

01 在对象工具栏中单击"立方体"按钮，创建一个立方体（在"对象"管理器中默认命名为"立方体"），如图 10-34 所示。

图 10-34

02 在"对象"管理器中右击立方体对象，在弹出的快捷菜单中选择"CINEMA 4D 标签"|"显示"命令，为立方体添加一个显示标签。然后在显示标签的属性面板中设置"着色模式"为"网线"，如图 10-35 所示。

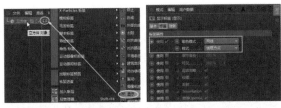

图 10-35

03 再创建第二个立方体（在"对象"管理器中默认命名为"立方体 .1"）作为容器，同样给第二个立方体也添加一个显示标签，并设置着色模式为"网线"（可以直接复制第一个立方体的显示标签到第二个立方体中），如图 10-36 所示。

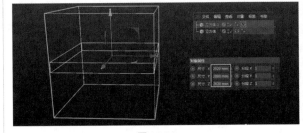

图 10-36

04 选择第二个立方体，执行"插件"| drop2Floor 命令，或者在上工具栏中单击"地面对齐"按钮，使其与第一个立方体的地面对齐，如图 10-37 所示。

图 10-37

提示：

drop2Floor（适用于 R20 版本）地面对齐插件是免费插件，可到 C4D 专业论坛中下载。安装插件的方法在此重申一下，无论是哪一种类型的插件，将插件文件夹复制到 C4D 软件安装路径文件夹中粘贴即可（如 X（盘符）:\Program Files\MAXON\Cinema 4D R20\plugins）。为了使用插件方便，可以通过自定义命令，将常用的插件命令直接拖至上工具栏中，最后要将布局保存，否则下次重启 C4D 时又恢复到系统默认布局形式了。

05 执行 X-Particles|"xp 系统"命令，创建 X-Particles 粒子系统。在视图中显示的是 X-Particles 粒子系统的图标，可以在"X- 粒子系统对象"属性面板中取消选中"图标视窗"复选框，如图 10-38 所示。

图 10-38

06 修改 X-Particles 粒子发射器的发射器形状。在"对象"管理器中选中"xp 系统"对象中的"发射器"→"xp 发射器"子对象 （X-Particles 系统对象中包含的子对象），在其"X- 粒子发射器对象"属性面板中修改默认的"长方形"发射器形状为"对象"发射器形状，视图就不再呈现长方形发射器，如图 10-39 所示。

图 10-39

07 将"对象"管理器中的"立方体"对象拖至"X- 粒子发射器对象"属性面板中的"对象"选择框中，让第一个立方体对象成为粒子发射器来发射粒子，如图 10-40 所示。

08 在"X- 粒子发射器对象"属性面板的"发射"选项卡中设置发射模式为 Hexagonal，再设置"结束发射"时间帧和粒子发射"速度"值，单击动画工具栏中的

"向前播放"按钮 ，播放粒子发射的动画效果，如图 10-41 所示。

图 10-40

图 10-41

09 在"X- 粒子发射器对象"属性面板中的"显示"选项卡中设置"编辑器显示"选项为"圈（填充）"。然后到透视视图上方的"选项"菜单中选择 SSAO 命令（设置环境遮挡），如图 10-42 所示。

图 10-42

10 单击"向前播放"按钮 播放粒子反射动画，可以看到当前的粒子状态，粒子已变成小球，充满了整个容器，如图 10-43 所示。

11 在"对象"管理器中选中"xp 系统"对象中的"修改器"子对象 ，在其"X- 粒子修改器文件夹"属性面板中选择"重力"运动修改器类型，如图 10-44 所示。

图 10-43 　　　　图 10-44

12 播放添加重力修改器后的动画，可以看见"立方体"

对象中的小球受重力作用全部往下落，如图 10-45 所示。

13 右击"立方体 .1"对象并选择快捷菜单中的"X-Particles 标签"|"xp 碰撞"命令，添加一个 xp 碰撞标签，目的是给粒子一个碰撞，不至于掉出"立方体"对象，如图 10-46 所示。

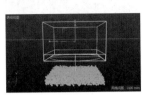

图 10-45　　　　　　图 10-46

14 设置这个"xp 碰撞"标签的属性面板中的选项及参数，如图 10-47 所示。再播放添加碰撞标签后的粒子动画，可见所有的粒子砸在了"立方体 .1"对象的底面上，如图 10-48 所示。这不是想要的结果。

图 10-47　　　　　　图 10-48

15 重新选中"xp 发射器"子对象，在其"X- 粒子发射器对象"属性面板的"扩展数据"选项卡中选中"使用旋转"复选框，并选择"切"旋转模式。单击"流体数据"选项卡，设置流体类型为"粒状"，设置"摩擦"值为 100%，如图 10-49 所示。

图 10-49

16 在"对象"管理器中选中"动力学"子对象，在其"X- 粒子动力学文件夹"属性面板中选择动力学对象为"流体 FX"，再在"流体 修改"属性面板中设置流体属性，如图 10-50 所示。此时再播放粒子动画，可见粒子呈流体状态，这跟沙子与水的混合物的状态相符。

17 在"对象"管理器中选中"修改器"子对象，并在其属性面板中选择运动修改器类型为"拖曳"，为此创建一个拖曳修改器，然后设置拖曳修改器的属性参数，如图 10-51 所示。

图 10-50

图 10-51

提示：

由于插件汉化出现的差异化错误，造成拖曳修改器有两个名词。在"对象"管理器中叫"xp 拖动"修改器，在属性面板中又叫"X- 粒子拖曳修改器"，所以在后面叫法统一为"拖动修改器"。

2. 创建滚动球体

要模拟滚动的球体，需要再重新创建一个粒子发射器。

01 在"对象"管理器中关闭"xp 发射器"子对象，将之前的沙土部分隐藏，如图 10-52 所示。

02 选中"发射器"子对象，在其属性面板中单击"创建发射器"按钮，新建一个"xp 发射器 .1"子对象，如图 10-53 所示。

图 10-52　　　　　　图 10-53

03 在新建的"xp 发射器 .1"子对象的属性面板的"对象"选项卡中，设置"发射器三个平面"为 X+。在视图中将 xp 发射器对象平移至一侧并缩放，结果如图 10-54 所示。

图 10-54

04 修改"xp 发射器 .1"子对象的属性。首先设置粒子发射的数量，并设置粒子的显示属性，如图 10-55 所示。

图 10-55

05 播放粒子动画，发现发射的粒子受到了某种力，没有形成想象中的喷射状态，如图 10-56 所示。

06 以上情况估计是发射器的方向和位置不对造成的。将新 X-Particles 粒子发射器旋转 180°，再向内部平移，完成后再播放粒子动画，可以看出反射状态已经恢复正常，如图 10-57 所示。

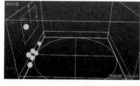

图 10-56　　　　　　　　图 10-57

07 显示先前关闭的第一个发射器——xp 发射器，再重新播放粒子发射动画，会发现第二个发射器发射的粒子在第一个发射器发射的粒子上面停止不动了，并没有产生接触，如图 10-58 所示。这需要把动力学对象 xpFluidFX 和 xp 拖动修改器排除在"xp 发射器 .1"发射器之外，操作结果如图 10-59 所示。

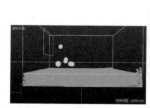

图 10-58　　　　　　　　图 10-59

08 进行排除操作后再次播放动画，可发现虽然两种粒子产生了接触，但第二发射器发射的粒子是穿透了第一发射器发射的粒子，也就是说，第二发射器的粒子没有产生想要的效果（停留在第一发射器发射的粒子上表面），如图 10-60 所示。

09 添加 xp 生成器子对象。在"对象"管理器中选中"生成"子对象，并在其属性面板"对象"选项卡的"生成"列表中选择"生成器"选项，完成 X-Particles 生成器子对象的添加，如图 10-61 所示。

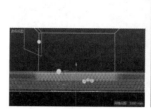

图 10-60　　　　　　　　图 10-61

10 将"xp 发射器 .1"子对象拖至 xp 生成器子对象的属性面板的"发射器"选择框中，如图 10-62 所示。

11 创建一个球体对象来替代第二个粒子发射器发射的粒子。在上工具栏的"对象"工具列中单击"球体"按钮，创建一个半径为 100mm 的球体。将该球体拖至"xp 生成器"子对象中成为其子对象，如图 10-63 所示。

图 10-62　　　　　　　　图 10-63

12 播放粒子动画，可见发射的粒子变成了球体，如图 10-64 所示。

13 创建一个连接对象。在上工具栏的"造型"工具列中单击"连接"按钮，创建"连接"对象。将连接对象拖至"生成"对象之下、"xp 生成器"子对象之上，如图 10-65 所示。

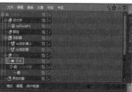

图 10-64　　　　　　　　图 10-65

14 右击"连接"对象，在快捷菜单中执行"X-Particles标签"|"xp 碰撞"命令，添加一个碰撞标签。在碰撞标签的属性面板的"排除"选项卡中，拖动"xp 发射器 .1"

子对象到"排除"模式的"发射器"选择框中，如图10-66所示。

图10-66

15 再播放粒子发射动画，可见发射的球体对象相互形成穿透，这不合理，如图10-67所示。

16 选中"动力学"子对象，在其属性面板中选择"P-P碰撞"动力学对象。从重放的粒子发射动画中会发现，发射的球体对象之间形成了碰撞，不再相互穿透，如图10-68所示。

图10-67　　　　　　　图10-68

17 选中"xp发射器.1"子对象，重新编辑粒子的半径和变化值，以此得到较大和有大小变化的粒子，如图10-69所示。

图10-69

18 显示"xp发射器"子对象，播放粒子发射动画，发现球体发射到粒子堆时，感觉受到了粒子堆的阻力，这需要设置"xp发射器"子对象的属性。选中"xp发射器"子对象，在其属性面板的"修改器"选项卡中，拖出xpFluidFX 动力学子对象和xp拖动 修改器子对象，将其排除在xp发射器对象之外，重新播放动画可见球体对象碰撞粒子堆时得到了碰撞效果，如图10-70所示。

19 修改"立方体"对象的Y尺寸为120mm，单击Drop2Floor按钮 对齐"立方体.1"对象。

图10-70

20 事实上，发射的球体对象不是和"立方体"对象进行碰撞，而是与地面碰撞。在上工具栏的"对象"工具列中单击"平面"按钮 ，创建平面。接着为此平面添加xp碰撞标签，如图10-71所示。

21 在平面的xp碰撞标签的属性面板中设置"反弹"参数和"摩擦"参数，如图10-72所示。

技术要点：

必要时，可将"xp发射器"对象的粒子半径设为15mm，但不能设置得太小，避免粒子太小消耗大量的时间进行模拟和渲染。前面模拟的粒子堆（xp发射器发射的粒子）动画中总是显示十分缓慢，需要建立缓存，这样一来就能正常模拟球体碰撞粒子堆（后面称"沙堆"）了。

图10-71　　　　　　　图10-72

22 在"对象"管理器中选中"其他对象"子对象，然后在其属性面板中选择"缓存对象"作为其他对象，随后"其他对象"子对象中会创建"xp缓存"子对象，如图10-73所示。

23 在"X-粒子缓存对象"属性面板中单击"创建缓存"按钮，创建缓存，如图10-74所示。

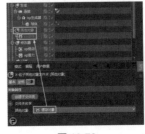

图10-73　　　　　　　图10-74

3. 效果渲染

进行效果渲染时，推荐 X-Particles 插件公司的实时渲染插件 Cycles 4D。该渲染插件只能在官网（https://insydium.ltd/products/cycles-4d/）中注册账号并获得申请后，才能下载插件。官网将提供正版的序列号及 30 天的试用期限，与 X-Particles 粒子插件的下载及注册方法相同。

01 安装 Cycles 4D 插件后，重启 C4D 软件会在窗口的菜单栏中显示 Cycles 4D 菜单，如图 10-75 所示。

图 10-75

02 执行 Cycles 4D | Real-Time Preview 命令，调出 Cycles 4D Real-Time Preview 实时渲染窗口（后面简称"实时渲染窗口"）。将该窗口拖至 C4D 窗口的右下角，同时可将 Cycles 4D 菜单命令放置在实时渲染窗口旁，便于命令的调取。将"属性"管理器面板调整到右上角，与"对象"管理器面板并列，这样便于实时操作 Cycles 4D 插件功能，结果如图 10-76 所示。

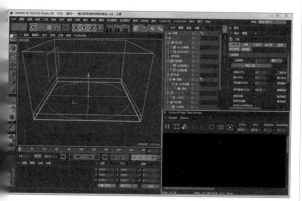

图 10-76

03 要进行场景渲染，场景中就必须有光源。在上工具栏的"对象"工具列中单击"平面"按钮，创建一平面作为光源模型的参照，然后进行平移和旋转，如图 10-77 所示。

04 在"材质"管理器的菜单栏中执行"创建"|Cycles 4D|Surface|Emission 命令，添加一个面光源材质，并将此光源材质赋予上一步创建的"平面 .1"对象（拖动面光源材质到"平面 .1"对象中），如图 10-78 所示。

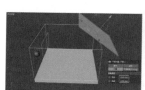

图 10-77　　　　　图 10-78

05 仅有发光源是不能照亮场景的，还需要有反射光和漫射光的对象，也就是说要给沙堆（"xp 发射器"子对象）和球体添加漫反射光源材质 Diffuse BSDF，如图 10-79 所示。

图 10-79

06 在实时渲染窗口中可见实时渲染效果，会发现场景中光线比较暗，如图 10-80 所示。

图 10-80　　　　　图 10-81

07 在"材质"管理器中选中 Emission 面光源材质，在其属性面板中修改 Strength（强度）值为 10，如图 10-82 所示。为"平面 .1"子对象添加 cyObject 对象标签（右击"平面 .1"子对象弹出快捷菜单），目的是为了合成其他灯光效果，如图 10-83 所示。

图 10-82　　　　　图 10-83

08 在 cyObject 对象标签的属性面板中取消选中 Camera 复选框，如图 10-84 所示。意思是实时渲染时相机是看不见的。虽然看不见但能通过它进行折射或反射。

09 进行相同的操作，为"xp 发射器"子对象添加 cyInstance 实例标签，如图 10-85 所示。

图 10-84　　　　　图 10-85

10 在 cyInstance 实例标签的属性面板中调整 Size Multiplier（实例大小）、Size Variation（尺寸变化）等参数，实时渲染效果如图 10-86 所示。

图 10-86

11 新建一个 15mm 的球体，将此球体对象拖至 cyInstance 实例标签的属性面板中的 Object 选择框中，如图 10-87 所示。此举的目的是将球体对象替换成 X-Particles 发射器发射的粒子。

12 在"材质"管理器的菜单栏中执行"创建"| Cycles 4D | Object Material 命令，新建对象材质。修改此材质的颜色，并将对象材质赋予上一步创建的球体对象，如图

10-88 所示。

图 10-87　　　　　图 10-88

13 同理，可以创建多个球体对象及材质，为沙堆中的其他沙子（粒子）创建不同的颜色。在"材质"管理器面板中复制先前的对象材质，复制出两个对象材质，分别修改复制的材质颜色。在"对象"管理器中新建两个球体对象，将复制的对象材质分别赋予这两个球体对象，如图 10-89 所示。

图 10-89

14 将其拖至 cyInstance 实例标签的属性面板中的 Object 选择框中，查看实时渲染状态，如图 10-90 所示。以此类推，可以继续创建球体或异形体对象，去替换沙堆中的其他沙子。

图 10-90

15 要想使模拟的沙子更小，可以删除先前创建"xp 缓存"子对象。修改"xp 发射器"子对象的粒子半径值后，重新创建缓存，即可达到较为理想的模拟效果。当然，这后续的操作要根据使用的计算机的配置来确定是否要操作，因为这个操作非常耗内存。大家也可以在第一次创建缓存之前，修改粒子半径，然后再创建缓存，也可以看到逼真的模拟效果。最终的渲染效果，如图 10-91 所示。

图 10-91

10.3 毛发模拟系统应用案例

C4D 中的毛发模拟系统可以模拟人体的毛发、动物的皮毛、织物及草坪等。毛发在 C4D 的静帧和角色动画制作中非常重要，同时毛发也是动画制作中最难模拟的。如图 10-92 所示为一些比较优秀的 C4D 毛发模拟系统模拟的毛发作品。

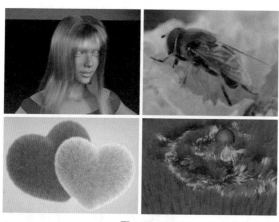

图 10-92

C4D 的毛发系统仅在曲线和多边形网格中"生长"，在曲线上是以插值的方式进行"生长"的，例如眼睫毛的模拟。在多边形网格中是在对象表面上进行"生长"的。C4D 的毛发系统工具在"模拟"菜单中。鉴于篇幅的限制，这里就不再将毛发工具逐一介绍了，下面以两个毛发模拟案例介绍毛发系统模拟工具的用法和详细操作过程。

在介绍案例之前，需要将菜单栏中的毛发工具逐一地放置在视图窗口的下方和右侧，这便于在进行操作时调取工具命令，如图 10-93 所示。同时为了简化语言，会在操作步骤中直接表述：在"毛发对象"菜单中单击"添加毛发"按钮。

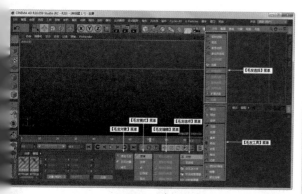

图 10-93

10.3.1 案例一：女性发型设计

本例中将介绍一些可用于头发动力学的选项，这能使你对毛发系统有所了解。本例将详细介绍如何制作女性的发型并进行动画模拟。女性的发型设计与模拟效果如图 10-94 所示。

图 10-94

在进行毛发模拟时，需安装 Arnold 2.5.0 阿诺德实时渲染器插件，此款插件可以与 C4D R20 软件配合使用。在本例中，整个头发的造型要分几部分进行：鬃发、头顶毛发、后脑毛发。

1. 创建鬃发

01 打开本例的源文件"性感女孩 .c4d"。此人体模型已经是一个可编辑的多边形模型，如图 10-95 所示。

02 人体的头发是基于头部的表面来生长的。首先在"对象"管理器中选中"人体"对象，并在左工具栏中单击"多边形"按钮 切换到多边形模式。单击上工具栏中的"实时选择"按钮，按住 Shift 键选择要"生长"鬃发的耳侧的多边形（头部两侧均要选择），如图 10-96 所示。

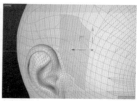

图 10-95 　　　　　　图 10-96

03 在"毛发对象"菜单栏单击"添加毛发"按钮，为选择的多边形添加毛发（此时视图中显示的并非毛发，只是毛发的引导线），同时，在"材质"管理器中会自动建立命名为"毛发材质"的材质。为创建的"毛发"对象重命名为"鬃发"，如图 10-97 所示。

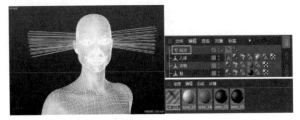

图 10-97

技术要点：

视图中显示的"引导线"是毛发的参考线，它的作用是利用毛发编辑工具对参考线进行造型操作，毛发对象则随之而更新。在没有渲染时，视图中见不到毛发。因此，为了能实时观察到毛发的造型情况，特引入 Arnold 阿诺德实时渲染器插件。

04 选中"鬓发"对象，修改其属性面板的"引导线"选项卡中的发根"长度"值为50mm，"分段"值为6，选择"发根"下拉列表中的"多边形区域"选项，最后单击"编辑"卷展栏中的"重置发根"按钮，如图10-98所示。

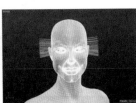

图 10-98

05 单击"毛发工具"菜单中的"修剪"按钮 ，在视图中修剪鬓发的引导线，如图10-99所示。

06 在鬓发对象的属性面板"编辑"选项卡中设置"显示"选项为"毛发线条"。在"毛发工具"菜单中单击"毛刷"按钮 ，在"毛发模式"菜单中单击"点"按钮 ，在视图中刷动鬓发的造型点进行造型，如图10-100所示。在细致造型时，可以单击"毛发模式"菜单中的"引导线"按钮 进行微调

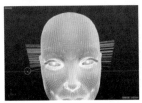

图 10-99　　　　　　图 10-100

07 同理，在另一边也进行同样的造型操作，如图10-101所示。

图 10-101

2. 头顶及后脑的毛发造型

01 在"对象"管理器中选中"人体"对象，在上工具栏中单击"实时选择"按钮 ，选择头顶区域的多边形，如图10-102所示。

02 在"毛发工具"菜单中单击"添加毛发"按钮 ，添加头顶区域的毛发，如图10-103所示。添加毛发后重命名毛发对象为"头顶毛发"。

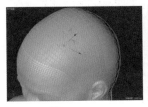

图 10-102　　　　　　图 10-103

03 选中新建的"头顶毛发"对象，修改其属性面板的"引导线"选项卡中的"发根"卷展栏选项，单击"编辑"卷展栏中的"重置发根"按钮完成修改，如图10-104所示。

图 10-104

04 在属性面板的"编辑"选项卡中选择"显示"选项为"毛发线条"。单击"毛发模式"菜单中的"发梢"按钮 ，单击"毛发工具"菜单中的"毛刷"按钮 ，在视图中对头顶的毛发进行造型，造型过程中需要选择不同的毛发模式（"毛发模式"菜单中的按钮命令）来调整毛发，造型效果如图10-105所示。

图 10-105

05 与创建头顶毛发的操作相同，继续创建后脑的毛发。暂时隐藏头顶毛发与鬓发。单击上工具栏中的"实时选择"按钮 🔘，选取后脑区域的多边形，如图 10-106 所示。

06 单击"添加毛发"按钮 🔘 为所选的多边形区域添加毛发，属性参数设置如图 10-107 所示。

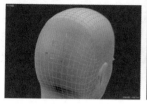 

图 10-106　　　　　　　图 10-107

07 在"毛发工具"菜单中单击"修剪"按钮 🔘，对毛发的引导线进行修剪，如图 10-108 所示。

图 10-108

08 单击"毛刷"按钮 ✏ 对毛发进行造型，如图 10-109 所示。显示隐藏的头顶毛发和鬓毛，最后可适当造型，获得最佳的发型效果，如图 10-110 所示。

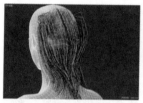 

图 10-109　　　　　　　图 10-110

09 选中"头顶毛发"对象，在属性面板的"毛发"选项卡中设置毛发的"数量"值，如图 10-111 所示。同理也对"后脑毛发"对象设置相同的毛发数量。

10 在"材质"管理器中对 3 种毛发（鬓发、头顶毛发和后脑毛发）的材质进行属性编辑，如图 10-112 所示。

图 10-111　　　　　　　图 10-112

11 执行"插件"| C4DtoA | Arnold Light | skydome_light 命令，为场景添加环境灯光。再执行"插件"|C4DtoA|IPR Windows 命令，可以在打开的阿诺德实时渲染窗口中查看头发的渲染效果，如图 10-113 所示。

> **提示：**
>
> 鉴于阿诺德插件不是本例的教学重点，关于灯光及材质的创建就不再介绍了，有关教程可以到相关网站中学习。

图 10-113

10.3.2　案例二：羽毛模拟

本例是利用 C4D 毛发系统中的"羽毛对象"工具模拟一根羽毛，模拟效果如图 10-114 所示。

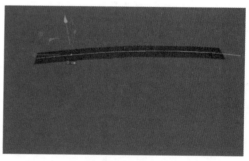

图 10-114

01 新建 C4D 文件。在上工具栏的"样条"工具列中单击"画笔"按钮 ✏，并在视图中绘制样条曲线，如图 10-115 所示。

02 在"毛发对象"菜单中单击"羽毛对象"按钮 🔘，创建羽毛对象。在"对象"管理器中拖动"样条"对象到"羽毛对象"对象中成为其子级，随后视图中可见样条曲线上"生长"了羽毛，如图 10-116 所示。

图 10-115　　　　　　　图 10-116

03 在"羽毛对象"对象的属性面板的"对象"选项卡的"间距"卷展栏中设置"羽支长度"值为800mm（注意，此值与绘制的样条曲线的长度有关），随之更新羽毛，如图10-117所示。

图 10-117

04 在"羽毛对象"属性面板的"形状"选项卡的"梗"卷展栏中调整"左"和"右"曲线表中的曲线形状，如图10-118所示。曲线中间的控制点可按住Ctrl键单击曲线进行添加，要编辑控制点的位置及方向，需要选中控制点再右击，从快捷菜单中选择"点模式"|"渐入渐出"命令即可。

图 10-118

05 在"截面"卷展栏中调整曲线表中的曲线形状，如图10-119所示。

图 10-119

06 最后在"曲线"卷展栏中调整曲线形状，设置曲线形状实际上设置的是羽支（表示单丝羽毛）相对于羽毛杆的角度，默认的角度是90°，羽支的生长方向一般是向羽毛尾方向倾斜的，调整曲线形状的效果如图10-120所示。

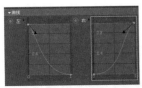

图 10-120

07 重新返回"对象"选项卡中，调整"间距"卷展栏、"置换"卷展栏和"间隙"卷展栏中的参数，可以得到比较理想的羽毛效果，如图10-121所示。

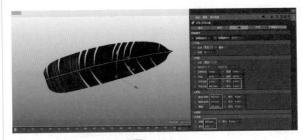

图 10-121

08 在上工具栏的"样条"工具列中单击"圆环"按钮，创建圆环对象。在上工具栏的"生成器"工具列中单击"扫描"按钮，创建扫描对象。在"对象"管理器中拖动"圆环"对象到"扫描"对象中成为其子级。复制"羽毛对象"对象中的"样条"子级对象到"扫描"对象中，并修改"圆环"子对象的"半径"值，如图10-122所示。

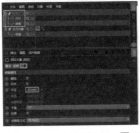

图 10-122

09 设置"圆环"子对象的"点插值方式"和"数量"值，如图10-123所示。设置"样条"子对象的"点插值方式"和"数量"值，如图10-124所示。

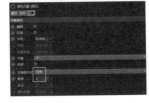 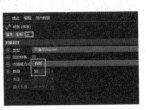

图 10-123　　　　　　　　图 10-124

10 选中"扫描"对象，在其属性面板的"对象"选项卡的"细节"卷展栏中调整缩放形状曲线，改变扫描对象（羽毛杆）的头部和尾部形状，如图10-125所示。

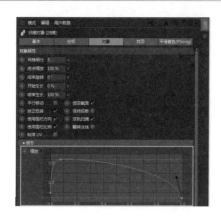

图 10-125

11 执行"渲染"|"区域渲染"命令，在视图中绘制一个矩形区域，可以快速渲染区域中的羽毛，如图 10-126 所示。关于材质的渲染，这里就不再赘述了。

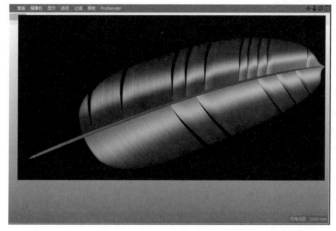

图 10-126

第11章

流体动力学模拟

流体动力学模拟是动力学模拟的一个分支，集成了机械动力学与粒子的模拟功能。在本章中，将介绍几款用于流体动力学模拟的高级插件，包括 RealFlow 流体插件、Burn Alert 火焰流体插件、TurbulenceFD 烟雾流体插件等。

知识分解：

- 制作水龙头流水效果
- 制作水花飞溅的效果
- 制作饮料广告动画
- 制作火柴棍燃烧与熄灭效果
- 制作航空炸弹爆炸效果

11.1　RealFlow 流体动力学模拟

RealFlow 是由西班牙 Next Limit 公司出品的流体动力学模拟软件。它是一款强大的流体模拟软件，可以计算真实世界中运动物体的运动，包括液体。RealFlow 提供给艺术家们一系列精心设计的工具，如流体模拟（液体和气体）、网格生成器、带有约束的刚体动力学、弹性、控制流体行为工作平台的波动和浮力。

RealFlow 软件可以独立使用，也可以作为 C4D 软件的插件来使用。

RealFlow for C4D 功能丰富，强大易用，是运行在 C4D R20 软件上的一款流体模拟插件，其强大的流体动力学引擎可以模拟出真实的水、瀑布、云雾、海洋等常见液体及气体现象，如图 11-1 所示。RealFlow 流体动力学模拟插件的安装与前面介绍的其他插件安装方法类似，这里就不再介绍安装过程。

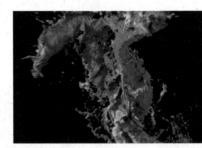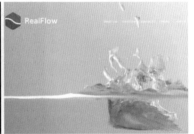

图 11-1

RealFlow 是一款独立运行的流体模拟软件系统，目前最新版本是 RealFlow 10，本章将会结合 RealFlow 10 汉化版软件介绍流体动力学模拟的相关案例。

11.1.1　案例一：制作水龙头流水的效果

在本例中，将会安装适用于 C4D R20 版本的 RealFlow CINEMA 4D V3.0 汉化插件。此插件可到 http://www.c4dcn.com/ 网站中下载。安装 RealFlow CINEMA 4D V3.0 汉化插件后在 C4D 软件窗口的菜单栏中显示 RealFlow 插件菜单，如图 11-2 所示。

> **提示：**
>
> 要想获得更为真实的渲染效果，建议大家使用 Octance Render 渲染插件。目前匹配 C4D R20 软件的 Octance 插件有 V4.0 demo 学习版，免费使用，但渲染的效果图中会有水印。
>
> 当然为了方便大家学习，可以下载匹配 C4D R19 软件的 Octance Renderer 3.07 中文版，此插件可通过搜索后下载。不过事先要安装 C4D R19 软件，此版本与 C4D R20 的功能界面相似。另外，匹配 Octance Renderer 3.07 运行的显卡版本不要太高。

本例是模拟打开水龙头后的流水效果，如图 11-3 所示。

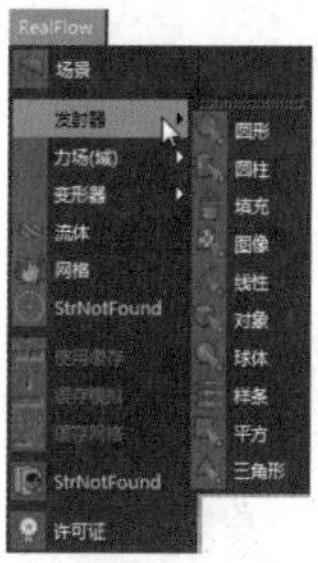

图 11-2

图 11-3

01 首先打开本例的源文件“盥洗台 .c4d”，接下来为水龙头的阀门开关创建动画。

02 在“对象”管理器中选中“阀门 -1”对象，在其属性面板的“坐标”选项卡中单击关键帧按钮◎，使其变成红色按钮◎。在动画时间栏中拖动时间滑块到 5F 位置，创建 5 秒的关键帧动画，如图 11-4 所示。

图 11-4

03 在视图中通过“旋转”操控器来旋转“阀门 -1”对象，按住 Shift 键旋转 90°，为 5 秒的关键帧动画添加动作，如图 11-5 所示。

04 随后到“阀门 -1”对象的属性面板“坐标”选项卡中单击关键帧按钮◎，使其变成红色按钮◎，随即完成了阀门的打开动画。在时间栏中拖动时间滑块至 0F 位置，单击“向前播放”按钮▷播放开关动画，如图 11-6 所示。

图 11-5

图 11-6

05 执行 RealFlow |“发射器”|“圆形”命令，创建圆形的流体发射器，如图 11-7 所示。

06 通过上工具栏中的“移动”和“缩放”工具（也可在“发射器”属性面板的“对象”选项卡中设置“宽度”值和“深度”值），缩放流体发射器的尺寸，并将位置调整到水龙头的流水口处，且流体发射方向朝上，如图 11-8 所示。

图 11-7

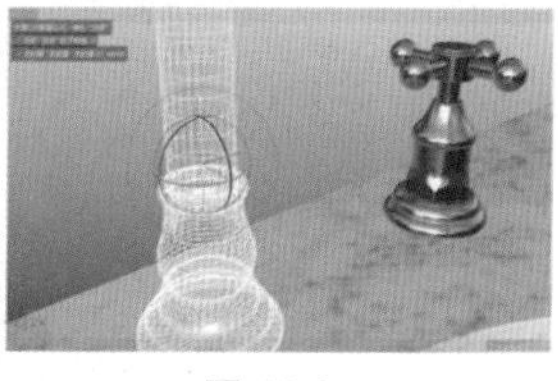

图 11-8

07 播放动画，发现液体径直朝上喷涌而出，并没有经过水龙头的水管，如图 11-9 所示。这需要为水龙头对象添加一个碰撞标签。

08 在“对象”管理器中右击“水龙头”对象，在弹出的快捷菜单中选择“RealFlow 标签”|“碰撞体”命令，添加一个“碰撞体”标签，如图 11-10 所示。

图 11-9

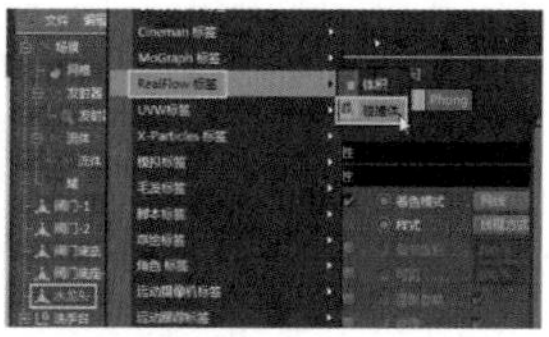

图 11-10

09 此时，再单击“向前播放”按钮▷，播放流体动画，水流沿着水管喷射而出，如图 11-11 所示。

10 但是流出的水直接穿过盥洗池，并没有容留在池内。在“对象”管理器中右键选中“洗手台”对象，为其添加“碰撞体”标签。再播放动画，得到比较满意的效果，如图 11-12 所示。

图 11-11

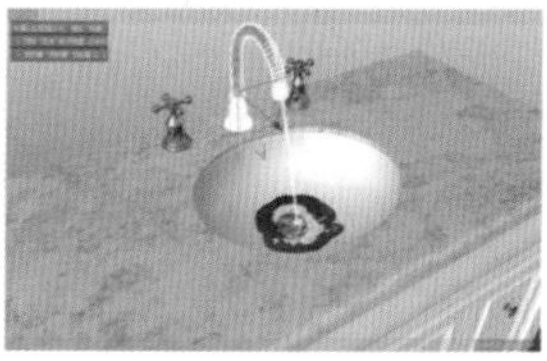

图 11-12

11 选中“发射器”子对象，修改其属性面板“发光”选项卡中的“速度”值为 90cm（可适当调节流速），如图 11-13 所示。

12 选中“流体”子对象，修改其属性面板“流体”选项卡中的“分辨率”值为 50，选择类型为“液体 -SPH”，如图 11-14 所示。

图 11-13

图 11-14

13 修改“洗手台”对象的“碰撞体”标签属性面板中的“反弹”值为 0.1，其余参数保持默认。

14 执行 RealFlow |“域场”|“重力”命令，为流体添加重力场，目的是为了让流出的水沉积在洗手池中，而不会四处飞溅。

15 执行 RealFlow | "网格"命令，为流体添加网格。此操作使流体（粒子流）变成可渲染的网格模型，如图 11-15 所示。

16 在"对象"管理器中选中"场景"对象，在其属性面板的"缓存"选项卡中单击"缓存模拟"按钮，创建缓存，如图 11-16 所示。

图 11-15　　　　　　　图 11-16

17 在"内容浏览器"管理器中通过"预置"库找到液体材质库文件，将命名为 water.3 的水材质选中并拖至视图中的流体网格对象上，完成水材质的赋予，如图 11-17 所示。

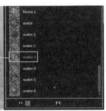

图 11-17

18 在上工具栏中单击"目标聚光灯"按钮，添加一盏聚光灯，并设置灯光强度，如图 11-18 所示。

图 11-18

19 单击"渲染活动视图"按钮，对场景进行渲染。最终的水龙头流水的渲染效果如图 11-19 所示。

图 11-19

11.1.2　案例二：制作水花飞溅的效果

本例是利用 RealFlow for C4D 插件模拟蹚水而引起的水花飞溅效果，如图 11-20 所示。

图 11-20

本例的水花飞溅效果的操作分为三步：首先是制作蹚水动画，然后制作地面上的沉积水，最后是制作水花飞溅的动画效果。

01 打开本例源文件"蹚水 .c4d"。

02 在"对象"管理器中分别为"脚部"对象和"地板"对象添加刚体模拟标签和碰撞体模拟标签。在"地板"对象的碰撞体模拟标签的属性面板中设置"反弹"和"摩擦力"参数，如图 11-21 所示。

03 在上工具栏的"对象"工具列中单击"立方体"按钮，创建立方体对象。立方体对象的尺寸为 X: 3500、Y: 500、Z: 3000，并调整立方体的位置，如图 11-22 所示。

图 11-21　　　　　　　图 11-22

04 单击左边栏中的"转为可编辑对象"按钮将立方体对象转为可编辑对象，切换到"多边形"模式后，删除立方体的上表面。

05 在"对象"管理器中删除立方体对象的上表面，如图 11-23 所示。

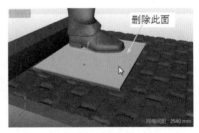

图 11-23

06 执行 RealFlow | "发射器" | "平方"命令，创建流体模拟的平方发射器。在顶视图中参考立方体对象将平方发射器缩放，然后在透视视图中将平方发射器移至立方体对象的上表面，如图 11-24 所示。

图 11-24

07 选中"流体"对象，设置其属性面板中的"分辨率"值为 200。选中"发射器"对象，在其属性面板的"发光"选项卡中设置"体积"为 100mm，如图 11-25 所示。

图 11-25

08 为立方体添加一个 RealFlow 的"碰撞体"模拟标签。同理，再为"脚部"对象和"地板"对象各添加一个 RealFlow 的"碰撞体"模拟标签，如图 11-26 所示。

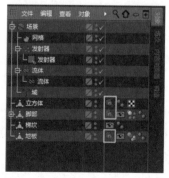

图 11-26

09 执行 RealFlow | "力场" | "重力"命令，为流体添加重力场。再执行 RealFlow| "网格"命令，为流体创建网格对象。同时，在视图中调整发射器对象的高度，如图 11-27 所示。

10 在动画工具栏中单击 ▷ 按钮播放动画，查看流体模拟情况，如图 11-28 所示。

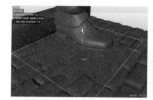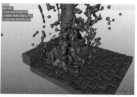

图 11-27　　　　　　图 11-28

11 从初次模拟的效果看，飞溅的水花效果有些夸张。接下来执行 RealFlow | "力场" | "水冠场"命令，添加"水冠场"对象。在视图中调整水冠场的大小和位置，然后设置其属性参数，如图 11-29 所示。

图 11-29

12 在"水冠场"对象的属性面板的"水冠形状"选项卡中，选中"编辑"复选框，然后在视图中拖动控制点来编辑水冠场的形状，如图 11-30 所示。

13 编辑"流体"对象的属性参数，如图 11-31 所示。

图 11-30　　　　　　图 11-31

14 单击"向前播放"按钮 ▷，播放流体模拟动画，效果很不错，如图 11-32 所示。

15 为人体下肢、地板、流体等对象赋予材质，最终渲染的效果如图 11-33 所示。

图 11-32　　　　　　图 11-33

11.1.3　案例三：制作饮料广告动画

本例通过制作饮料的广告动画，详解 RealFlow V10 独立渲染软件的动画制作和 Octance Renderer 渲染器的渲染流程。

饮料的广告动画效果如图 11-34 所示。

图 11-34

1. 创建流体模拟动画

01 打开本例源文件"脉动饮料瓶 .c4d"，如图 11-35 所示。

图 11-35

02 执行"插件"| RealFlow Connect |"RealFlow SD 文件导出"命令，弹出文件导出窗口。

03 首先单击 ▓▓ 按钮打开"保存文件"对话框，设置 SD 文件的保存路径和文件名称。单击 Add All（全部添加）按钮，将 Obiects（对象）列表中的所有对象添加到右侧的 Exported Obiects（导出对象）列表中。按 Shift 键选中所有对象并选择 vertex（顶点）选项，将所有对象选中后单击 Exported（导出）按钮，完成 SD 文件的导出操作，如图 11-36 所示。

04 启动 RealFlow 10 软件。在"几何体"选项卡中单击"导入"按钮 ▓，打开在 C4D 中导出的 SD 文件，如图 11-37 所示。

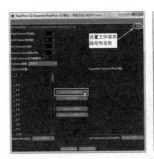
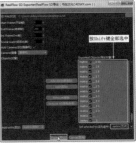

图 11-36

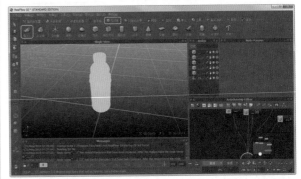

图 11-37

05 导入的 SD 文件自动转换成网格模型。在图形窗口中框选网格模型，在窗口左侧的工具栏中单击"平滑着色"按钮 ⚪，以平滑着色的显示样式来表现模型。

技术要点：

RealFlow 10 软件中的视图操控方式与 C4D 中的操控方式相同，按住 Alt 键单击拖曳鼠标可以旋转视图，按住 Alt 键单击鼠标中键拖曳可以平移视图，滚动鼠标中键的滚轮可以缩放视图。另外，如果觉得界面的字体很小，可执行"文件"|"首选项"命令，打开"首选项"对话框，在"常规"页面下单击右下角的"字体"按钮，在弹出的 Select Font 对话框中设置字体的大小，如图 11-38 所示。

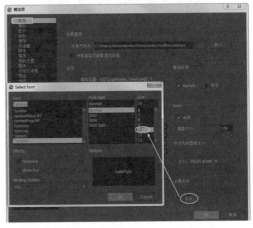

图 11-38

06 在"标准发射器"选项卡中单击"圆形"按钮，
创建圆形发射器。在左侧工具栏中分别单击"移动"按
钮和"旋转"按钮，对圆形发射器进行平移和旋转
操作，如图 11-39 所示。

图 11-39

07 单击软件窗口下方的"模拟"按钮，弹出保存项目的
RealFlow 对话框。输入项目名称并设定项目文件夹路径
后，单击"保存项目"按钮，开始模拟流体动画，如图
11-40 所示。模拟的效果如图 11-41 所示。

图 11-40

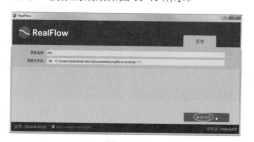

图 11-41

技术要点：

项目名称不能使用中文，可以是数字或英文，否则会影
响 C4D 导入 RealFlow 生成的网格文件。此外，项目文
件夹路径中，也不能有中文命名的文件夹。

08 如果不暂停模拟，水柱会一直"流"下去，事实上这
里仅是发射一段水柱而已，需要在 80 帧的位置截断水流。
当模拟时间超过 80 帧后，可以单击"暂停模拟"按钮暂
停模拟，然后在时间栏中拖动时间滑块到 80 帧的位置，
如图 11-42 所示。

图 11-42

技术要点：

流体粒子的发射量是由发射器的发射速度控制的。当发
射速度为 0 时，表示不再发射流体粒子。

09 在圆形发射器的属性面板的"发射器"选项卡的"圆形"
卷展栏中单击"速度"选项前面的按钮，使其变成红
心实圈，接着在时间栏上拖动时间滑块到 81 帧位置，
如图 11-43 所示。

图 11-43

10 拖动时间滑块后红心实圈会变成空心圈，返回"圆
形"卷展栏中将"速度"值设为 0，并单击空心圈按
钮变成，最后再向前拖动时间滑块，即可完成流体粒
子发射量的设定。播放模拟动画，可看到在 80 帧之后，
流体粒子就停止了发射，如图 11-44 所示。

图 11-44

11 如果还想重新编辑这个粒子发射的速度，可以右击"速
度"选项，在弹出的快捷菜单中选择 Edit Curve 命令，
在弹出的 RealFlow 对话框中编辑停止发射的起点速度与
终点速度，如图 11-45 所示。

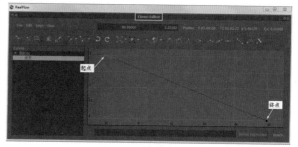

图 11-45

12 观看粒子发射动画后，发现流体粒子始终水平发射，而不会掉落在地面。所以，要在"粒子场"选项卡中单击"重力"按钮，添加一个重力场。再播放动画看重力效果，如图 11-46 所示。

图 11-46

13 从动画效果来看，流体粒子发射之初，粒子就受到重力作用直接往下掉，并没有发射到饮料瓶上。这需要通过控制受到重力时间来调节粒子在何时才受重力作用而往下掉。在重力属性面板的"重力"选项卡中右击"强度"选项，在弹出的快捷菜单中选择 Edit Curve 命令，在弹出 RealFlow 对话框中编辑重力强度的起点到终点的曲线，如图 11-47 所示。

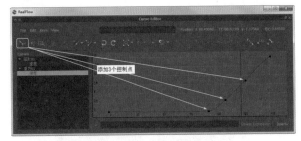

图 11-47

技术要点：

图 11-47 中的重力强度曲线的含义是：从 0 帧开始直到第 95 帧，重力强度为 0，这段时间内流体不受重力作用会水平发射粒子。接着从 95 帧开始到 150 帧，随着时间的推移，重力逐渐增加（增加到 15），直到流体完全掉落在地面。

14 调整好重力曲线后，关闭 RealFlow 对话框。单击"重置"按钮，再单击"模拟"按钮，可以看到发射的流体粒子按照发射器的速度曲线和重力场的重力强度曲线进行动态模拟，如图 11-48 所示。

图 11-48

15 再次调整圆形发射器的粒子参数，以此达到更佳的模拟效果，如图 11-49 所示。

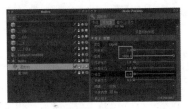

图 11-49

16 在"几何体"选项卡中单击"平面"按钮，添加一个平面几何体，目的是为了模拟地面。再次模拟后可见流体粒子全部停留在地面上，如图 11-50 所示。

17 在"网格"选项卡中单击"粒子网格（遗留）"按钮，创建粒子网格，如图 11-51 所示。

图 11-50   图 11-51

18 在粒子网格对象中，设置"圆形 01"子对象的属性参数，如图 11-52 所示。

19 设置粒子网格对象的"过滤"参数，如图 11-53 所示。

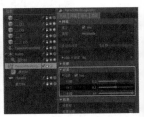

图 11-52   图 11-53

20 为了减少完成动作后那些不必要的帧文件，可以在时间栏中修改关键帧的帧数为 135。重新进行模拟，模拟效果如图 11-54 所示。

21 在对象管理器中选择在 RealFlow 中创建的几个对象，并单击左工具栏中的"设置所选对象导出"按钮，再执行"文件"|"保存项目"命令，将项目保存。保存的项目文件路径默认为 C:\Users\Administrator\Documents\realflow\scenes。

22 在 C4D 中，执行"插件"| RealFlow Connect |"RealFlow 网格导入"命令，然后导入先前保存的项目文件路径中 meshes 文件夹中的其中一个网格文件（每一个帧都会独立保存一个网格文件，共有 135 个网格文件）如图 11-55 所示。

图 11-54　　　　　　　　图 11-55

23 在 C4D 的时间栏中修改帧数为 135，然后播放动画，可以得到流体模拟效果，如图 11-56 所示。

图 11-56

2. 产品渲染

如果利用 C4D 的渲染器进行渲染操作，会消耗掉大量的内存，时间也很久。所以 Octance Renderer 渲染器是一个非常快速的渲染器，效果也非常理想。

01 进行渲染操作。在"材质"管理器中删除原有模型的材质。

02 在上工具栏的"对象"工具列中单击"平面"按钮 ⊞ 创建 4000cm×4000cm 的平面，用来模拟地板。

> **提示：**
>
> Octance Renderer 渲染器有专用的材质预设包，可到 C4D 学习论坛中下载，链接地址为 http://www.c4dcn.com/thread-13582.html。

03 在"内容浏览器"管理器中依次双击"预置"|_offline_Material-pack-Octane | Wood，进入 Wood（木材）材质库。拖动 Wood_Floor 材质到视图中的平面对象上，完成材质的赋予，如图 11-57 所示。

图 11-57

04 在"材质"管理器中执行"创建"|"着色器"|Octane|"Octane 材质"命令，新建一个 Octane 材质。双击此材质，在弹出的"材质编辑器"对话框中选择"镜面"材质类型，在"透明度"选项中设置纹理为"渐变"，设置后关闭此对话框，如图 11-58 所示。

图 11-58

05 将此材质重命名为"水材质"，并赋予场景视图中的流体粒子网格对象。

06 在 Octane 实时查看窗口中，执行"对象"|"Octane HDRI 环境"命令，添加 Octane 环境标签。

07 在 Octane 环境标签的属性面板中单击"图像纹理"按钮，如图 11-59 所示。

图 11-59

08 单击 ▭▭▭ 按钮，从本例源文件夹中选择 canada_montreal_thea.exr HDRI 环境贴图文件到当前场景中，如图 11-60 所示。

图 11-60

09 此时 Octane 实时查看窗口中可以看到环境贴图后的实时渲染效果，如图 11-61 所示。

> **技术要点：**
>
> 值得注意的是，必须先将活动视图切换为透视视图，否则不能看到 HDRI 环境贴图的效果，其他视图均不能渲染出 HDRI 环境效果。

10 从 Octane 材质的 Plastic 预置库中将蓝色塑料材质赋予瓶盖，将透明塑料材质赋予瓶身，将蓝色水材质（修改水材质，取消反射）赋予瓶子内的液体对象，实时渲染效果如图 11-62 所示。

图 11-61

11 再新建一个 Octane 材质（饮料标签），并在其属性面板中单击▇▇按钮，在本例源文件 "源文件 \Ch09\ 脉动饮料瓶 \tex" 路径下导入 "脉动包装 .png" 图片，如图 11-63 所示。

图 11-62   图 11-63

12 将新建的饮料标签材质赋予瓶身对象。选中瓶身对象的纹理贴图标签，在 "纹理标签" 属性面板中设置 "投射" 方式为 "柱状"，可见饮料贴图标签不在合理的位置，且有多个重叠的图像，如图 11-64 所示。

13 此时需要单独创建一个选择集，便于将饮料贴图标签贴在所选的多边形中。选中瓶身对象，设置为 "多边形" 选择模式，然后单击 "框选" 按钮▇选择如图 11-65 所示的多边形。

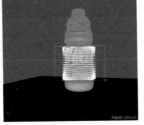

图 11-64   图 11-65

14 执行 "选择" | "设置选集" 命令，创建一个选集。新建的选集将会自动保存在纹理贴图标签后面，如图 11-66 所示。

图 11-66

15 选中纹理贴图标签，在其属性面板的 "选集" 选择框中，默认时没有任何选集。将上一步创建的选集拖至此选择框中，这时实时渲染窗口中的饮料标签就正常显示了，如图 11-67 所示。

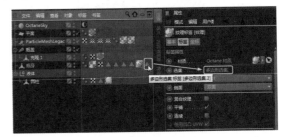

图 11-67

16 最终渲染完成的脉动饮料的效果，如图 11-68 所示。

图 11-68

11.2   TurbulenceFD 火焰与爆炸效果模拟

TurbulenceFD for C4D（简写为 TFD 插件）是一款搭载到 C4D 软件中的流体水墨烟雾特效插件，TurbulenceFD 模拟系统实现了一个基于黏性不可压缩 Navier Stokes（纳维 - 斯托克斯方程）方程的分析解算器，这意味着它使用一个立体像素网格，描述体积烟和火，解决了流体运动的网格方程。

本例将使用能结合 C4D R20 软件的 TurbulenceFD for C4D V1.0 汉化版插件，该插件的安装方法与其他插件的安装方法一致。

下面以几个实战案例来详解此插件的功能和应用范围。

11.2.1　案例一：制作火柴棍燃烧与熄灭效果

本例结合 C4D 软件和 TurbulenceFD for C4D 插件的功能，制作火柴点燃和熄灭的动画效果，如图 11-69 所示。

图 11-69

整个制作过程分火焰模拟和烟雾模拟两部分，下面介绍详细制作过程。

1. 火焰模拟

01 启动 C4D R20，打开本例源文件"火柴棍 .c4d"。

02 执行"插件"| TurbulenceFD |"TurbulenceFD 容器"命令，创建一个 TurbulenceFD 粒子容器，然后调整容器的位置和大小，如图 11-70 所示。

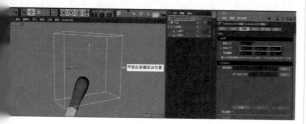

图 11-70

03 在"对象"管理器中将"TurbulenceFD 容器"对象拖至底部使其变成第一个对象，便于在模拟过程中控制其他对象，如图 11-71 所示。

图 11-71

04 在"TurbulenceFD 容器"对象的属性面板"模拟"选项卡的"温度"卷展栏中取消选中"激活"复选框，在"密度"卷展栏中选中"激活"复选框，在"燃烧"卷展栏中选中"激活"复选框，如图 11-72 所示。

图 11-72

05 执行"插件"| TurbulenceFD |"模拟窗口"命令，打开模拟窗口。在该窗口中选择"交互式"模拟类型，然后单击"开始"按钮，如图 11-73 所示。打开模拟窗口的目的是为了方便观察火焰的燃烧效果。

图 11-73

06 在"对象"管理器中选中"TurbulenceFD 容器"对象，在其属性面板的"窗口预览"选项卡中，设置"通道"与"着色器"选项，如图 11-74 所示。

图 11-74

技术要点：

TurbulenceFD 的模拟可以选择 CPU（计算机的 CPU），也可以选择 GPU（显卡），选择显卡要比选择 CPU 进行模拟和渲染的速度快数倍。但利用 GPU 进行模拟，需要匹配较高性能的显卡。如图 11-75 所示为选择 GPU 模拟所出现的错误提示。

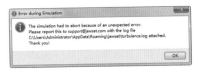

图 11-75

07 在 "对象" 管理器中选中 "火柴头" 对象, 右击添加 TurbulenceFD Emitter 标签, 如图 11-76 所示。

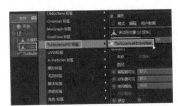

图 11-76

08 选中 TurbulenceFD Emitter 标签, 在其属性面板中设置 "基本" "力学" 和 "通道" 等卷展栏的选项及参数, 如图 11-77 所示。

图 11-77

09 编辑 "TurbulenceFD 容器" 对象的属性面板的 "模拟" 选项卡的 "燃烧" 卷展栏中的属性值, 如图 11-78 所示。此时可在视图中看到火柴点燃后的火焰效果, 如图 11-79 所示。

图 11-78　　　　图 11-79

10 编辑 "TurbulenceFD 容器" 对象的属性面板的属性参数。在 "渲染" 选项卡的 "火焰着色" 卷展栏中设置 "通

道" 选项, 如图 11-80 所示。

图 11-80

11 在上工具栏中单击 "编辑渲染设置" 按钮 , 设置渲染器类型为 "物理", 如图 11-81 所示。

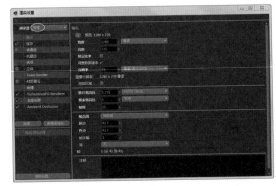

图 11-81

12 在上工具栏的 "灯光" 工具列中单击 "目标聚光灯" 按钮 , 创建聚光灯。设置火柴头对象为聚光灯的目标对象, 如图 11-82 所示。

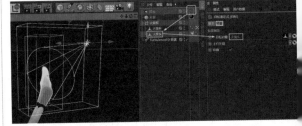

图 11-82

13 在上工具栏中单击 "渲染到图片查看器" 按钮 , 查看火焰的渲染效果, 如图 11-83 所示。

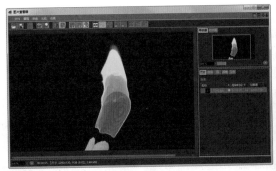

图 11-83

2. 烟雾模拟

01 执行"插件"| TurbulenceFD |"预览流体容器"命令，打开流体模拟的预览窗口，以便随时观察烟雾的模拟情况。

02 在"TurbulenceFD 容器"对象的属性面板"渲染"选项卡的"烟雾着色"卷展栏中，设置烟雾映射的"通道"选项，此时流体模拟预览窗口中显示烟雾预览，如图 11-84 所示。

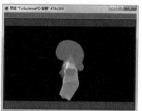

图 11-84

03 重新进行模拟。在模拟窗口中选择"缓存"模拟类型，单击"开始"按钮，创建从 0 帧到 150 帧的模拟动画（模拟过程到 90 帧时可以暂停）。

04 将时间滑块拖至 70 帧位置，在 TurbulenceFD Emitter 标签的属性面板"流体发射"选项卡的"力学"卷展栏中单击"定向力度"选项前面的 ◎ 按钮，使其变成 ◎，拖动时间滑块向前 1 帧或 2 帧，然后修改一个参数（修改为 60mm，此过程中 ◎ 变成 ◎），再单击 ◎ 按钮变成 ◎，如图 11-85 所示。

图 11-85

05 拖动时间滑块再向前 2~3 帧，修改定向力度的 3 个参数值均为 0，然后单击 ◎ 按钮变成 ◎。

06 至此，可以单击"开始"按钮重新生成动画，会发现

动画播放到 100 帧时，定向力度的作用基本失效，这说明了并非立刻熄灭，而是缓慢熄灭。

07 在"通道"卷展栏中单击"燃料值"选项前的 ◎ 按钮变成 ◎，再拖动时间滑块返回第 85 帧，此时 ◎ 变成 ◎，接着拖动时间滑块向前 5 帧，然后修改燃料值从 1 到 0，并单击 ◎ 按钮变成 ◎，如图 11-86 所示。

08 单击模拟窗口中的"开始"按钮，播放由点燃到熄灭的动画，如图 11-87 所示。

图 11-86　　　　　图 11-87

09 如果火焰熄灭的效果没有按预期设定来完成，也就是说有可能会在后面的关键帧有重燃的可能性。可以右击 ◎ 按钮，选择快捷菜单中的"动画"|"显示函数曲线"命令，在弹出的"时间线窗口"窗口中手动编辑各关键帧位置上的燃料值参数，如图 11-88 所示。图中时间线的含义是：从第 85 帧到 95 帧，燃料（拖动时间线上的控制点）值逐渐降低到 0，从 95 帧到最后，为了避免重燃，将燃料值设为负数，这样就能保证在第 95 帧时火焰必定会熄灭。

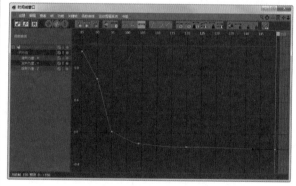

图 11-88

10 火焰在 95 帧时熄灭了，实际上是会产生烟雾的。与设定火焰熄灭的操作方法相同，首先将时间滑块拖至 90 帧位置（虽然是 95 帧火焰才完全熄灭，但要提前产生局部烟雾），然后在"通道"卷展栏中单击"密度值"选项前的 ◎ 按钮，使其变成 ◎。向前拖动时间滑块至 95 帧，◎ 变成 ◎。接着输入密度值为 10，单击 ◎ 按钮再次变成 ◎，将时间滑块拖至 120 帧，最后修改密度值为 0，并单击 ◎ 按钮使其变成 ◎，最后在模拟窗口中单击"开始"按钮重新生成模拟。为了让密度值的变化更接近于

真实，可以右击 按钮，在弹出的快捷菜单中选择"动画" | "显示函数曲线"命令，弹出"时间线窗口"窗口，手动编辑密度值的时间线，如图 11-89 所示。

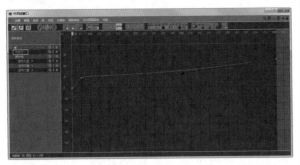

图 11-89

11 火焰与烟雾是不能同时在视图中显示的，只能通过"预览'TurbulenceFD 容器'"窗口来预览，如图 11-90 所示。

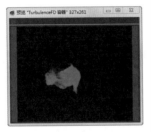

图 11-90

12 要想在视图中单独显示烟雾，需要在"TurbulenceFD 容器"对象的属性面板的"窗口预览"选项卡中设置"通道"和"着色器"选项，如图 11-91 所示。但这样设定以后，视图中就不再显示火焰了。

图 11-91

13 火焰与烟雾的动画模拟完成后，还要为场景添加一盏灯，这样在渲染时能清楚地看见火柴棍。在上工具栏中单击"灯光"按钮 ，添加一盏泛光灯，如图 11-92 所示。

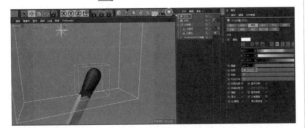

图 11-92

14 接下来进行动画的输出与渲染。在上工具栏中单击"编辑渲染设置"按钮 ，在弹出的"渲染设置"窗口中设置"输出"选项，如图 11-93 所示。接着设置"保存"选项，如图 11-94 所示，设置完成后关闭此窗口。

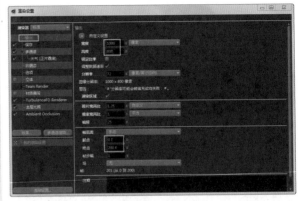

图 11-93

图 11-94

提示：

最后为了让更多帧来显示烟雾，可以将帧数扩大为 200 帧，但需要重新"开始"模拟。

15 最后在上工具栏中单击"渲染到图片查看器"按钮 ，完成火柴的燃烧与熄灭动画效果的渲染与输出。打开输出的模拟视频，观看火柴燃烧和熄灭的效果，如图 11-95 所示。

图 11-95

11.2.2　案例二：制作航空炸弹爆炸效果

本例将会利用 NitroBlast 破碎插件、C4D 的粒子发射器和 TurbulenceFD for C4D 插件来完成航空炸弹掉落地面的爆炸效果。爆炸后会产生大量的火焰与烟雾，效果如图 11-96 所示。

图 11-96

整个炸弹爆炸效果的制作流程分 3 部分：模拟炸弹爆炸效果、模拟火焰效果和模拟烟雾效果。

1. 模拟炸弹爆炸效果

01 打开本例源文件 "航空炸弹 .c4d"，如图 11-97 所示。

02 在上工具栏的 "对象" 工具列中单击 "平面" 按钮，创建一个 100cm×100cm 的平面对象。

03 将 "炸弹" 对象向上平移一定的距离，如图 11-98 所示。

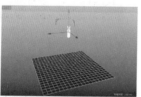

图 11-97　　　　　　图 11-98

04 选中 "炸弹" 对象，执行 NitroBlast | NitroBlast2Main 命令，打开 NitroBlast2.02 对话框。设置如图 11-99 所示的选项与参数，单击 Fracture 按钮，创建 "炸弹" 对象的分裂。创建炸弹分裂后会自动为分裂的对象添加一个刚体标签。

图 11-99

05 选中 "平面" 对象并右击，为其添加一个 "碰撞体" 模拟标签，然后编辑这个模拟标签的属性参数，如图 11-100 所示。

06 在动画工具栏中单击 "向前播放" 按钮▷，播放炸弹掉落在地面后爆炸裂开的动画效果，如图 11-101 所示。在观察爆炸效果时，注意炸弹碎片产生的时间帧，大致在第 10 帧。这个时间帧由向上平移炸弹对象的高度来决定。距离平面（用于模拟地面）越远，碎片产生的时间就越往后，反之，则靠前。所以此时间帧位置不是固定的。

图 11-100　　　　　　图 11-101

2. 模拟火焰效果

01 执行 "模拟" | "粒子" | "发射器" 命令，创建粒子 "发射器" 对象。

02 设置 "发射器" 对象属性面板的 "粒子" 选项卡和 "发射器" 选项卡中的参数及选项，如图 11-102 所示。

图 11-102

03 在视图中将粒子发射器对象进行旋转、平移等操作，以保证基于平面的法线方向发射粒子，如图 11-103 所示。

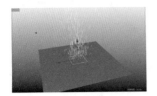

图 11-103

04 在"对象"管理器中右击"发射器"对象，然后在弹出的快捷菜单中选择"TurbulenceFD 标签"| TurbulenceFD Emitter 命令，为粒子发射器添加一个 TurbulenceFD Emitter 标签，让粒子发射器能发射出流体粒子。

05 将时间滑块拖至第 11 帧位置，在 TurbulenceFD Emitter 标签的属性面板的"流体发射"选项卡中设置"基本"卷展栏中的"半径"值为 5，并单击 ⊖ 按钮使其变成 ⊙。拖动时间滑块至第 20 帧位置，使 ⊙ 变成 ⊙，最后修改"半径"值为 1，并单击 ⊙ 按钮变成 ⊙ 完成粒子半径的设置，如图 11-104 所示。

图 11-104

06 在"通道"卷展栏中设置"燃料值"和"燃烧值"，如图 11-105 所示。粒子发射器不会独立发射出火焰粒子，需要与 TurbulenceFD 粒子容器配合才能模拟出火焰。

07 执行"插件"| TurbulenceFD |"模拟窗口"命令，打开模拟窗口。将此窗口固定在"属性"面板之下。

08 执行"插件"| TurbulenceFD |"TurbulenceFD 容器"命令，创建一个"TurbulenceFD 容器"对象，如图 11-106 所示。

> **提示：**
>
> 创建 TurbulenceFD 粒子容器后，要将发射器和粒子容器对象拖至底部。

图 11-105

图 11-106

09 在视图中调整容器的位置，如图 11-107 所示。

10 下面逐一介绍"TurbulenceFD 容器"对象属性面板中的"模拟""窗口预览"和"渲染"等选项卡的属性选项及参数。首先在"模拟"选项卡的"定时"卷展栏中设置参数及选项，如图 11-108 所示。

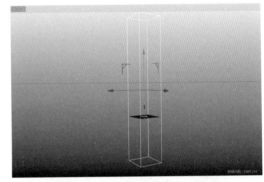

图 11-107

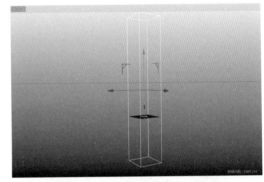

图 11-108

> **提示：**
>
> "定时"卷展栏中的"从"参数要与粒子发射器的发射时间保持一致。而"到"参数就是整个爆炸所需的动画时间帧。这个值可以是 100 帧，也可以是 120 帧，尽量保证覆盖爆炸后从产生火焰到变成烟雾散尽的整个过程，否则最后的效果会不理想。

11 在"风"卷展栏中设置一个"风向"值和"风速"值，表示在有风的环境下进行的爆炸试验。再在"湍流"卷展栏中设置湍流参数，如图 11-109 所示。

12 在"温度"卷展栏中设置温度参数，在"密度"卷展栏中设置密度参数，如图 11-110 所示。

13 在"燃料"卷展栏和"燃烧"卷展栏中设置燃料参数和燃烧参数，如图 11-111 所示。

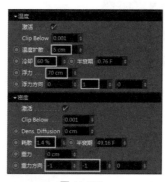

图 11-109   图 11-110   图 11-111

14 在"窗口预览"选项中设置如图 11-112 所示的选项。

15 在"渲染"选项卡中的"烟雾着色"卷展栏中设置选项与参数，如图 11-113 所示。在"渲染"选项卡的"火焰着色"卷展栏中设置选项及参数，如图 11-114 所示。

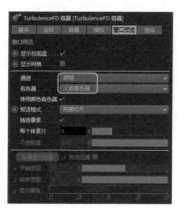

图 11-112   图 11-113   图 11-114

16 设置粒子容器的属性后，在模拟窗口中选择"缓存"类型，单击"开始"按钮，第一次模拟炸弹爆炸产生的火焰效果，如图 11-115 所示。

3. 模拟烟雾效果

> **提示：**
>
> 可以看出第一次的模拟效果很不错，但是仅产生了火焰没有烟雾，这在现实中属于不太可能的情况。但是在一个粒子容器中是不能同时显示火焰和烟雾的，所以需要建立不同的容器和粒子发射器来模拟烟雾，因为烟雾与火焰应该是同时产生的。火焰的产生过程是：小火焰 → 大火焰 → 逐渐消亡。而烟雾的产生过程是：小烟雾 → 大烟雾 → 逐渐消亡。虽然两者的产生的时间相同，但消亡的时间却不同。

01 由于烟雾与火焰产生的过程与开始时间是相同的，可以直接复制模拟火焰的"发射器"对象和"TurbulenceFD 容器"

对象，作为烟雾的模拟对象。复制后，要将模拟烟雾的粒子容器拖至模拟火焰的粒子容器之上，不然模拟的烟雾会将火焰完全遮挡，如图 11-116 所示。

图 11-115　　　　　　图 11-116

02 修改模拟烟雾的"TurbulenceFD 容器 .1"对象，进行属性选项及参数修改。选中"TurbulenceFD 容器 .1"对象，在其属性面板中的"模拟"选项卡的"密度"卷展栏中修改参数，如图 11-117 所示。

图 11-117

03 在"窗口预览"选项卡中设置"通道"及"着色器"选项，如图 11-118 所示。

图 11-118

04 在模拟窗口中单击"开始"按钮，重新模拟火焰与烟雾，效果如图 11-119 所示。

05 从模拟的结果来看，火焰持续发射，并没有减弱的迹象，这是不合常理的。所以，接下来重新编辑模拟火焰的"发射器"对象的 TurbulenceFD 发射器标签。

06 将时间滑块拖至第 75 帧处，在 TurbulenceFD 发射器

标签的属性面板的"通道"卷展栏中单击"燃料值"选项前的 ⊙ 按钮使其变成 ⊙。拖动时间滑块至第 90 帧处，此时修改燃料值为 0，并单击 ⊙ 按钮变成 ⊙。为了保证燃料值的函数曲线符合火焰燃烧的真实情况，右击 ⊙ 按钮，在弹出的快捷菜单中选择"动画" | "显示函数曲线"命令，打开"时间线窗口"窗口。在窗口中编辑时间线，如图 11-120 所示。

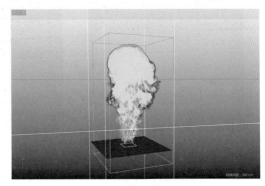

图 11-119

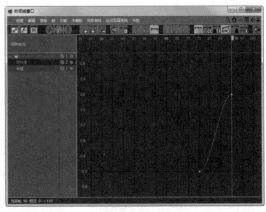

图 11-120

07 在模拟窗口中单击"开始"按钮，重新生成流体模拟。播放动画，可见火焰和烟雾所产生的效果就很逼真了，如图 11-121 所示。

图 11-121

12.1 MoGraph 运动图形简介

MoGraph 也就是运动图形，它是 C4D 的一个特效制作模块，它提供了一种全新的思维方式，是 C4D 制作场景特效的利器。它可以将类似矩阵式的制图模式变得极为简单、有效且方便。例如，一个几何体对象，经过非常规的排列与组合后，再配合各种效果器和变形器的辅助使用，单调的图形也会有不可思议的效果。如图 12-1 所示就是利用 MoGraph 的效果器制作的壮观动画图形。

C4D 的运动图形工具主要包括各种效果器、变形器和克隆工具。运动图形工具在"运动图形"菜单中，如图 12-2 所示。

图 12-1

图 12-2

MoGraph 运动图形的制作是基于克隆对象的，运动图形的创建过程是使用 MoGraph 克隆工具将几何体对象先创建一个副本群体，接着通过 MoGraph 效果器或变形器为群体内的对象制订一些规则，让群体内的对象按照这个规则进行运动。

12.2 克隆工具

"运动图形"菜单中的克隆工具可用来创建对象的副本和阵列，下面逐一介绍克隆工具的含义及基本应用方法。

12.2.1 克隆 ☼

"克隆"工具用来创建几何体对象的复制工具。将对象克隆到其他对象的顶点上，或排列到样条线上，以便使这些对象可以受到各种效果器的影响。

动手操作——创建克隆对象

01 在上工具栏的"对象"工具列中单击"球体"按钮 ⊕，创建一个半径为 50mm 的球体。

02 执行"运动图形"|"克隆"命令，创建"克隆"对象。在"对象"管理器中将"球体"对象拖至"克隆"对象中成为其子级，如图 12-3 所示。

第 12 章

运动图形的特效模拟

C4D 中的运动图形模块 MoGraph，可以将任何对象用运动图形的特殊功能制作成运动特效。本章将以案例的形式详细介绍运动图形在动画制作中的实际运用方法。

知识分解：

- MoGraph 运动图形简介
- 克隆工具
- 效果器
- 运动图形的变形器

03 在"克隆"对象的属性面板的"对象"选项卡中有 5 种排列模式：对象、线性、放射、网格排列和蜂窝排列，各含义介绍如下。

- 对象模式：以几何体对象或样条对象作为排列的参考，按照参考对象中的顶点来排列原始对象。
- 线性模式：将原始对象进行单一直线排列，如图 12-4 所示。

图 12-3

图 12-4

- 放射模式：将原始对象以径向方向进行圆周排列，如图 12-5 所示。
- 网格排列：以类似网格的方式排列原始对象，可用来实现如图 12-6 所示的效果。

图 12-5

图 12-6

- 蜂窝排列：将原始对象以蜂窝状进行排列，如图 12-7 所示。

04 选择"对象"模式，需要创建一个参考对象。在"对象"工具列中单击"圆柱"按钮，创建一个"高度分段"值为 3、"旋转分段"值为 12 的"圆柱"对象，如图 12-8 所示。

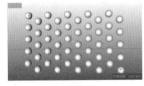

图 12-7

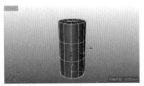

图 12-8

05 选中"克隆"对象，拖动"圆柱"对象到"克隆"对象属性面板的"对象"选项卡的"对象"选择框中，在"分布"下列列表中选择"顶点"选项，随后原始的球体对象排列在圆柱体的各顶点上，如图 12-9 所示。

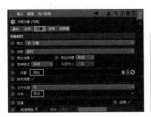

图 12-9

12.2.2 矩阵

"矩阵"工具其实是"克隆"工具的一个特例，所起到的部分效果与"克隆"对象属性面板中的克隆模式相同。矩阵工具可以独立创建对象，而不会像克隆工具那样需要创建原始对象。单击"矩阵"按钮创建"矩阵"对象，在其属性面板的"对象"选项卡中，默认的排列模式是"网格排列"，其余的排列模式与"克隆"对象的排列模式完全相同。

"矩阵"工具创建正交矩阵，而不是创建克隆。在创建的"矩形"对象的属性面板中，可选择"外形"列表中的外形选项来创建不同外形的矩阵，如图 12-10 所示。

- 立方：选择此外形，将创建立方矩阵，如图 12-11 所示。通过在"数量"选项的 3 个文本框中设置矩阵参数，可生成不同的矩阵排列，如图 12-12 所示。

图 12-10

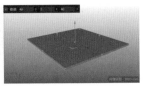

图 12-11

- 球体：选择此外形，将生成球体外形的矩阵，如图 12-13 所示。

图 12-12

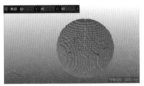

图 12-13

- 圆柱：选择此外形，将生成圆柱外形的矩阵，如图 12-14 所示。

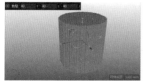 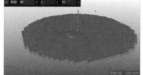

图 12-14

- 对象：选择此外形，将参考对象拖入"对象"选择框后，按照参考对象的外形来创建矩阵，如图 12-15 所示。

 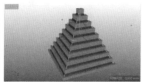

参考对象　　　　　　生成的矩阵

图 12-15

12.2.3 分裂

"分裂"工具可将原始对象（子级对象）分裂为相连或无关联的多个对象。可把每一个分裂的对象当作一个克隆体，通过给这些克隆体添加效果器以产生影响。

动手操作——创建运动图形的"分裂"效果

01 打开本例源文件"12-1.c4d"，这是一个人头模型，如图 12-16 所示。

02 在左工具栏中单击"多边形"按钮，然后全选所有多边形并右击，单击快捷菜单中的"断开连接"选项后面的，弹出"断开连接"对话框。取消选中"保持群组"复选框，单击"确定"按钮完成多边形的连接，如图 12-17 所示。

图 12-16　　　　　　图 12-17

03 默认情况下，多边形曲面是连接在一起的，只要移动一个多边形，其他多边形会一起移动，如图 12-18 所示。在断开连接操作之后，再选择一个多边形进行移动，该多边形与其他多边形不再连接，如图 12-19 所示。

04 断开连接后的多边形之间不再保持平滑效果。执行"运动图形"|"分裂"命令，创建分裂对象，然后将人头的

多边形对象拖入分裂对象中，成为其子级。

 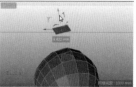

图 12-18　　　　　　图 12-19

05 再执行"运动图形"|"效果器"|"随即"命令，添加一个随机效果器。将随机效果器对象拖至分裂对象的属性面板的"效果器"选项卡中，如图 12-20 所示。在"对象"选项卡中设置分裂模式为"分裂片段"，可见到人头多边形被分裂，如图 12-21 所示。

 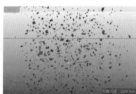

图 12-20　　　　　　图 12-21

12.2.4 破碎

"破碎"工具是将几何体对象进行多边形分裂，分裂成较小的块，如图 12-22 所示。

图 12-22

"破碎"工具的用法与"分裂工具"相同。不能一次性将对象分裂成所需的块数，需要多次使用"破碎"工具才能进一步破碎，如图 12-23 所示。

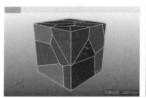 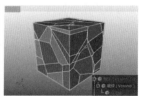

图 12-23

正因为如此烦琐的操作，因此在模拟鸡蛋破碎效果的案例中，才使用了高效的 NitroBlast 破碎插件，将鸡蛋壳进行破碎分裂。

12.2.5 实例

"实例"工具不是用来创建副本实例的，主要用于制作动画的拖尾效果，也就是只有在运动过程中才会显示此效果。

动手操作——创建运动图形的"拖尾"效果

01 新建 C4D 场景文件。在上工具栏中单击"立方体"按钮⬜，创建一个默认尺寸的立方体对象。

02 执行"运动图形"|"实例"命令，创建运动图形的"实例"对象，此时，在"实例"对象的属性面板的"对象"选项卡中，系统自动将立方体对象作为对象参考，如图12-24 所示。

03 在"实例"对象属性面板的"坐标"选项卡中，单击 P.X 选项（X 轴的坐标位置）前的◎按钮，开始记录关键帧。在时间栏中将时间滑块拖至 90 帧的位置，然后在视图中拖动 X 轴向前平移，如图12-25 所示。

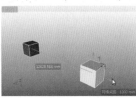

图 12-24 图 12-25

04 返回属性面板中单击◎按钮变成◎，完成立方体对象的平移动画制作。播放平移动画，即可看到立方体在运动过程中产生了多个实例且会一起跟随运动，如图12-26 所示。

> **技术要点：**
>
> 实例的个数由"对象"选项卡中的"历史深度"值来决定，实例之间的间距由 90 帧内平移的总距离来决定。也就是说，平移的距离越长，实例之间的间距就越大。

05 若想产生从大到小的这种拖尾效果，需要添加"步幅"效果器。执行"运动图形"|"效果器"|"步幅"命令，添加"步幅"效果器。修改"步幅"效果器的属性参数（修改"参数"选项卡中的"缩放"值为-1），重新播放动画，就会看到立方体对象的多个实例呈由大到小排列，如图12-27 所示。

12.2.6 文本

运动图形中的"文本"工具与"样条"工具列中的"文本"工具有本质上的不同，前者直接创建出具有厚度的文本实体，而后者只能创建出文本样条曲线。此外，运动图形的"文本"工具可以很方便地对字符串中的单个字符进行编辑，而有样条文本创建的挤压实体则不具备此功能。

图 12-26 图 12-27

由运动图形中的"文本"工具创建的文本对象，更容易受到效果器的影响，如创建文字动画效果。

动手操作——创建运动图形的"文本"动画

01 新建 C4D 场景文件。

02 执行"运动图形"|"文本"命令，创建文本对象。在文本对象的属性面板的"对象"选项卡中输入文本，并设置其他参数，如图12-28 所示。创建的文本如图12-29 所示。

图 12-28 图 12-29

03 执行"运动图形"|"效果器"|"公式"命令，添加公式效果器。此时，这个公式效果器会被自动添加到文本对象的属性面板的"字母"选项卡中，也就是说文字中的各个字母产生了公式效果变化。播放动画效果可见基于字母的公式效果变化，如图12-30 所示。

图 12-30

04 在"字母"选项卡的"效果"选择框中，单击公式效

果器后的 ✓ 按钮，变成 ✕ ，意思是关闭字母效果。将"公式"效果器对象拖入"全部"选项卡的"效果"选择框中，再次播放动画，文本对象将以整体运动的方式进行变化，如图 12-31 所示。

图 12-31

05 关闭"全部"选项卡中的公式效果器。将"公式"效果器对象拖入"网格范围"选项卡的"效果"选择框中。重新播放动画，文本对象将以网格范围（中文字与英文字分属不同网格形式）的方式进行变化，如图 12-32 所示。

图 12-32

12.2.7　追踪对象

利用"追踪对象"工具可以追踪对象在运动过程中所形成的轨迹，再以轨迹来生成样条曲线。此工具也可以创建出运动图形的拖尾效果。

动手操作——创建运动图形的"追踪对象"效果

01 新建 C4D 场景文件。

02 在上工具栏中单击"球体"按钮，创建球体对象。

03 执行"运动图形"|"追踪对象"命令，创建运动图形的追踪对象。而球体对象会自动添加到追踪对象属性面板的"追踪连接"选择框中，如图 12-33 所示。

04 拖动时间滑块到 0 帧。在"对象"管理器中选中球体对象，在其属性面板的"坐标"选项卡中单击 P.X 选项前的 ○，变成 ◉ 后记录关键帧。拖动时间滑块到 90 帧位置，再到视图中拖动 Z 轴平移球体对象，并单击 ◉ 按钮变成 ○，记录球体对象最终位置的关键帧。播放动画，可以看见球体对象在运动过程中产生轨迹，如图 12-34 所示。

05 默认情况下，追踪对象的轨迹在渲染时是看不见的，要想看见追踪的轨迹，需要创建扫描对象。

图 12-33　　　　　图 12-34

06 在上工具栏的"样条"工具列中单击"圆形"按钮，创建半径为 10mm 的圆形。接着在上工具栏的"生成器"工具列中单击"扫描"按钮，创建扫描对象。将"圆环"对象和"追踪对象"一并拖入"扫描"对象中成为其子级，可以看见渲染的效果中，已经清晰地看到运动轨迹，如图 12-35 所示。

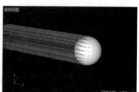

图 12-35

12.2.8　运动样条

"运动样条"工具是一个可以制作很多奇妙变化的样条效果工具，再结合效果器，可以做出各种生长动画效果。例如植物的生长、花儿开放、窗纹图案等特效，如图 12-36 所示。

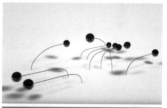

图 12-36

12.2.9 3个克隆工具

"运动图形"菜单中的3个克隆工具,其作用与"克隆"工具的3种模式(线性模式、放射模式和网格排列模式)相同。但这3个克隆工具是具有反复执行"克隆"命令功能的重复工具。例如,执行"运动图形"|"线性克隆工具"命令后,在视图中任意位置单击,放置克隆对象的中心点,而且可以反复单击来放置多个克隆对象中心点,如图12-37所示。

图 12-37

如果事先利用"克隆"工具创建一个克隆对象,那么,再执行"运动图形"|"线性克隆工具"命令,视图中会创建克隆对象的线性排列克隆的集合,这里以克隆对象的中心点来表示,如图12-38所示。同理,其余两个克隆工具也是相同的操作。

图 12-38

12.2.10 运动图形的其他工具

"运动图形"菜单中还包括"隐藏选择""切换克隆/矩阵""运动图形选集"和"Mograph 权重绘制画笔"等工具,它们的含义如下。

- 运动图形选集:利用此工具,可以创建运动图形的选集,以用于效果器。也就是说,效果器将会作用在运动图形的选集中。可以创建运动图形选集的对象包括克隆对象、矩阵对象、分裂对象、文本对象、破碎对象等。创建运动图形选集的过程是:先创建几何体对象,再创建克隆对象,在视图中选中克隆对象,最后执行"运动图形选集"命令,即可完成运动图形选集的创建,创建的运动图形选集以 标记形式存在标签列表中,如图12-39所示。

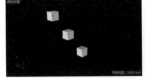

图 12-39

- 隐藏选择:此工具可以隐藏克隆对象,仅当创建了运动图形选集标签后才可以使用。
- 切换克隆/矩阵:如果视图中已有克隆对象和矩阵对象,可以利用此工具来切换显示与隐藏。用法是:在"对象"管理器中先选中克隆对象或矩阵对象,然后执行"运动图形"|"切换克隆/矩阵"命令,将所选对象隐藏或显示(一般是先隐藏再显示)。
- Mograph 权重绘制画笔:此工具可将权重(对象受到效果器或变形器的影响程度)通过画笔的形式显示在运动图形上,如图12-40所示。权重也可以通过设置运动图形的属性来显示,如图12-41所示。权重以点的形式表示,权重为0时显示红色,为100%时显示为黄色。

图 12-40   图 12-41

12.3 效果器

效果器不是单独使用的工具,它是基于几何体对象、对象点、对象多边形或克隆对象的,也就说仅当创建了对象后,将效果器应用在该对象的属性面板中,才会得到相应的特效,如图12-42所示。

图 12-42

效果器分为两种:一种是转换效果器,另一种是特殊效果器。

12.3.1　转换效果器

转换效果器是确定每个克隆对象的初始值并根据各个克隆参数（可在"参数"选项卡中找到的参数）进行转换的效应器，包括着色效果器、公式效果器、随机效果器、声音效果器、步幅效果器、时间效果器和 Python 效果器等。

1. 着色效果器

着色效果器可以使用内置的着色器或图片去影响运动图形的参数，还可以去影响各个元素的颜色。此外，还可以通过多图层的叠加来制作更酷炫的效果。

动手操作——着色效果器的应用

01 打开本例源文件"12-2.c4d"，打开的模型场景如图 12-43 所示。

02 场景中已经创建了克隆对象。执行"运动图形"|"效果器"|"着色"命令，添加着色效果器，同时 C4D 会将着色效果器自动添加到克隆对象中，如图 12-44 所示。

技术要点：

要想效果器自动添加到运动图形中，必须在"对象"管理器中选中运动图形，否则，需要手动将着色器添加到运动图形中。

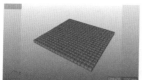

图 12-43　　　　　　　图 12-44

03 在"对象"管理器中选中"着色"对象，在其属性面板的"参数"选项卡中设置着色效果器的参数，如图 12-45 所示。

图 12-45

04 在属性面板的"着色"选项卡中，单击"浏览"按钮，从本例源文件夹中打开"格子 .jpg"贴图文件，随后视图中的运动图形受到着色器的影响，形状和颜色均产生了不同的变化，如图 12-46 所示。

05 要想产生其他效果，可以在"参数"选项卡和"着色"选项卡中修改其他参数，以获得意想不到的效果。

图 12-46

2. 公式效果器

公式效果器可以通过数学公式来对物体产生影响，从而生成有规律的动画效果。默认使用的是正弦波形公式，也可以根据需要自行编写公式。下面介绍公式效果器的基本操作及应用方法。

动手操作——公式效果器的应用

01 打开本例源文件 12-3.c4d。

02 在"对象"管理器中选中"克隆"对象，然后执行"运动图形"|"效果器"|"公式"命令，将公式效果器自动添加到运动图形（克隆对象）中，随后克隆对象产生效果，如图 12-47 所示。

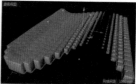

图 12-47

03 选中"公式"对象，在其属性面板的"效果器"选项卡中，修改"强度"值来控制效果器对运动图形的影响程度。在"公式"文本框中，默认的公式是正弦函数公式，这里可以输入自定义的数学公式，公式中除常见的数学运算符外，其他字符的含义如下。

- PX、PY、PZ：X、Y 或 Z 坐标。
- RX、RY、RZ：每个轴的绕轴旋转。
- SX、SY、SZ：每个轴的轴向缩放。
- U、V、W：每个克隆的（内部）UV 值。
- id：单个克隆编号（所有克隆按顺序编号，从 0 开始）。
- count：克隆编号。
- 衰减：每个克隆的衰减值。
- t：动画时间，即如果将此变量添加到公式中，它将自动进行动画处理。此设置使用滑块作为乘数。

- f：频率。此设置使用滑块作为乘数。

04 播放动画，可以看到克隆对象按照给出的公式进行运动，如图 12-48 所示。在"效果器"选项卡的"变量"卷展栏中设置"t- 工程时间"值和"f- 频率"值，可以控制一个正弦周期倍的运动时间和波峰的位置。

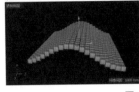

图 12-48

05 在"参数"选项卡中设置公式效果器的具体参数，如图 12-49 所示。再播放动画，可以看到不同的运动效果。

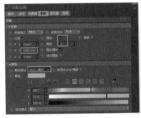

图 12-49

3. 随机效果器

随机效果器就是为运动图形添加随机效果，毫无规则可言。在前面 10.1.1 节的"动手操作"中使用过随机效果器，这里不再赘述。

4. 声音效果器

声音效果器可以通过添加一个音频文件并调节音频文件的频率波形的高低来对运动图形产生影响。声音效果器支持的音频文件格式包括 wav、aiff、mp3、mp4、aac 等。

动手操作——声音效果器的应用

01 打开本例源文件 12-4.c4d，在"对象"管理器中选中"克隆"对象。

02 执行"运动图形"|"效果器"|"声音"命令，自动添加声音效果器到克隆对象属性面板中，如图 12-50 所示。

03 选中"声音"对象，在其属性面板的"效果器"选项卡的"声音"卷展栏中单击"音轨"选项后的 ⬛ 按钮，在展开的菜单中选择"载入声音"选项，再从本例源文

件夹中打开 MP3 音频文件，如图 12-51 所示。

图 12-50　　　　　　　　图 12-51

04 此时，可以在动画工具栏中单击"向前播放"按钮 ▷，播放受到声音效果影响的克隆对象的动画。

05 但初次播放的动画是克隆对象整体随声音跳动，接下来进行高级设置，让跳动的效果更好。在"声音"对象的属性面板的"效果器"选项卡中设置"探测属性"卷展栏中的参数，如图 12-52 所示。

06 在"参数"选项卡中设置"缩放"参数，如图 12-53 所示。

图 12-52　　　　　　　　图 12-53

07 执行"运动图形"|"效果器"|"随机"命令，添加随机效果器到克隆对象中，然后设置"随机"对象的属性选项，如图 12-54 所示。

图 12-54

08 在动画工具栏中设置动画的总帧数为 1500 帧，然后重新播放动画，可见克隆对象中的每个子对象都随着音乐跳动，场景十分壮观，如图 12-55 所示。

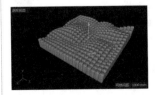
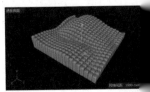

图 12-55

5. 步幅效果器

步幅效果器可以使整个克隆对象产生一种递进式的变化效果，可让克隆对象在位置、缩放和旋转上产生一个步进的变化。步幅效果器的使用方法在前面的"创建运动图形的拖尾效果"动手操作中已经介绍过，此处不再赘述。

6. 时间效果器

时间效果器能让克隆对象在单位时间内产生相应参数的变化，例如给参数设置了 Y 轴方向 100cm 的数值，则会在 1 秒的时候使各个元素在 Y 轴方向产生 100cm 的位移。

时间效果器的动画和设置关键帧的动画不同的是：时间效果器设置位置、缩放及旋转的动画是不限时间的。

动手操作——时间效果器的应用

01 打开本例源文件 12-5.c4d。

02 选中"对象"管理器中的"克隆"对象，然后执行"运动图形"|"效果器"|"时间"命令，添加时间效果器到"克隆"对象的属性面板中。

03 在"时间"对象的属性面板中，可以设置时间效果器的位置、缩放和旋转，如图 12-56 所示。

04 此时，播放动画就可以看到克隆对象随着时间的影响，产生位置、缩放和旋转的运动，如图 12-57 所示。

图 12-56　　　　　　图 12-57

7.Python 效果器

使用 Python 效果器可以完全控制克隆对象，但使用者必须具备 Python 语言或者 C 语言等其他编程语言的编程能力，否则无法使用此效果器。

12.3.2　特殊效果器

特殊效果器是使用克隆对象或其他动画对象来执行的某种动作，包括继承效果器、延迟效果器、样条效果器、目标效果器、推散效果器、体积效果器和重置效果器等。

1. 继承效果器

继承效果器可以从一个对象将位置、缩放和旋转的动画信息传递到另一个对象上，还可以使一个克隆对象转变为另一个克隆对象。

动手操作——继承效果器的应用

01 打开本例源文件 12-6.c4d，打开的场景模型如图 12-58 所示。

图 12-58

02 在"克隆"子对象的属性面板的"对象"选项卡中选择"对象"模式选项，将"平面"对象拖入对象选择框中生成新的克隆对象，如图 12-59 所示。

 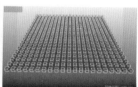

图 12-59

03 选中"继承练习"空集对象，按住 Shift 键并执行"运动图形"|"克隆"命令，将"克隆.1"对象自动添加到"继承练习"空集对象中。在"克隆.1"子对象的属性面板的"对象"选项卡中选择"对象"模式，并将"球体"对象拖入对象选择框中，完成"克隆.1"子对象的创建，如图 12-60 所示。

 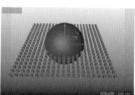

图 12-60

04 选中"克隆"子对象，然后执行"运动图形"|"效果器"|"继承"命令，继承效果器会自动添加到"克隆"子对象的属性面板中。再拖曳"继承"子对象到"继承练习"空集对象中成为其子级。将"克隆.1"子对象和"继

承"子对象加入与其他子对象相同的图层中，如图 12-61 所示。

图 12-61

05 将"球体"子对象拖至"继承"子对象属性面板的"效果器"选项卡中的"对象"选择框中，如图 12-62 所示。

06 选中"克隆.1"子对象，按住 Shift 键后在上工具栏中单击"立方体"按钮，创建立方体对象，同时立方体子对象会自动成为"克隆.1"子对象的子级，如图 12-63 所示。

图 12-62　　　　　　图 12-63

07 此时的视图中显示的"克隆.1"对象，如图 12-64 所示。

08 在"继承"子对象的属性面板的"效果器"选项卡中选中"变体运动对象"复选框，随后"克隆"对象就继承了"克隆.1"对象的基本属性，视图中的克隆对象依附在"克隆.1"对象上，如图 12-65 所示。

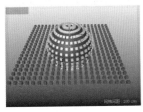

图 12-64　　　　　　图 12-65

09 如果将"对象"管理器中的"克隆.1"子对象、"平面"子对象和"球体"子对象隐藏，再在"继承"子对象的属性面板中调整"强度"参数，可以看到视图中的克隆对象的运动变化过程，如图 12-66 所示。

图 12-66

10 在动画工具栏中将时间滑块移至 0 帧位置，随后在"继承"对象的"效果器"选项卡中将"强度"值改为 0，单击按钮变成记录并创建关键帧。拖动时间滑块到 50 帧处，将"效果器"选项卡中的"强度"值改为 100，并单击按钮变成，接着拖动时间滑块到 90 帧处，最后在"效果器"选项卡中将"强度"值再改为 0，并单击按钮变成，完成强度变化的动画制作。

11 单击"向前播放"按钮，播放由"克隆"对象继承"克隆.1"对象的运动变化属性后所产生的动画。

2. 延迟效果器

　　延迟效果器可以为克隆对象在产生运动后添加一种震荡效果，下面以案例形式说明其用法。

动手操作——延迟效果器的应用

01 打开本例源文件 12-7.c4d。

02 选中"对象"管理器中的"克隆"对象，然后执行"运动图形"|"效果器"|"简易"命令，为克隆对象添加一个简易效果器。然后在简易效果器的属性面板的"参数"选项卡中修改 P.Y 值为 500，如图 12-67 所示。

03 在"衰减"选项卡中，单击"立方体域"按钮创建立方体域，如图 12-68 所示。

图 12-67　　　　　　图 12-68

04 在"对象"管理器中选中"简易"对象下的"立方体域"子对象，然后修改属性面板的"重映射"选项卡中的"内部偏移"值，修改的效果如图 12-69 所示。

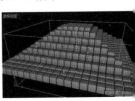

图 12-69

05 将时间滑块拖至 0 帧位置，并在视图中将简易效果器的立方体域拖至克隆对象的左侧，再在"简易"对象属性面板的"坐标"选项卡中，单击按钮变成，记录关键帧，如图 12-70 所示。

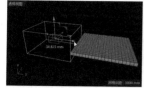

图 12-70

图 12-74

06 拖动时间滑块到 90 帧，并在视图中拖动立方体域到克隆对象的右侧，再在"简易"对象的属性面板的"坐标"选项卡中单击 ⚪ 按钮变成 ⚫，完成立方体域动画的创建，如图 12-71 所示。

07 播放动画，可以看到简易效果器的立方体域从左到右进行运动。接下来要为这个动画制作一个运动过后的震荡效果，就像石头丢入水中所产生的涟漪效果。

08 在"对象"管理器中选中"克隆"对象，然后执行"运动图形" | "效果器" | "延迟"命令，为克隆对象添加延迟效果器，如图 12-72 所示。

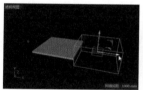

图 12-71　　　　　　　图 12-72

09 在"延迟"对象的属性面板的"效果器"选项卡中选择"弹簧"模式选项，并设置"强度"值，播放动画即可看到当立方体域通过克隆对象后会产生震荡效果，"强度"值越大震荡幅度就越强，如图 12-73 所示。

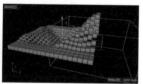

图 12-73

3. 样条效果器

样条效果器可以将克隆对象按照先后顺序排列在一条指定的样条线上。克隆对象内的第一个子对象排列在样条线的起点，最后一个子对象排列在样条线的终点，中间的子对象会根据不同的设置进行排列，如图 12-74 所示。样条效果器的用法与其他效果器的用法相同，这里不再赘述。

4. 目标效果器

目标效果器可以使克隆对象中的子对象始终朝向某一个参考物体或指定的摄像机进行排列，也可以让克隆对象成为彼此之间的指向目标，如图 12-75 所示。

图 12-75

5. 推散效果器

当场景中存在很多克隆对象时，难免会产生相互交叉的现象。为了不让这种情况发生（例如，森林中的树木，如图 12-76 所示），可以使用推散效果器将发生交叉的克隆对象推散，这可以提高工作效率。

树木产生了交叉　　　　使用了推散效果器后无交叉

图 12-76

6. 体积效果器

体积效果器是根据空间几何体对象来定义对克隆对象的影响范围，位于给定对象体积内的所有克隆都将受此效果器的影响。

动手操作——体积效果器的应用

01 打开本例源文件 12-8.c4d。

02 选中"克隆"对象，执行"运动图形" | "效果器" | "体积"命令，为克隆对象添加体积效果器。

03 创建一个空间几何体对象。在上工具栏"对象"工具列中单击"圆环"按钮 ⊙，创建"圆环"对象，如图 12-77 所示。

图 12-77

04 为"圆环"对象添加一个 C4D 显示标签（右击并在弹出的快捷菜单中选择"CINEMA 4D 标签"|"显示"命令），然后设置显示标签的属性，如图 12-78 所示。

05 在"对象"管理器中选中"体积"对象，并拖动"圆环"对象到"体积"对象属性面板的"效果器"选项卡的"体积对象"选择框中作为参考，如图 12-79 所示。

图 12-78   图 12-79

06 在"体积"对象属性面板的"参数"选项卡中，设置 S.Y 缩放值，可以看到视图中圆环对象范围内的克隆对象受到了影响，圆环外的克隆对象没有受到影响，如图 12-80 所示。

图 12-80

07 选中"圆环"对象，在视图中拖动圆环，可以看到圆环所经之处，克隆对象受到影响的情况，为此制作圆环的位移动画。

08 将圆环拖至克隆对象左侧，并拖动时间滑块到 20 帧处，然后在"圆环"对象的属性面板的"坐标"选项卡中单击 P.X 选项前的 ⊙ 按钮，记录并创建关键帧。拖动圆环到克隆对象的右侧，并拖动时间滑块到 80 帧处，最后单击"坐标"选项卡中 P.X 选项前的 ⊙ 按钮，完成动画的制作。

7. 重置效果器

重置效果器是一种附加功能，它可以用于部分（沿 Y 轴移动）或者全部取消（使用"衰减"选项卡中的域）其他效果器所带来的影响。如图 12-81 所示为使用重置效果器部分取消公式效果器的范例。

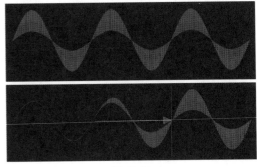

图 12-81

12.3.3 管理效果器

在效果器菜单中还有两个效果器：群组和简易。这两个效果器本身不具备效果器作用，是用来管理其他效果器的。

1. 群组效果器

群组效果器是用来组织多个转换效果器或特殊效果器的，对克隆对象产生多种效果。

2. 简易效果器

简易效果器是一个非常简单的效果器，它不会执行像其他效果器那样的任务，所以没有特定的效果器设置参数。仅当在对克隆对象更改（通过"参数"选项卡中的参数）或选择克隆对象时，可应用简单效果器。

12.4 运动图形的变形器

在"运动图形"菜单中有两个变形器工具：运动挤压和多边形 FX。这两个工具与上工具栏"挤压"工具列中的变形器工具产生的作用效果类似，但它们仅针对运动图形有效。

12.4.1 运动挤压变形器

使用"运动挤压"变形器可以挤出任意数量的多边形。在挤出过程中，运动图形效果器会影响每一个步骤。

"运动挤压"变形器的属性选项如图 12-82 所示，下面通过案例进行详细介绍。

图 12-82

动手操作——运动挤压变形器的应用

01 新建 C4D 场景文件。

02 首先在场景中创建一个球体，如图 12-83 所示。

03 选中"球体"对象，按住 Shift 键再执行"运动图形"|"运动挤压"命令，为球体对象添加运动挤压变形器，效果如图 12-84 所示。

图 12-83　　　　图 12-84

04 在"运动挤压"子对象的属性面板中设置属性选项及参数，如图 12-85 所示。

图 12-85

05 选中"运动挤压"子对象，执行"运动图形"|"效果器"|"随机"命令，为运动挤压变形器添加一个随机效果器，视图中的球体产生运动挤压的随机效果，如图 12-86 所示。

图 12-86

06 修改"随机"对象的属性面板的"参数"选项卡中的位置参数，在"效果器"选项卡中设置随机模式和其他参数，如图 12-87 所示。

图 12-87

07 在"衰减"选项卡中单击"球体域"按钮，创建球体域衰减，如图 12-88 所示。

08 编辑这个球体域的"重映射"参数和轮廓曲线，如图 12-89 所示。

图 12-88　　　　图 12-89

09 在视图中移动球体域，可看到让人非常惊讶的运动挤压效果，如图 12-90 所示。

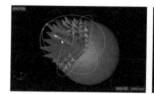

图 12-90

12.4.2　多边形 FX 变形器

利用"多边形 FX"变形器可以将几何多边形或样

条曲线的分段变成类似克隆对象的变形对象，从而允许任何运动图形效果器都能影响它们。

下面以案例来详解"多边形FX"变形器的具体应用方法。

动手操作——"多边形FX"变形器的应用

01 新建C4D场景文件。

02 执行"运动图形"|"文本"命令，创建一个运动图形文本，如图12-91所示。

图 12-91

03 在上工具栏中单击"平面"按钮，创建平面对象，如图12-92所示。

04 执行"运动图形"|"多边形FX"命令，添加"多边形FX"变形器对象。接着执行"运动图形"|"效果器"|"随机"命令，添加"随机"效果器，如图12-93所示。

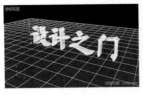

图 12-92   图 12-93

05 在"对象"管理器中将"多边形FX"变形器拖至"文本"对象中成为其子级。在"多边形FX"变形器对象的属性面板的"衰减"选项卡中创建一个"线性域"衰减，如图12-94所示。

06 此时视图中的文字产生了随机效果，如图12-95所示。从左往右拖动线性域可以看到破碎文字逐渐恢复的动画效果。反之，可以观看字体逐渐破碎的动画效果。可在"衰减"选项卡的"重映射"卷展栏中选中"反向"复选框，改变文字破碎的顺序。

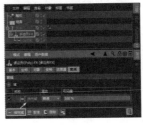
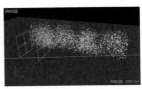

图 12-94   图 12-95

07 在动画工具栏中先拖动时间滑块为20帧处，然后在"多边形FX"变形器对象的属性面板的"坐标"选项卡中单击P.X选项前的◎按钮，记录并创建关键帧。然后拖动时间滑块到80帧处，并在视图中拖动线性域，从左向右拖至文本的最右侧，再单击◎按钮变成◎，完成动画的制作，如图12-96所示。

08 最后播放动画，观看文字破碎的动画效果，如图12-97所示。

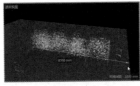

图 12-96   图 12-97

13.1 运动跟踪概述

运动跟踪也称"匹配移动"或"摄像机跟踪"，它是基于视频重建原始记录摄像机的位置、方向和焦距，将 3D 对象插入具有位置信息的视频素材中。很多电影、电视剧及视频中的特效镜头就是用"运动跟踪"功能制作的。如图 13-1 所示为两个应用范例的图片。

图 13-1

13.1.1 运动跟踪器

"运动跟踪器"是创建运动跟踪工作流程中最重要的一个工具，它可以创建一个完整的运动跟踪场景模型。

执行"运动跟踪"|"运动跟踪"命令，创建运动跟踪对象。运动跟踪对象中自动创建了一个从属的摄像机——已解析摄像机，如图 13-2 所示。

图 13-2

在 C4D 中可以利用运动跟踪器随心所欲地制作出震撼的电影场景。本章将以案例的形式为大家详细介绍运动跟踪在动画及电影场景中的实际运用。

知识分解：

- 运动跟踪概述
- 运动跟踪案例

下面介绍运动跟踪对象的"属性"管理器中主要选项卡（"基本"选项卡和"坐标"选项卡是通用选项卡）的选项含义。

1. "影片素材"选项卡

"影片素材"选项卡中包含了加载和显示视频序列（素材）所需的所有设置，如图13-3所示，这些设置对最终的渲染没有影响。

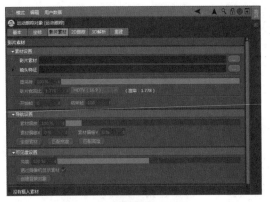

图 13-3

（1）"素材设置"卷展栏。

- 影片素材：通过单击选择框右侧的"浏览"按钮 ，载入视频文件或图像文件。载入文件后将在透视视图中显示，可以单击"向前播放"按钮 播放动画。
- 镜头特征：通过单击选择框右侧的"浏览"按钮 ，载入镜头配置文件（后缀为.ins），此举可以消除镜头失真。
- 重采样：定义视频是否应在视图中以全分辨率（100%）或更低分辨率显示，并用于运动跟踪。

技术要点：

如果使用非常粗糙的镜头片段，较小的值有时可以产生更好的结果，因为较小的值会使颗粒减少。通常，建议使用计算机允许的最高值。

- 影片宽高比：定义长方形像素的宽高比例，可以减少或避免影片素材的失真。
- 开始帧、结束帧：定义运动跟踪的素材段。

（2）"导航设置"卷展栏。

- 素材缩放：加载的影片素材可以使用此设置进行缩放，缩放前要先将图像填充到100%（即

完全填充可渲染区域）。

- 素材偏移X、素材偏移Y：在X和Y方向上平移影片素材。
- 全部素材：单击此按钮在渲染时将会对影片素材填充时间帧，这意味着如果渲染输出和素材具有相同的宽高比，则"素材缩放"值设置为100%，并且"素材偏移X"和"素材偏移Y"值均为0%。
- 匹配宽度、匹配高度：单击"匹配宽度"和"匹配高度"按钮，使素材缩放后的宽度及高度匹配渲染安全的宽度及高度。

（3）"可见度设置"卷展栏。

- 亮度：用于设置影片素材的亮度。
- 透过摄像机显示素材：选中此复选框，可以隐藏或显示通过分配给所选运动跟踪对象的"已解析摄像机"看到的镜头。
- 创建背景对象：单击此按钮，将创建与影片素材相同的素材，可将创建的新素材投影到背景对象上。此功能的好处是，当添加了3D对象后，3D对象的运动将与背景的运动匹配。

2. "2D 跟踪"选项卡

"2D跟踪"选项卡的选项用于定义运动跟踪影片素材中不同区域位置的所有2D轨迹属性。3D摄像机或物体的成功重建在很大程度上取决于2D轨迹的正确创建。

"轨迹"是镜头的小区域，如图13-4所示中的小方块标记，可以在镜头的前一帧或后一帧中再次找到。

图 13-4

"2D跟踪"选项卡中还包含3个选项卡，分别是："自动跟踪""手动跟踪"和"选项"，如图13-5所示。

其中，"自动跟踪"选项卡与"手动跟踪"选项卡的区别在于："自动跟踪"选项卡中的选项用于自动创建、跟踪和过滤跟踪，其自动跟踪的质量也会有

所不同。而"手动跟踪"选项卡可以创建单独的轨迹并确保正确跟踪这些轨迹。可以单独或同时使用自动跟踪和手动跟踪。选项卡中主要选项的含义如下。

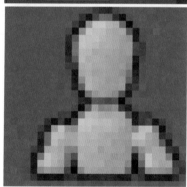

图 13-5

（1）"自动跟踪"选项卡。

- 跟踪轨数量：定义每一帧所创建的轨迹数。
- 最小间距：相邻轨迹之间的最小距离。
- 自动替换丢失轨迹：当图像边缘有创建的轨迹时，由于摄像机不在视野中可能会丢失。当选中了此复选框后，丢失的轨迹将替换为在镜头中其他位置生成并跟踪的轨迹，这样即可保证轨迹相当稳定。
- 创建自动轨迹：单击此按钮将创建一系列尽可能均匀分布的轨迹，包括动画中当前点的关键帧。
- 自动跟踪、手动跟踪、选项：这 3 个按钮可

以跟踪选定的自动跟踪。如果未选择要跟踪的轨迹，则将跟踪所有轨迹。

- 删除自动跟踪轨：单击此按钮，可删除所有或单个自动跟踪，包括其路径。
- 最小长度：定义过滤帧的长度。
- 最大加速：在帧与帧之间的轨迹具有更大的速度，最大加速度值越小，轨迹路径将被修剪得越多。
- 错误阈值：摄像机移动和镜头的粗糙度几乎不可能定位精确的像素值，因此该阈值可以用于允许搜索模式被视为相同的特定偏差。值越大，公差越大。
- 智能加速：此参数类似"最大加速"参数，但它不会单独查看每个单独的轨道，而是与相邻轨道一起查看。

（2）"手动跟踪"选项卡。

- 轨道列表：轨道列表中列出了所有用户创建的自动跟踪或手动跟踪创建的轨迹。
- 自动关键帧：选中此复选框，将自动创建关键帧。
- 模式：如果不自动创建关键帧，可以从该下拉列表中选择一种模式来定义关键帧。
- 错误阈值：确定每一帧中每一个轨迹与前一轨迹的差异。如果此差异大于此处定义的阈值，则将创建虚拟关键帧。值越小，与前一帧相比允许的修改越少，将创建的虚拟关键帧越多，反之亦然。
- 帧间隔：定义应创建虚拟关键帧的时间间隔。
- 颜色通道：更改所选轨迹的颜色权重。

（3）"选项"选项卡。

- 默认图案尺寸、默认搜索尺寸：可以修改这些参数值，将在自动或手动创建轨迹时应用。
- 默认样式外形：默认的图像样式形状为"正方形"，如果载入的素材中具有圆形标记，则选择"圆形"。
- 轨迹显示：轨迹的显示选项，包括"显示轨迹与路径""显示轨迹"和"无"3 个选项。
- 素材显示：素材的显示状态，"原始的"表示显示最初载入时的素材，"跟踪查看"表示如果需要显示颜色权重，即可选择此选项。
- 显示图案框、显示搜索框：在视图中打开或关闭手动跟踪的轨迹模式和搜索大小表示框。

- 显示 Rekey 放大器镜：在视图中移动关键帧时可以使用放大镜。

- 默认红色权重、默认绿色权重、默认蓝色权重：通过此处的颜色权重，可以为新创建的自动跟踪和手动跟踪定义权重。

- 推测搜索位置：选中此复选框，则"默认搜索尺寸"所包含的区域将根据轨迹移动方向稍微向前移至其预期位置。

- 对象跟踪前缀：如果将"手动跟踪"选项卡中列出的"轨道"分配给对象跟踪器对象，选中此复选框，其名称将显示在每个相应轨道旁边的列表中。

3."3D 解析"选项卡

当完成 2D 跟踪的选项设置后，可在"3D 解析"选项卡中设置选项，以创建具有路径的轨迹。必须使用多种算法才能根据这些轨迹计算出 3D 位置。

（1）"解析"选项卡。

- 解析模式：在该下拉列表中选择录制影片素材的方式，包括"完全 3D 重建""节点旋转"和"平面跟踪"，这 3 种解析模式的示意如图 13-6 所示。

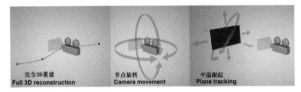

图 13-6

- 焦距：该下拉列表中的选项包括"未知""未知但恒定"和"已知并恒定"。如果用户不知道焦距是多少，可以选择"未知"选项；如果摄像机的焦距未知但焦距本身保持不变（不进行变焦），可以使用"未知但恒定"选项；如果已知摄像机的焦距和传感器大小且前者在整个素材中没有变化，可以选择"已知并恒定"选项。

- 焦距：设定焦距值。

- 传感器尺寸（片门）：输入记录素材的摄像机的传感器大小。

- 35 毫米等效焦距：以焦距和传感器尺寸值作为基础，输入新的等效焦距值。

- 视野（水平）、视野（垂直）：水平视野和垂直视野的角度。

- 锁定已解析的数据：选中此复选框，在成功完成 3D 摄像机重建后，在轨迹上不需要修改任何其他内容。

- 运行 3D 解析器：单击此按钮开始 3D 重建，也可以在 2D 跟踪完成后再开始。

（2）"显示"选项卡。

- 3D 特征显示：设置载入的 3D 对象的显示状态。

- 半径：多边形的相切圆半径。

4."重建"选项卡

"重建"选项卡中的选项用于高级 3D 摄像机的场景重建。若要成功进行场景重建，必须首先成功完成 3D 摄像机重建，即完成 2D 跟踪，然后重建摄像机并单击"运行 3D 解析器"按钮以完成该过程。

- 预设：在该下拉列表中可找到各种预设，这些预设用于控制质量水平。

- 迭代：用于在空区域中创建新补丁、优化和过滤"坏"补丁，然后重复这些过程。迭代最多次数为 3 次。次数越多，渲染时间越长。

- 素材次采样：用于场景重建，定义了用于重建摄像机镜头的分辨率。

- 点密度：此值定义了网格单元的大小，密度越大单元就越小，镜头分辨率就越高。素材中的每一帧都被划分为一个网格单元。如图 13-7 所示为点密度分别为 3、5、7 的镜头分辨率显示效果。

图 13-7

- 补丁尺寸：在特定时间识别素材中的小区域（这些小区域称为"补丁"），以便定义并更好地优化片段的位置和旋转。补丁尺寸越大、图像质量就越高。

- 最小纹理分布：此值控制使用补丁的像素变化作为参考的阈值。

- 过滤小组：如果选中此复选框，则场景重建将尝试删除小的、隔离的补丁区域。

- 最小角度：从不同的摄像机位置处理补丁。此复选框可维持摄像机之间的最小角度，以防止两个可能未移动的相邻摄像机来处理几乎相同的补丁。
- 区域权重、光度权重：这两个参数用于提高网格单元的质量，它们所带来的效果是差不多的。随着值的增加，将尝试用覆盖相同表面的较小三角形替换较大的三角形。
- 生成点云：如果已经进行了场景重建，单击此按钮会生成相应的点云数据。
- 生成网格：若没有进行场景重建，可直接单击此按钮来生成网格。多边形对象的各个点将对应于空间中重建的 3D 位置。

技术要点：

建议首先生成点云，直到对密度和覆盖率感到满意为止，然后再专注于网格质量的控制。

13.1.2　对象跟踪器

在 C4D 中制作电影动画就要了解拍摄影片的摄像机与运动物体之间的运动关系，无非包括以下 3 种情况。

- 摄像机运动、物体对象（被跟踪对象）位置固定。
- 摄像机位置固定，而物体对象运动。
- 摄像机与物体均运动。

在 C4D R18 版本之前，只能基于视频资料解决摄像机跟踪问题，但现在"对象追踪"功能的出现使特效师可以跟踪独立于摄像机镜头中的运动。

创建对象追踪的步骤如下。

① 创建运动跟踪器对象。

② 将视频源文件加载到"运动跟踪对象"属性面板的"影片素材"选项卡中。

③ 如果需要，可以为摄像机跟踪和被跟踪对象创建足够数量的跟踪轨道。

④ 创建一个"对象跟踪器"对象，对象跟踪器将自动与运动跟踪器对象链接。

⑤ 选择被跟踪对象上的所有轨道（滚动镜头以确保所有镜头都被选中），并将它们分配给对象跟踪器。这使"运动跟踪器"对象可以区分摄像机轨迹和运动对象上的轨迹（彼此独立），然后完成对象跟踪。

⑥ 单击"对象跟踪器"属性面板"重建"选项卡中的"为对象运行 3D 解析器"按钮。如果 3D 对象求解成功，则对象跟踪器将具有跟踪被跟踪对象运动所需的位置和旋转关键帧。现在可以插入 3D 对象并使其成为"对象跟踪器"的子对象，这将使它们随其一起移动。

执行"运动跟踪"|"对象跟踪"命令，创建对象跟踪器（即对象管理器中的"对象跟踪"对象）。同时，属性管理器中显示"对象跟踪器"属性面板，如图 13-8 所示。

图 13-8

"对象跟踪器"属性面板中主要选项卡中的含义与"运动跟踪对象"属性目标中的选项含义相同，这里不再赘述。

13.1.3　运动跟踪器标签

运动跟踪器标签可以帮助用户完成在 3D 空间中松散放置的点集合的校准。这些点的大小在创建运动跟踪器并在 3D 解算成功后并不明显，可以对运动跟踪器对象和对象追踪器对象添加运动跟踪器标签。

在对象管理器中右击"运动跟踪"对象，在弹出的快捷菜单的"运动跟踪器标签"子菜单中包括 5 种运动跟踪器的约束，如图 13-9 所示。

1. 位置约束

"位置约束"将世界坐标系的原点绑定到特定特征（例如，如果使用对象跟踪器，原世界坐标系的原点将会是对象跟踪器的原点）。

为相应的运动跟踪器或对象跟踪器对象添加位置约束标签后，一个小的橙色圆圈将显示在视图的中心（当标记处于活动状态时始终可见），将此圆圈拖至所需的轨道或特征上，如图 13-10 所示。

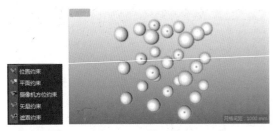

图 13-9　　　　图 13-10

添加的位置约束标签及其属性面板如图 13-11 所示。

图 13-11

"位置约束"属性面板中主要选项含义如下。

- 模式：包含两种位置约束模式。选择"特征到位置"模式，世界坐标系原点被设置为相应的特征；若选择"摄像机到位置"模式，则在动画中定义时间帧时，将摄像机位置设置为相应的特征位置（顶点簇将相应移动，因此透视视图和素材仍然匹配），此模式仅用于摄像机跟踪。
- 帧：当位置模式为"摄像机到位置"时，用于设置动画中的时间帧。在该时间点，将已解决动画的摄像机设置为相应特征的位置。
- P.X\P.Y\P.Z：如果不想将世界坐标系原点精确地设置为相应的特征位置，可以通过定义坐标值来确定。
- 目标：将摄像机对象拖至该选择框中。通常，

如果定位橙色圆圈或选择"位置约束"命令，则将自动设置该值。

2. 平面约束

使用"平面约束"，可以选择 3 个或更多轨道和特征，这些轨道或特征可用于定义顶点簇内的平面（例如，地板或对于对象跟踪器而言是要替换的层）。

添加"平面约束"标签后，视图中将显示一个三角形。可将三角形的每一个顶点拖至一个平面上的轨道或特征要素上，如图 13-12 所示。"平面约束"属性面板（如图 13-13 所示）中主要选项含义如下。

图 13-12

图 13-13

- 模式：包括两种平面约束模式。"特征点定义平面"模式是通过选择能组成摄像机运动的所有特征来创建一个平面；"摄像机跟踪定义平面"模式将使用摄像机动画路径的 3 个点（起点、终点和中间点）创建一个平面，此选项适用于围绕给定对象的摄像机运动。
- 轴心：该下拉列表可以定义平面垂直于世界坐标轴。在默认情况下，要使平面平行于地板，可选择 Y 选项。如果选择"无"，则轴将保持未定义状态。
- 翻转轴心：选中此复选框可反转轴。
- 选择：仅当选择了"特征点定义平面"模式后，选择特征来定义平面。当三角形在视图中交互放置或通过"平面约束"命令选择时，通常会自动设置。还可以将任何其他数量的特征放置到该选择框中，从中创建平面。
- 创建平面：单击此按钮，将根据所定义的平

面选项来创建平面。

3.摄像机方位约束

使用"摄像机方位约束"，可在动画的特定时间点上将摄像机的方向（包括相对于其位置的顶点簇）链接到世界坐标轴。

例如，如果摄像头应完全沿着第 30 帧的全局 Z 轴看，可将"摄像机方位约束"属性面板的"摄像机方位"选项卡（如图 13-14 所示）中的"帧数"值设置为30，将"轴心"设置为"全部"，那么整个 3D 场景重建将相应地旋转。

图 13-14

4.矢量约束

使用"矢量约束"，可以将顶点簇的一个轴绑定到世界坐标系或"对象跟踪器"坐标系，更重要的是，可以定义顶点簇的缩放比例。

例如，为相运动跟踪器或对象跟踪器对象添加"矢量约束"标签后，两端带有手柄的轴将出现在视图的中心。将这些手柄分别拖至 2 个轨道或 2 个特征要素上，这些特征要素应用于定义世界坐标系或对象轴，如图13-15 所示。

图 13-15

5.遮罩约束

如果动画中有不需要的运动对象，可以添加"遮罩约束"标签来定义场景中排除的区域，也就是说使用动画蒙板将运动跟踪中的部分对象排除。被遮罩排除的轨道将被隐藏或忽略，而目标不会被删除。删除蒙板后，轨道将再次可见。

技术要点：

可以在 2D 跟踪之前或之后（但在求解之前）创建蒙板。

如果创建了多个曲面相交并位于相对位置的蒙板（一个蒙板位于内部区域，一个蒙板位于外部区域），则在对象管理器中位于最右侧的蒙板将具有优先权。

添加"遮罩约束"标签后，显示"遮罩约束"属性面板，如图 13-16 所示。

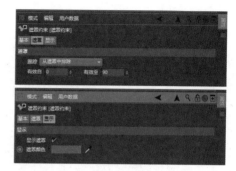

图 13-16

- 跟踪：定义是否应包括遮罩内部或外部的轨道。
- 有效自：在动画时间轴上定义遮罩的起始帧。
- 有效至：在动画时间轴上定义遮罩的结束帧。
- 显示遮罩：隐藏或显示遮罩。
- 遮罩颜色：定义蒙板线条的颜色。

13.1.4　运动跟踪菜单

在菜单栏中的"运动跟踪"菜单如图 13-17 所示。

"运动跟踪"菜单中各命令简要介绍如下。

- 运动跟踪：创建运动跟踪器对象。
- 对象跟踪：将创建一个对象跟踪器对象。
- 2D 轨道：执行此命令，可以开启"运动跟踪"菜单中其他应用于 2D 轨道的命令，并且开启动画中的 2D 轨道显示。

图 13-17

提示：

本章中提及的"轨道"与"轨迹"是具有相同定义的两个词，指运动轨迹。只不过软件汉化时并没有统一这两个用词。

- 运动跟踪图形视图：打开"运动跟踪器图形查看"窗口来查看运动跟踪的轨迹图形，如图 13-18 所示。

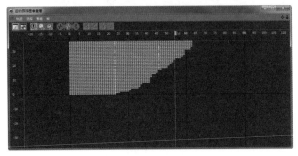

图 13-18

- 运动跟踪轨道查看：执行此命令将打开"运动跟踪轨道视图"窗口。在此窗口中，当前选择的"自动"或"用户跟踪"轨道将以居中和放大的素材显示，该窗口是交互式的，可以用鼠标移动轨道，如图 13-19 所示。

图 13-19

- 完全解析：执行此命令，将创建一个运动跟踪器，同时视频素材文件被自动载入，也将自动创建一个 2D 跟踪，并自动完成 3D 摄像机重建。

- 锁定视图到轨迹：选择一个或多个轨道并启用此模式。成功跟踪 2D 轨迹的位置，它将保持固定在视图中或其位置，直到禁用该模式为止。

- 自动更新轨迹：此命令默认情况下处于启用状态，并确保立即为新修改的轨道创建新的

2D 跟踪。

- 创建遮罩：执行此命令，将添加一个"遮罩约束"标签。

- 创建用户跟踪轨：执行"2D 轨道"命令后，再执行"创建用户跟踪轨"命令，可以在动画中创建用户自定义的跟踪轨道，如图 13-20 所示。

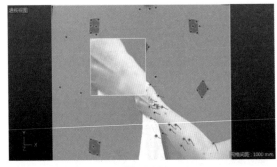

图 13-20

- 选择全部自动跟踪轨：创建用户跟踪轨道后，执行此命令，可以全部选中创建的自动跟踪轨道。

- 显示到所有轨迹：执行此命令，素材将被缩放和移动，因此所有轨道都是可见的。

- 显示到所选轨迹：此命令可移动和缩放素材，以便在部分中心显示所选的轨道。

- 上推轨迹：执行此命令，可以微调轨道。单个选定的轨道可以在各个方向上微移 1 像素。

- 双向跟踪：此命令从当前帧开始在两个方向上跟踪所有选定的轨迹。如果未选择任何轨道，则将跟踪所有未跟踪的轨道。如果不存在轨道，则会自动创建轨道并随后对其进行跟踪。

- 向前跟踪：此命令分别跟踪所有选定的轨道，从当前帧向前跟踪。

- 向后跟踪：此命令分别跟踪所有选定的轨道，从当前帧向后跟踪。

- 在跟踪插入关键帧：此命令在动画的当前位置插入用于选定的跟踪轨道的关键点。

- 移除关键帧：此命令将删除动画中关键帧位置上选定轨道的所有关键点。

- 修剪轨迹：可以使用此命令来修剪其像素模式移出素材或变得太模糊（或由于其他原因而无法再跟踪）但仍在其他位置被错误跟踪的轨道。

- 创建位置约束：为运动跟踪器对象或对象跟踪器对象添加"位置约束"标签。

13.2 运动跟踪案例——公园里的"机器人"

本例的视频背景是在一个公园的路上，有一个正四处张望的机器人，如图 13-21 所示。视频背景是使用手机拍摄的，机器人的动画模型可以到 Adobe 公司所属的动画模型网站（https://www.mixamo.com/）中免费获取。手机拍摄的短视频需要使用 After Effects（简称 AE）视频后期制作软件导出为 C4D 中的影片素材。下面介绍详细操作步骤。

1. 制作 C4D 影片素材

01 启动 After Effects 软件，在"主页"界面中单击"新建项目"按钮创建合成项目，如图 13-22 所示。

图 13-21

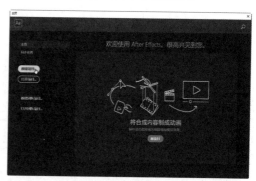

图 13-22

02 导入本例素材源文件夹中的 IMG_1165.MOV 视频文件，如图 13-23 所示。

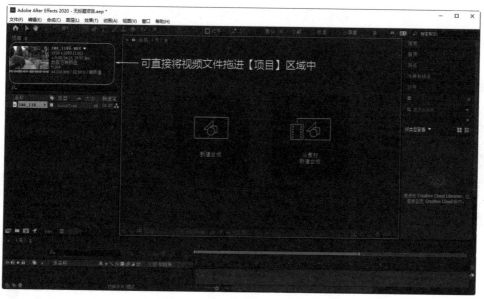

图 13-23

03 将导入的视频素材拖入合成窗口中释放鼠标，创建视频合成，如图 13-24 所示。

图 13-24

04 执行"合成"|"添加到渲染队列"命令，添加视频素材的渲染队列。在渲染队列中单击"最佳设置"链接，弹出"渲染设置"对话框，设置渲染"品质"为"最佳"，如图 13-25 所示。

图 13-25

05 在渲染队列中单击"无损"链接，弹出"输出模块设置"对话框。设置输出"格式"为"JPEG 序列"，随后单击"确定"按钮完成设置，如图 13-26 所示。

图 13-26

06 在渲染队列中单击"尚未指定"链接，为渲染的合成文件指定一个保存的路径，可以是新建文件夹，也可选择已有的文件夹，如图 13-27 所示。

07 随后在"将影片输出到："对话框中单击"保存"按钮，完成渲染输出的路径设置。最后单击"渲染"按钮，将合成的视频进行渲染并输出为 JPEG 图像文件，如图 13-28 所示。

图 13-27

图 13-28

08 完成渲染输出后，关闭 After Effects 软件。

2. 在 C4D 中创建运动跟踪

01 启动 C4D R20，在界面窗口右上角的"界面"下拉列表中选择 Motion Tracker 选项，进入运动跟踪界面中。

02 在"运动跟踪"工具栏中单击"运动跟踪"按钮，创建"运动跟踪"对象。在"运动跟踪对象"的属性面板的"影片素材"选项卡中，载入由 After Effects 软件渲染输出的 JPEG 图像文件（仅载入第一张图片即可，也就是载入动画的第一帧），如图 13-29 所示。

03 在"影片素材"选项卡中将"重采样"值设为100%，如图 13-30 所示。

图 13-29

04 在"2D 跟踪"选项卡中单击"自动跟踪"按钮，创建 2D 跟踪点（也称"跟踪轨迹"或"跟踪轨"），如

图 13-31 所示。

图 13-30　　　　　　图 13-31

05 经过一段时间的动画帧分析，完成了 2D 跟踪点的创建，如图 13-32 所示。

图 13-32

06 在"3D 解析"选项卡中单击"运行 3D 解析器"按钮，进行 3D 解析，可以得到一些自动特征点，如图 13-33 所示。

图 13-33

07 完成 3D 解析后，可看到在"运动跟踪"对象下面创建了"自动特征点"子对象，单击"已解析摄像机"的对象按钮 🔀 切换到模型场景，可以单独显示摄像机和自动特征点，如图 13-34 所示。单击动画工具栏中的"向前播放"按钮 ▶️，通过单独显示摄像机和自动特征点，可以很清楚地看见摄像机的运动状态。

图 13-34

导入机器人动画模型

01 执行"文件"|"合并"命令，从本例源文件夹中打开

Looking Around.fbx 机器人模型文件，将其合并到当前场景中，如图 13-35 所示。

图 13-35

02 在对象管理器中产生 3 个对象文件，合并的机器人模型在场景中的状态如图 13-36 所示。

图 13-36

03 在上工具栏的"对象"工具列中单击"空白"按钮 🔟，创建一个空白对象，将机器人模型的 3 个对象拖入空白对象中成为其子集，以此方便管理模型，如图 13-37 所示。

图 13-37

04 将机器人对象移至摄像机后面，也就是拖入自动特征点范围内，以便与实际的公园场景相融。通过"移动"工具和"缩放"工具调整机器人对象在摄像机中的位置和大小，如图 13-38 所示。

图 13-38

05 创建一个平面对象作为地面，让机器人能够在上面做动作。在上工具栏的"对象"工具列中单击"平面"按钮 ⊞，将平面对象放置在机器人的脚下，如图 13-39

所示。

06 为平面对象添加一个 PBR 贴图材质，如图 13-40 所示。

图 13-39   图 13-40

07 将 PBR 贴图材质赋予平面对象，并在材质管理器中双击 PBR 材质进行编辑。在弹出的"材质编辑器"对话框中先取消选中"反射"复选框，再选中"颜色"复选框，并在"纹理"选项中单击"浏览"按钮 ，从 AE 渲染输出的 JPEG 图像中载入第一张图片作为参考，如图 13-41 所示。

图 13-41

08 载入图像文件后，选中图像纹理，在弹出的"动画"选项卡中单击"计算"按钮，计算出动画的帧数，如图 13-42 所示。

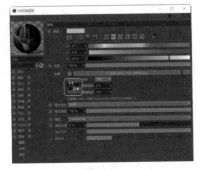

图 13-42

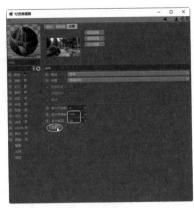

图 13-42（续）

09 在对话框左侧选择"编辑"选项，在编辑选项组中选中"动画预览"复选框，如图 13-43 所示。完成材质的编辑后关闭"材质编辑器"对话框。

图 13-43

10 在视图中查看平面对象，已经有了材质表现，如图 13-44 所示。但这个材质并不符合实际的场景，需要进一步调整。

图 13-44

11 在上工具栏的"场景"工具列中单击"背景"按钮 添加一个背景对象。将先前创建的 PBR 贴图材质拖至对象管理器的"背景"对象中，添加材质后视图中就有了背景，如图 13-45 所示。在这个背景中仍然能看见平面对象，需要进一步调整。

图 13-45

12 在对象管理器中选中"背景"对象和"平面"对象的材质标签图标，如图 13-46 所示。

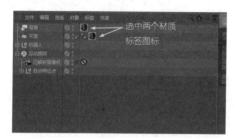

图 13-46

13 在其"纹理标签"的属性面板中设置投射方式为"前沿"，视图中的背景与平面的效果表现如图 13-47 所示。

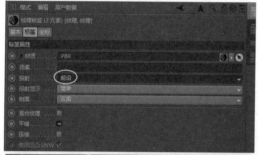

图 13-47

14 在对象管理器中单击"已解析摄像机"子对象后的对象按钮▓，返回动画场景中。在动画场景中，平面对象（地面）表现得很清晰，需要将平面对象合成到背景中，使平面对象不再表现（并非删除），如图 13-48 所示。

15 在对象管理器中选中"平面"对象，为其添加一个"合

成"标签，如图 13-49 所示。

图 13-48

图 13-49

16 添加"合成"标签后，在"合成标签"属性面板中设置两个选项，目的是将地面合成到背景中使其融为一体，这样就不会独立显示平面对象了，如图 13-50 所示。

图 13-50

17 单击"渲染活动视图"按钮▓，渲染合成后的影片素材，得到如图 13-51 所示的效果。

图 13-51

18 在视图的"过滤"菜单中取消选中"网格"复选框，

再在对象管理器中隐藏"平面"对象，此时视图中就不会显示网格对象和地面了，如图 13-52 所示。

图 13-52

19 模仿背景中的光照效果。此刻背景中是阴天（阳光在空气中的折射与反射，形成天光），还有少许的阳光照射，因此，创建两个区域光源来模拟阳光和自然天光。在对象管理器中暂时隐藏"背景"对象。

20 在上工具栏的"灯光"工具列中单击"区域光"按钮 ，创建一个区域光源，在视图中调整该光源的位置（先平移再旋转），如图 13-53 所示。

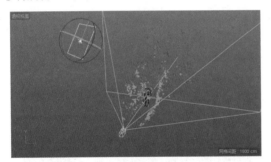

图 13-53

21 随后再创建一个区域光源来模拟自然天光，其方位如图 13-54 所示。

图 13-54

22 在上工具栏中单击"编辑渲染设置"按钮 ，在弹出的"渲染设置"对话框中设置"输出"选项中的影片类型，如图 13-55 所示。

23 设置"输出"选项中的"帧范围"为"手动"，并设置终点帧为 150，如图 13-56 所示。

图 13-55

图 13-56

24 设置"保存"选项，如图 13-57 所示。

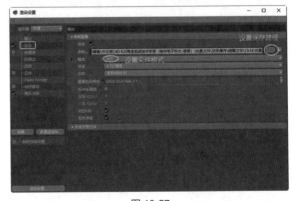

图 13-57

25 设置"抗锯齿"选项，如图 13-58 所示。

26 单击"效果"按钮，添加"环境吸收"效果和"全局光照"效果，如图 13-59 所示。

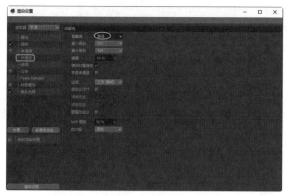

图 13-58

图 13-59

27 关闭 "渲染设置" 对话框。在上工具栏中单击 "渲染到图片查看器" 按钮 进行合成渲染，如图 13-60 所示。

图 13-60

28 至此，完成了本节的运动跟踪应用案例。

第 14 章

角色动画

角色是动画片制作中必不可少的重要组成部分。角色的设计是具象的、意象的和抽象的。如果影视作品中没有了角色，就好比电影中没有了演员，没有了剧情的载体，这是无法想象的。本章重点介绍 C4D 中角色动画的制作过程，同时也让读者通过本章的学习，了解角色动画设计的概念，重点掌握角色动画在动画创作中的重要地位，以及应如何去学习和应用。

知识分解：

- 角色动画概述
- 角色骨骼绑定
- 角色绑定与动画制作案例

14.1　角色动画概述

"角色"一词是来源于戏剧和电影，指的是由演员扮演的剧中人物。影视动画片中的"角色"可以是演员扮演的人物，还可以是一个机器人、一辆汽车、一个动物，甚至是一些表面不相干事物的集合物等。

由于动画是一门特殊的、综合的影视艺术形式，动画中的角色与一般影视作品中的人物角色是不同的，动画角色完全是虚拟的，是由剧作与美术设计者之手创作出来的，更具有想象力和灵活性，其操作空间是无限的，但十分逼真。如图 14-1 所示为科幻电影中的动画角色及游戏角色。

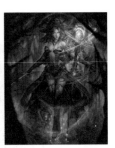

图 14-1

如图 14-2 所示为深受儿童欢迎的动画片中的动画角色。

图 14-2

在 C4D 中，角色具有这样的能力：一旦创建了角色，就可以使用

C4D 的动画功能在角色的基础上制作动画。C4D 提供了一种与典型传统动画技术紧密相关的直觉交互操作方式。用户还可以创建角色库，收集所有以普通方式组织的角色。总之，它的角色功能把所有作为动画基础的角色属性集中在一起。

通过把这些属性集中在一起，可以更容易、更快地进行动画创作。只需要把角色看作一个整体（即使其中的物体多么的不相干）进行动画创作，而不必担心使用设置角色的其他技术细节。

在 C4D 中创建角色动画的主要内容包括：角色对象、角色关节、关节绑定、关节权重、IK 应用等。在 C4D 界面右上角的"界面"下拉列表中选择 Ringing（Wide）选项，将进入角色动画设计模式中，其界面布局如图14-3 所示。

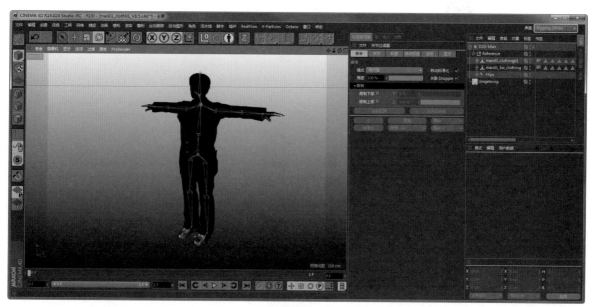

图 14-3

14.2　角色骨骼绑定

在当今 3D 动画及游戏盛行的时代，人们更多地注意到了角色的外观，以及动画场景中那些奇妙变幻的特效。而赋予角色灵魂的正是角色的骨骼绑定系统，如图 14-4 所示。

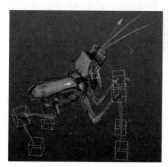

图 14-4

人能够做出各种动作，主要依靠的是神经系统，神经系统控制人体肌肉运动，而支撑人体做出各种动作的就是人体的骨骼。在 C4D 中骨骼系统由骨骼和关节组成，每两个关节之间会自动创建一根骨骼。

14.2.1 关节与肌肉工具

关节的绑定是给虚拟角色添加一具能够支撑它做各种复杂运动的骨骼系统（关节），这样就能够给虚拟角色赋予更加丰富的表情与动作。当然绑定工作做得越细致，所做动作就越连贯、越真实。C4D 角色的关节绑定将按照人体结构中各关节的具体位置进行操作，如图 14-5 所示。

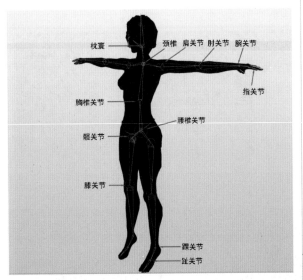

图 14-5

C4D 关节工具在"角色"菜单中，如图 14-6 所示。主要命令含义及应用方法介绍如下。

1. 关节工具

"关节工具"可以创建连续的、具有层次结构的关节，并能自动创建 IK（一种骨骼系统控制方式，称为"反向动力学"）。

关节工具的用法是：按下 Ctrl 键在角色模型中要创建关节的位置单击确定骨骼（关节）起点，在其他位置单击确定骨骼（关节）终点即可，如图 14-7 所示。

图 14-6

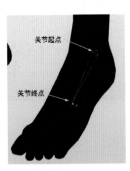

图 14-7

如果继续单击，可以创建具有层次结构的关节链（骨骼系统），如图 14-8 所示。

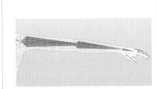

图 14-8

2. 关节对齐工具

"关节对齐工具"用来控制角色关节的对齐方式。当关节被移动或旋转后，其关节自身的轴向也发生了变化，如图 14-9 所示。

图 14-9

这就需要利用关节对齐工具对齐旋转后的关节与没有旋转的关节的轴向。按 Shift 键选取两个关节，然后选择"关节对齐工具" ，在弹出的"关节对齐工具"属性面板中单击"对齐"按钮，即可将选取的第二个关节与第一个关节轴向统一，如图 14-10 所示。

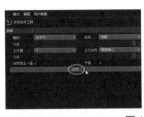

图 14-10

当然，这个"关节对齐工具"是全局对齐工具，是针对场景中所有角色的关节来操作的。若是单独对局部关节或某一个角色的关节进行对齐操作，可以在对象管理器中选择某一个节点的关节，再在其"关节"属性面板的"对象"选项卡中单击"对齐"按钮，即可对当前所选的关节组进行对齐操作，如图 14-11 所示。

图 14-11

3. 镜像工具

"镜像工具"是用来创建具有对称结构的角色关节。例如，手关节和腿关节的创建，可以创建一条手臂的关节和一条腿的关节，使用"镜像工具"后，即可镜像复制出另一条手臂及腿的关节，如图 14-12 所示。

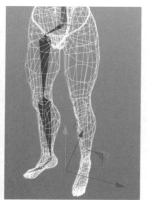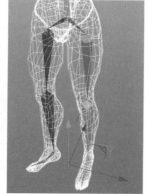

图 14-12

4. 绘制工具

利用"绘制工具"可以为角色模型的多边形顶点进行颜色贴图，如图 14-13 所示。

图 14-13

14.2.2　创建 IK 链

IK 在角色动画的表现中有着很重要的地位。通常的角色动画都是使用 FK 来进行计算的，这种计算方法中父骨骼的变换与子骨骼的变换决定了子骨骼最终的位置。而 IK 则相反，IK 是先决定子骨骼的变换，然后再推导父骨骼需要由此而产生的变换。

就如同人平时的行为一样——往往是手掌的位置和旋转需要先确定，再进行手肘变换的计算。这也就意味着 IK 的计算可能产生未知个数的解（0 个或多个），有可能手掌根本抓不到一个地方，或者手掌到了一个地方手肘可以有多个形态和变换。

事实上，完整的角色动画中既有 IK 骨骼控制系统又有 FK 骨骼控制系统。例如，人体做牵引、拖曳及支撑等动作时，使用 IK 控制方式较为方便（如做俯卧撑、端茶杯、推车等），但在处理圆环柔顺、主动发力的动作时，用 FK 控制方式更加灵活自如（如手臂回折、手臂自如摆动、扇扇子、做早操等），复杂的动作是连贯性的，需要在 IK 与 FK 之间实时转换，可见骨骼的绑定是一门很深的学问，需要长期的训练才能熟练掌握。

IK 链是基于 IK 骨骼控制算法的骨骼链，由多条关节链连接在一起的组合，如图 14-14 所示。创建了关节后，必须创建骨骼链，否则各关节不能做连接运动。

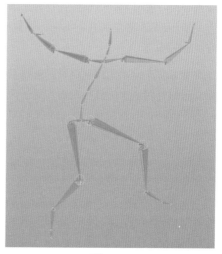

图 14-14

创建 IK 链的步骤很简单，在对象管理器中选中要创建 IK 链的具有父子关系的多个关节，再执行"角色"|"命令"|"创建 IK 链"命令，即可创建 IK 链，如图 14-15 所示。

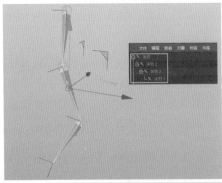

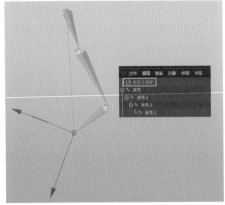

图 14-15

14.3 角色绑定与动画制作案例

由于创建角色动画的命令较多，鉴于篇幅关系不再逐一详细介绍。本节将以典型的人物骨骼绑定、动物骨骼绑定和机械 IK 绑定的几个案例，详解 C4D 角色动画的创建流程。

对于需要做复杂动作的角色绑定，可以自定义，按照前面介绍的骨骼绑定工具去完成。对于简单的角色动画，可以套用 C4D 的角色模板去完成。以下完成的几个角色绑定案例均采用角色模板来完成。

14.3.1 案例一：鱼类角色绑定

本例是利用角色功能创建鲨鱼角色绑定的动画。鱼类的角色绑定过程分四步：创建角色、调节关节、绑定关节和动画制作。鲨鱼模型如图 14-16 所示。

图 14-16

1. 创建角色

01 打开本例源文件夹中的"鲨鱼 .c4d"。

02 执行"角色"|"角色"命令，创建角色对象。

03 在"角色"属性面板的"基本"选项卡的"角色"下拉列表中选择"鱼类"选项，取消选中"自动尺寸"复选框，设定角色的骨骼尺寸为 10 000mm，如图 14-17 所示。

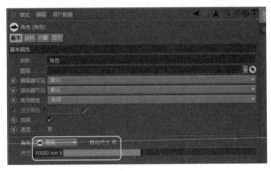

图 14-17

04 在"角色"属性面板"对象"选项卡的"建立"选项卡的"模板"下拉列表中选择 Fish 模板，然后在"组件"选项组中选择 Spine（IK）骨骼组件类型，系统将自动创建 IK 骨骼链，如图 14-18 所示。

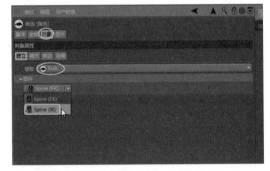

图 14-18

05 创建的鱼类角色与骨骼链（关节系统）如图 14-19 所示。

图 14-19

06 在对象管理器中选择 Spine-IK 子对象，在属性面板中单击 Fin（IK）按钮添加左胸鳍关节，再单击 Fin（IK）按钮添加右胸鳍关节，如图 14-20 所示。

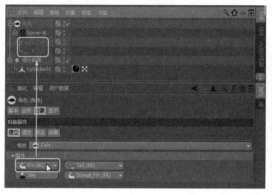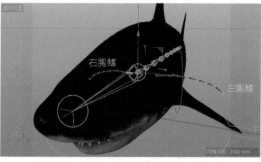

图 14-20

07 单击 Dorsal_Fin（FK）按钮，添加背鳍关节，如图 14-21 所示。

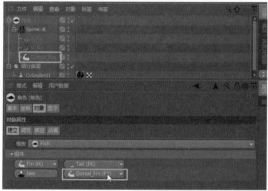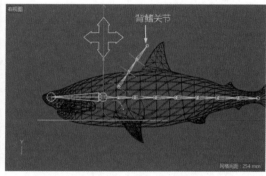

图 14-21

08 单击 Tail（FK）按钮，添加鱼尾鳍关节，如图 14-22 所示。

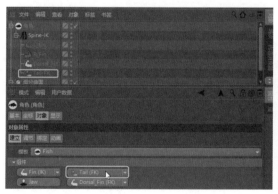

图 14-22

2. 调节关节

01 在对象管理器中选择 L_Fin 子对象，确保选中"角色"属性面板中的"对称"复选框，以便在调节左胸鳍关节时右胸鳍关节会自动跟随调节。

02 拖动左胸鳍的关节到合适的位置，然后采用缩放、移动、旋转等操作，在正视图中参考鲨鱼模型对左胸鳍关节进行调节，如图 14-23 所示。

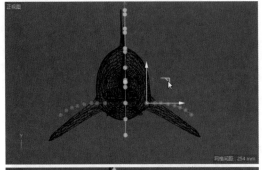

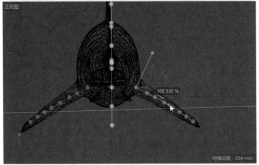

图 14-23

03 在顶视图中调节胸鳍关节，如图 14-24 所示。

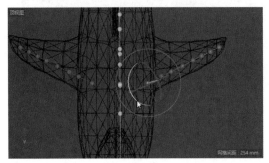

图 14-24

04 在对象管理器中选择 Dorsal_Fin 子对象，并在右视图中调节背鳍关节，如图 14-25 所示。

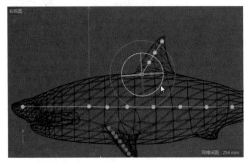

图 14-25

05 在对象管理器中选择 Tail-FK 子对象，在右视图中调节尾鳍关节，如图 14-26 所示。由于尾鳍是不对称的，可以在"角色"属性面板中取消选中"对称"复选框。

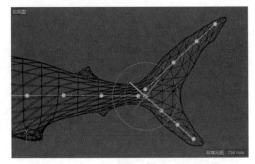

图 14-26

3. 绑定关节

01 在对象管理器中选中 Spine-IK 骨骼链对象，在"角色"属性面板的"对象"选项卡中单击"绑定"按钮，展开"绑定"选项卡。

02 将对象管理器中的 Cylinder01 鲨鱼模型对象拖入"绑定"选项卡的"对象"列表中，完成骨骼与模型的绑定，如图 14-27 所示。

图 14-27

4. 动画制作

01 在"角色"属性面板的"对象"选项卡中单击"动画"按钮，展开"动画"选项卡。

02 此时自动创建角色动画，在动画工具栏中单击"向前播放"按钮 ▷，播放角色动画。

03 若要调节鲨鱼游摆的动作幅度与速度，可以在"角色"属性面板的"控制器"选项卡中设置 Speed（速度）、Nose（鼻子）、Tail Wiggle（尾巴摆动）等参数改变鲨鱼摆动幅度和运动速度，如图 14-28 所示。

图 14-28

04 只不过鲨鱼的角色动画是在原位置的，要想模拟出在水里游动的动画，还要继续创建。首先在视图中选中骨骼的控制器并稍微拖动一下，查看骨骼控制器是否与鲨鱼模型绑定在一起，如图 14-29 所示。

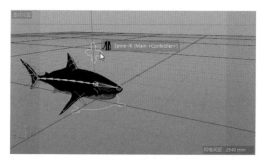

图 14-29

05 在动画工具栏中单击"记录活动对象"按钮 ⊘ 开始记录关键帧 0 帧。拖动时间滑块到 90 帧位置，再拖动骨骼链对象另一个位置，并再次单击"记录活动对象"按钮 ⊘ 记录第 90 帧，接着单击"自动关键帧"按钮 ⊙，完成动画的制作，如图 14-30 所示。

图 14-30

06 在动画工具栏中单击"转到开始"按钮 |◀，再单击"向前播放"按钮 ▷ 播放动画。至此，完成了鲨鱼骨骼绑定动画的制作。

提示：

其他动物的骨骼绑定与动画制作过程与鲨鱼（鱼类）相似，只是所选择的角色类型不同而已。

14.3.2　案例二：四足动物角色绑定

本节是以四足动物的代表——美洲豹的角色绑定为例，介绍四足动物是如何完成角色绑定的，又是如

何添加角色动画的。四足动物角色绑定的过程与鱼类角色绑定大致相同，不同的是会增加一些肢体关节。美洲豹模型如图 14-31 所示。

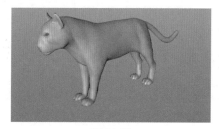

图 14-31

下面详解操作步骤。

1. 创建角色

01 打开本例源文件夹中的"美洲豹 .c4d"文件。

02 执行"角色"|"角色"命令，创建角色对象。

03 在"角色"属性面板的"基本"选项卡的"角色"下拉列表中选择"四足"选项，如图 14-32 所示。

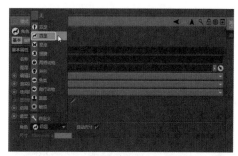

图 14-32

04 在"角色"属性面板的"对象"选项卡的"建立"选项卡的"模板"下拉列表中选择"四足"模板，然后在"组件"选项组中单击 Root 按钮，添加角色组件主控制器，如图 14-33 所示。

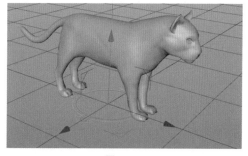

图 14-33

05 单击 Spine（IK/FK Blend）按钮，添加主体骨骼系统组件，如图 14-34 所示。

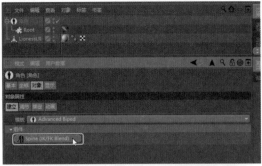

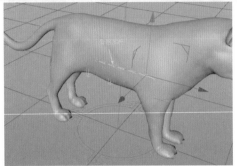

图 14-34

06 可在"角色"属性面板的"对象"选项卡的"建立"选项卡中设置"骨骼"选项组的关节数量，将默认关节数量 5 改为 6，如图 14-35 所示。

图 14-35

07 可见视图中的骨骼在模型中的比例较小，可通过缩放操作缩放模型，使模型比例与骨骼系统匹配，如图 14-36 所示。

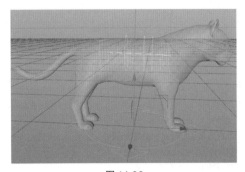

图 14-36

08 在对象管理器中选择 Spine 子对象，并在属性面板中单击 Back_Leg（后腿）按钮添加后腿关节，可以看到创建的后腿关节"生"在了豹子模型的前腿上，这需要将模型旋转 180°，如图 14-37 所示。

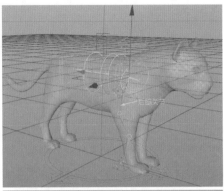

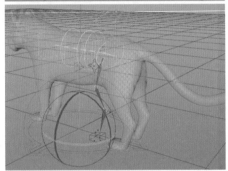

图 14-37

09 再单击 Back_Leg（后腿）按钮添加另一条后腿的关节。连续单击 Fornt_Leg（前腿）按钮，添加两条前腿的腿关节，如图 14-38 所示。

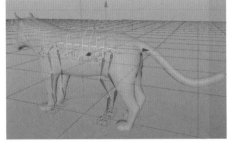

图 14-38

10 添加尾巴关节与颈部关节，这两处关节的骨骼链应为 FK 链（采用正向运动学原理来传递动作）。单击 Tail（FK）按钮，添加尾巴关节，再单击 Tail（FK）按钮添加颈部关节，如图 14-39 所示。

技术要点：

注意，每添加一次骨骼关节之前，都要先在对象管理器中选中 Spine 子对象。

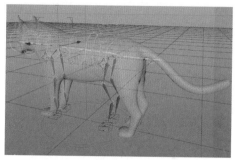

图 14-39

2. 调节骨骼链（关节）

01 在对象管理器中选择 L_Back_Leg 和 R_Back_Leg 子对象，确保选中"角色"属性面板的"对象"选项卡的"调节"选项卡中的"对称"复选框。

02 拖动后腿关节到合适位置，同时调节腿关节与脚趾关节的位置，如图 14-40 所示。

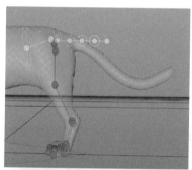

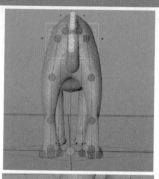

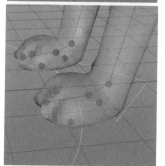

图 14-40

03 同理，调节前腿关节与前脚趾关节，如图 14-41 所示。

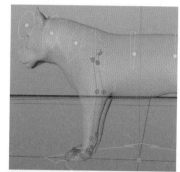

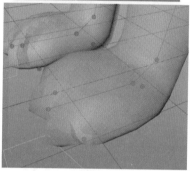

图 14-41

04 调节主体骨骼关节，如图 14-42 所示。

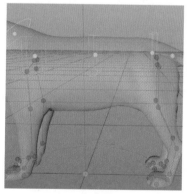

图 14-42

05 在对象管理器中选择 Tail 子对象，并调节尾巴关节，如图 14-43 所示。

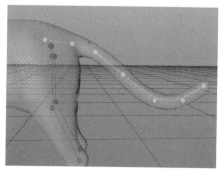

图 14-43

06 利用旋转和移动操作，调节颈部关节，如图 14-44 所示。

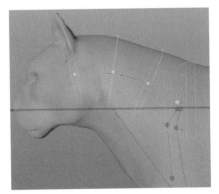

图 14-44

07 在对象管理器中选中 Neck（颈部）子对象，在"角色"属性面板的"对象"选项卡的"建立"选项卡的"组件"选项组中单击 Head（头）按钮，添加头部关节。在"组件"选项组中单击 Jaw（颚）按钮，添加下颚关节，如图 14-45 所示，下颚关节是头部关节的子对象。

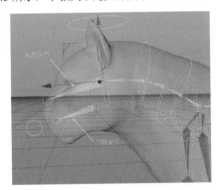

图 14-45

08 选中 Head 子对象，在"建立"选项卡的"组件"选项组中单击 Ear（FK）按钮，添加左耳的骨骼组件，再选中 Head 子对象并单击 Ear（FK）按钮，添加右耳骨骼组件，如图 14-46 所示。

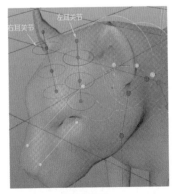

图 14-46

09 在"角色"属性面板的"调节"选项卡中，接着调节

头部关节、下颚关节与耳朵关节的位置，如图 14-47 所示。

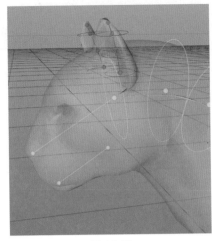

图 14-47

3. 骨骼绑定与添加行走动画

01 在对象管理器中选中"角色"对象，在"角色"属性面板的"对象"选项卡中单击"绑定"按钮，展开"绑定"选项卡。

02 将对象管理器中的 LionessLR 豹子模型对象拖入"绑定"选项卡的"对象"列表中，完成骨骼与模型的绑定，如图 14-48 所示。

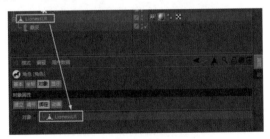

图 14-48

03 在属性面板中单击"动画"按钮展开"动画"选项卡。在该选项卡中单击"添加行走"按钮，为骨骼绑定添加一个行走动画，如图 14-49 所示。

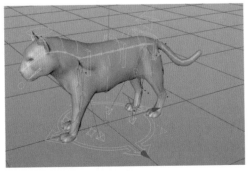

图 14-49

04 在动画工具栏中单击"向前播放"按钮 ▷，可以播放行走动画。至此，完成了四足动物的角色绑定操作。

> **提示：**
>
> 由于四足动物的骨骼系统要比鱼类的骨骼系统复杂得多，因此，在绑定角色以后，不会像鲨鱼角色动画那样可以自行创建角色动画。除了行走动画可以创建，其余的诸如嘴部的咬合、尾巴摆动、跑跳等动作，都需要我们为独立的动作添加权重（利用"角色"|"权重工具"命令）才能实现。

14.3.3　案例三：人物角色绑定

本例将一个人体模型利用角色模板进行骨骼绑定，创建出一个简单的行走动画。人物角色绑定的操作流程与前面两种角色模板的绑定操作相同，只不过因角色不同，人体骨骼的创建要比鲨鱼和豹子的骨骼创建复杂得多，且细节的处理也会有所不同。

本例的"男人"人体模型如图 14-50 所示。

图 14-50

下面详解操作步骤。

1. 创建角色

01 打开本例源文件夹中的"男人 .c4d"文件。

02 执行"角色"|"角色"命令，创建角色对象。

03 在"角色"属性面板的"基本"选项卡的"角色"下拉列表中选择"双足"角色类型选项，如图 14-51 所示。

04 在"角色"属性面板的"对象"选项卡的"建立"选项卡的"模板"下拉列表中选择 Biped（双足）模板，并在"组件"选项组中单击 Root 按钮，添加角色组件主控制器和躯干控制器，如图 14-52 所示。

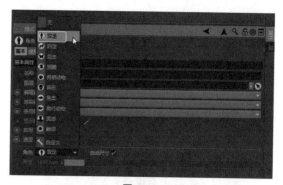

图 14-51

图 14-52

> **提示：**
>
> 除了 Biped（双足）模板是专门用于创建两足动物（主要是灵长类动物）的骨骼模板，还有一种高级的两足模板，就是 Advanced Biped（高级双足）模板，这个模板创建起来要稍微复杂一些。这里还是采用较为普通的 Biped（双足）模板。

05 添加的躯干控制器应放置于人体的胯部，便于创建脊柱关节。由于控制器是不能缩放的，这就需要通过缩放人体模型来适应躯干控制器，如图 14-53 所示。

图 14-53

图 14-53（续）

06 单击 Spine（FK）按钮，添加人体脊柱骨骼系统组件，如图 14-54 所示。

图 14-54

07 在对象管理器中选中 Spine 子对象，在属性面板中单击 Arm（IK）（手臂）按钮添加左手臂关节，再单击 Thumb（拇指）按钮和四次 Finger（手指）按钮，依次添加拇指关节和其他 4 根手指关节，如图 14-55 所示。

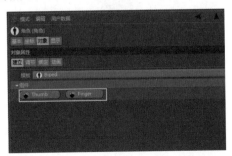

图 14-55

图 14-55（续）

08 选中 Spine 子对象，依次单击 Arm（IK）（手臂）按钮、Thumb（拇指）按钮和 4 次 Finger（手指）按钮，添加右手臂及其手指关节，如图 14-56 所示。

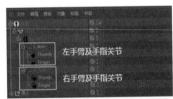

图 14-56

09 在对象管理器中选中 Spine 对象，在属性面板的"组件"选项组中单击 Leg（腿）按钮，添加左腿关节。再到对象管理器中选中 Spine 对象，在属性面板的"组件"选项组中单击 Leg（腿）按钮，添加右腿关节，如图 14-57 所示。

图 14-57

10 在对象管理器中选中 Spine 对象，在属性面板的"组件"选项组中单击 Head（头）按钮，添加头部关节，如图 14-58 所示。

图 14-58

2. 调节骨骼链（关节）

01 首先调节主体骨骼的关节（脊柱关节）。在对象管理器中选择"角色"对象，在"角色"属性面板的"对象"选项卡中单击"调节"按钮，展开"调节"选项卡。

02 在多个视图中调节脊柱关节位置，如图 14-59 所示。

图 14-59

03 同理，按照前面案例中调节骨骼关节的方法，完成人体上、下肢及头部关节的调整操作，最终关节调节完成的结果如图 14-60 所示。

图 14-60

3. 骨骼绑定与添加行走动画

01 在对象管理器中选中"角色"对象，在"角色"属性面板的"对象"选项卡中单击"绑定"按钮，展开"绑定"选项卡。

02 将对象管理器中的"男人"空白对象中的"躯干部分"和"头与手部分"的子对象拖入"绑定"选项卡的"对象"列表中，完成骨骼与人体模型的绑定，如图 14-61 所示。

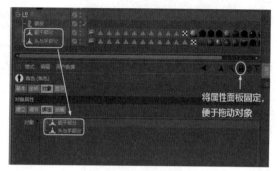

图 14-61

03 在属性面板中单击"动画"按钮展开"动画"选项卡。在该选项卡中单击"添加行走"按钮，为人体角色的骨骼绑定添加一个行走动作，如图 14-62 所示。

图 14-62

04 至此，完成了人物角色的绑定操作。

第 15 章

产品与包装设计

现代工业产品表现中，平面表现已无法跟上消费者的要求，立体工业产品表现已成主流。立体工业产品表现能够360°全方位展示产品的细节，展示效果更能吸引目标客户。

希望通过本章几个案例的介绍，能让大家掌握C4D软件在工业产品设计专业领域的具体应用。工业产品是静态展示，所以每一个案例都包括建模和渲染两大部分。

知识分解：
- Apple Watch 手表设计
- 饮料易拉罐包装设计

15.1 Apple Watch 手表设计

本例是 Apple Watch 手表的建模到渲染全流程讲解，首先在 C4D 中使用各种工具进行建模，模型完成后再进行产品场景渲染。完成的 Apple Watch 产品建模及渲染如图 15-1 所示。

图 15-1

15.1.1 产品建模

1. 创建表壳与显示屏

01 新建 C4D 场景文件。

02 在上工具栏的"对象"工具列中单击"立方体"按钮 ⬜，创建尺寸 X 为 36.5mm、尺寸 Y 为 42.5mm 和尺寸 Z 为 10.5mm 的立方体，如图 15-2 所示。

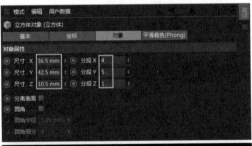

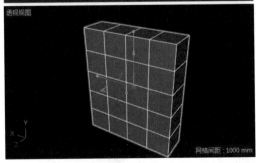

图 15-2

03 在左边栏中单击"转为可编辑对象"按钮 ⬤。在"对象"管理器中按住 Ctrl 键复制立方体，暂时隐藏复制的"立方体 .1"对象。

04 在左边栏中单击"多边形"按钮 ⬜，选取如图 15-3 所示的多个多边形。

05 右击并选择快捷菜单中的"内部挤压"命令，在"内部挤压"的属性面板中设置"偏移"值为 3，创建多边形的内部挤压结果如图 15-4 所示。

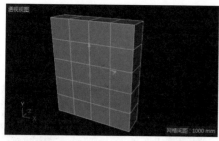

图 15-3

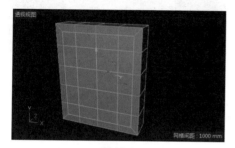

图 15-4

06 右击并选择快捷菜单中的"挤压"命令，创建"偏移"值为-3mm 的多边形挤压效果，如图 15-5 所示。完成后按 Enter 键结束挤压操作。

图 15-5

07 选中"立方体"对象和"立方体 .1"对象并按住 Alt 键，在上工具栏"生成器"工具列中单击"细分曲面"按钮，同时创建"细分曲面"对象和"细分曲面 .1"对象，且立方体各自变成细分曲面对象的子级，"立方体"对象中添加细分曲面的效果如图 15-6 所示。

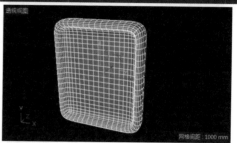

图 15-6

08 将"细分曲面"对象重命名为"表壳"，将"细分曲面 .1"对象重命名为"显示屏"，并显示"立方体 .1"子对象。视图中显示的"显示屏"和"表壳"如图 15-7 所示。

图 15-7

09 可见"表壳"与"显示屏"之间有很明显的缝隙，需要调整"显示屏"的位置，而且还要调整各自"细分曲面"属性面板中的"编辑器细分"值（细分值设为 4），这样就会变得很平滑，如图 15-8 所示。

图 15-8

2. 创建音量键

01 在上工具栏的"样条"工具列中单击"画笔"按钮

，在正视图中绘制样条曲线，如图 15-9 所示。

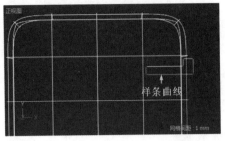

图 15-9

02 在左边栏中单击"启用轴心"按钮 ，将轴心平移至样条曲线的左下角的端点上，如图 15-10 所示。

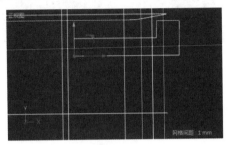

图 15-10

03 在"样条"对象被自动选中的情况下，按住 Alt 键在"生成器"工具列中单击"旋转"按钮 ，创建旋转对象，"样条"对象自动成为"旋转"对象的子级，如图 15-11 所示。

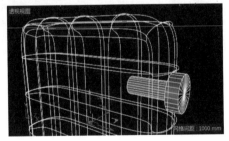

图 15-11

04 在上工具栏的"造型"工具列中单击"布尔"按钮 添加布尔造型器，然后在"对象"管理器中将"显示屏"对象和"表壳"对象拖至"布尔"对象中成为其子级，并设置"布尔类型"为"A 加 B"，意思是将两个对象进行布尔合并运算。重命名布尔对象为"显示屏和表壳"，如图 15-12 所示。

图 15-12

05 再次创建"布尔"对象，将"显示屏和表壳"对象和"旋转"对象拖放其中成为其子级，并设置布尔类型为"A 减 B"，"显示屏和表壳"对象在上，"旋转"对象在下，如图 15-13 所示。

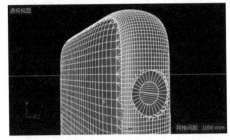

图 15-13

06 创建布尔对象后会发现对象与对象之间的线框显示比较杂乱，可以设置"布尔"对象和"显示屏和表壳"对象的属性选项来修正，如图 15-14 所示。

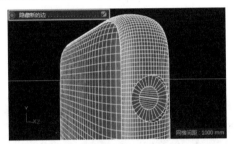

图 15-14

07 在"对象"管理器中按 Ctrl 键复制"旋转"子对象，复制的新旋转对象重命名为"音量键"，如图 15-15 所示。

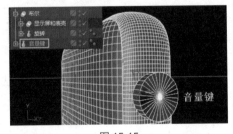

图 15-15

08 将"音量键"对象的属性面板的"对象"选项卡中的"细分数"值改为 50，再将"音量键"对象转为可编辑对象，如图 15-16 所示。

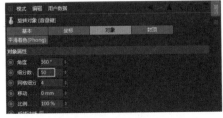

图 15-16

09 切换到边选择模式（左边栏单击"边"按钮），执行"选择"|"选择平滑着色（phong）断开"命令，在视图中选择"音量键"对象的边，如图 15-17 所示。

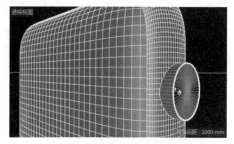

图 15-17

10 选取边后，在视图中右击并选择快捷菜单中的"倒角"命令，在"倒角"属性面板中设置倒角属性参数，完成边倒圆操作，如图 15-18 所示。

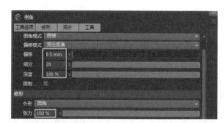

图 15-18

11 切换到多边形选择模式，按 Shift 键间隔选取圆角上的多边形，如图 15-19 所示。

12 选取多边形后在视图中右击并选择快捷菜单中的"挤压"命令，创建所选多边形对象的挤压（挤压"偏移"值为 −0.1mm），如图 15-20 所示。

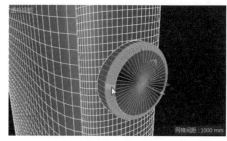

图 15-19

图 15-20

13 将"布尔"对象重命名为"表身"，这样就完成了表身和音量键的创建。

3. 创建开关键

01 在"样条"工具列中单击"矩形"按钮，创建矩形，如图 15-21 和图 15-22 所示。

图 15-21

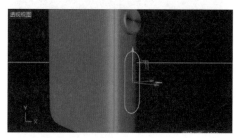

图 15-22

02 按住 Alt 键并单击"挤压"按钮，创建挤压，"挤压"对象属性面板中的设置如图 15-23 所示。

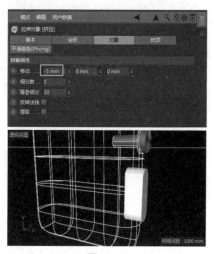

图 15-23

03 创建"布尔 .1"对象，将先前的"布尔"对象和"表身"对象拖至"布尔 .1"对象中，并设置布尔类型为"A减 B"，创建开关键槽，如图 15-24 所示。

04 重命名"布尔 .1"对象为"表身"。将"挤压"子对象复制出来，并重命名为"开关键"。

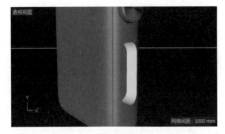

图 15-24

05 将"表身"对象中的"表壳"子对象复制出来,以便与"开关键"对象进行布尔运算,如图 15-25 所示。

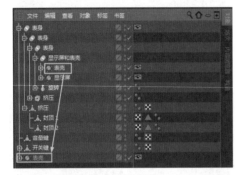

图 15-25

06 暂时将"表身"对象隐藏,然后平移"开关键"对象,如图 15-26 所示。注意,不能将"开关键"对象穿透"表壳"对象,如图 15-27 所示。

图 15-26

图 15-27

07 创建"布尔"对象,将"开关键"对象和"表壳"对象拖入其中,并设置布尔类型为"AB 交集",结果如图 15-28 所示。将创建的"布尔"对象重命名为"开关键"。

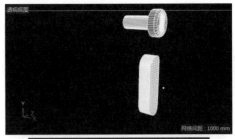

图 15-28

08 显示"表身"对象,将"开关键"对象稍微向 X 轴平移一段距离,完成开关键的创建,如图 15-29 所示。

图 15-29

09 单击"对象"工具列中的"空白"按钮 ▬,创建一个空集,并重命名为"表身",将"表身"布尔对象、"音量键"对象和"开关键"布尔对象拖入其中。

4. 表带建模

(1)"表带 1"建模。

01 在"对象"工具列中单击"矩形"按钮 ▣,创建立方体,属性设置如图 15-30 所示。

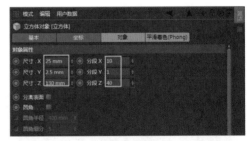

图 15-30

02 在正视图中,利用"样条"工具列中的"矩形"工具

和"圆环"工具，先后绘制一个矩形和一个圆环，圆环
半径为 12.5mm，矩形宽度为 35mm，高度为 25mm，矩
形中心点平移到圆环象限点上，如图 15-31 所示。

图 15-31

03 在"对象"管理器中先选中"圆环"对象，按 Ctrl 键
选中"矩形"对象，在"样条"工具列中单击"样条差集"
按钮，创建曲线的布尔运算，结果如图 15-32 所示。
布尔运算后两个对象合并为一个对象（"矩形"对象）。

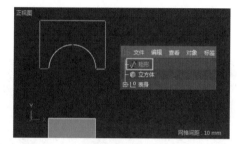

图 15-32

04 选中"矩形"对象并按 Alt 键，单击"生成器"工具
列中的"挤压"按钮，创建"挤压"对象，并将"挤压"
对象平移到立方体上方，如图 15-33 所示。

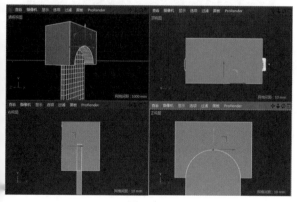

图 15-33

05 创建"布尔"对象，将"立方体"对象（在上）和"挤压"
对象（在下）拖入其中成为其子级，选择布尔类型为"A
减 B"，结果如图 15-34 所示。

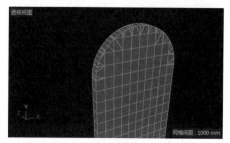

图 15-34

06 在"对象"管理器中选中"布尔"对象、"立方体"
子对象和"挤压"子对象，右击并选择快捷菜单中的"连
接对象 + 删除"命令，将 3 个对象合并成一个可编辑的
多边形对象，如图 15-35 所示。

图 15-35

07 选中"布尔 .1"对象，切换到多边形选择模式。在对
象底部的两侧，分别将底部的多边形各自向反方向平移，
结果如图 15-36 所示。

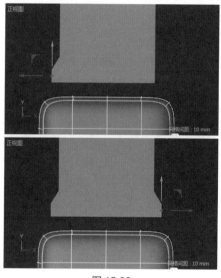

图 15-36

08 切换到边选择模式，选取多边形的一条边进行平移操
作，如图 15-37 所示。

227

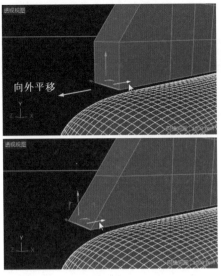

图 15-37

09 同理，另一侧多边形的边也进行相同的平移操作，结果如图 15-38 所示。

图 15-38

10 继续平移操作。选择如图 15-39 所示的多条边（也可以切换到点模式来选择多个点）并进行平移。

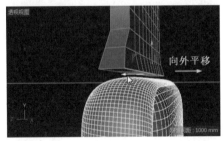

图 15-39

11 同理，在对称的另一侧也进行多条边的平移操作，平移距离相同。

12 在"对象"工具列中单击"圆柱"按钮 创建圆柱，创建圆柱后向上平移圆柱，如图 15-40 所示。

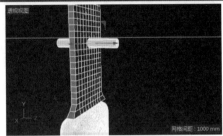

图 15-40

13 在"圆柱"对象被选中的情况下，按住 Alt 键单击"造型"工具列中的"克隆"按钮，创建圆柱的克隆。"克隆"对象的属性面板设置如图 15-41 所示。

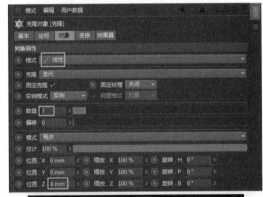

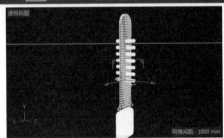

图 15-41

14 创建"布尔"对象，将"布尔 .1"多边形对象（在上）和"克隆"对象（在下）拖入其中成为其子级。选择布尔类型为"A 减 B"，布尔运算结果如图 15-42 所示。

15 选中"布尔"对象并按 Alt 键，单击"细分曲面"按钮，创建"细分曲面"对象，细分效果如图 15-43 所示。

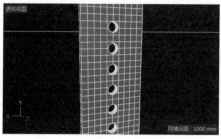

图 15-42

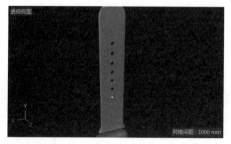

图 15-43

16 将"细分曲面"对象向下平移，与表身相交，如图 15-44 所示。暂时将"细分曲面"重命名为"表带 1"。

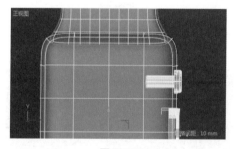

图 15-44

（2）"表带 2"建模。

01 "表带 2"的建模过程与"表带 1"的建模过程完全相同。为了节省操作步骤，先将"表带 1"对象中的"布尔 .1"多边形子对象复制出来，作为"表带 2"的模型基础，如图 15-45 所示。

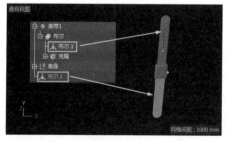

图 15-45

02 选中复制的多边形对象并切换到多边形选择模式。选择如图 15-46 所示的两个多边形，并将其平移。

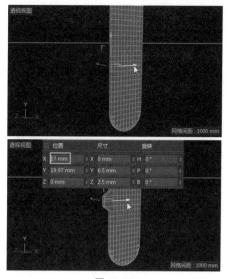

图 15-46

03 同样在对称的另一侧也平移两个多边形。为了确保两边的平移量是相等的，可以在"坐标管理器"中输入精确值，如图 15-47 所示。

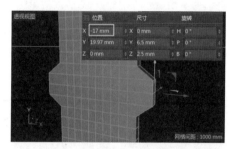

图 15-47

04 创建一个立方体，将其平移到"布尔 .1"多边形子对象中，属性面板中的参数如图 15-48 所示。

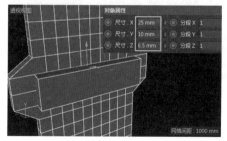

图 15-48

05 将立方体转为可编辑多边形对象。切换到边选择模式，选择两条边来创建倒角，如图 15-49 所示。

06 同理，在另一侧也创建相同尺寸的倒角。

07 创建"布尔"对象，将"布尔 .1"多边形对象（在上）和"立方体"多边形对象拖至"布尔"对象中，选择布尔类型为"A 减 B"，布尔减运算结果如图 15-50 所示。

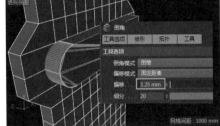

图 15-49

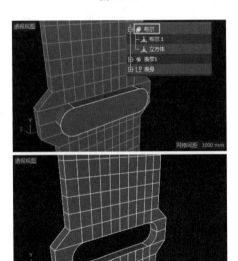

图 15-50

08 选中"布尔"对象并按 Alt 键，单击"细分曲面"按钮 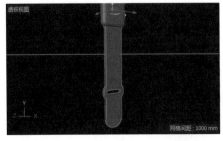 创建"细分曲面"对象，细分曲面的效果如图 15-51 所示。重命名"细分曲面"对象为"表带 2"。

09 通过旋转操作将"表带 1"和"表带 2"的位置对调，对调结果如图 15-52 所示。

图 15-51

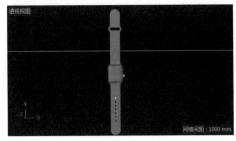

图 15-52

10 在表身上创建表带槽。选中"表带 1"对象的"布尔 .1"多边形子对象，再切换到多边形选择模式。选取如图 15-53 所示的右侧的多边形，并向外平移。

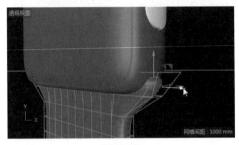

图 15-53

11 同样在左侧也拖动多边形进行变形操作，效果如图 15-54 所示。

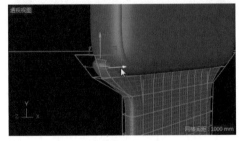

图 15-54

12 同理，在表身的另一侧也对"表带 2"对象进行拖动多边形的变形操作，如图 15-55 所示。

13 将"表带 1"和"表带 2"对象进行旋转和平移操作，结果如图 15-56 所示。

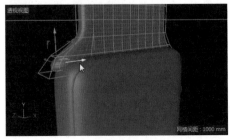

图 15-55

图 15-55（续）

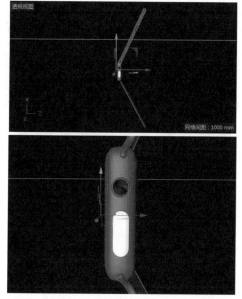

图 15-56

14 按住 Ctrl 键拖动"表带 1"对象和"表带 2"对象进行复制，如图 15-57 所示。复制后隐藏"表带 1"对象和"表带 2"对象。

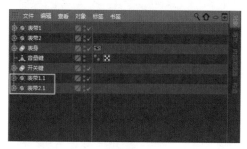

图 15-57

15 在复制的"表带 1.1"对象中，按 Ctrl 键选中所有的子对象"表带 1.1"对象，右击并选择快捷菜单中的"连妾对象 + 删除"命令，将多个层级的子对象合并为一个多边形对象，如图 15-58 所示。

图 15-58

16 同理，也对复制的"表带 2.1"对象也进行合并操作，如图 15-59 所示。

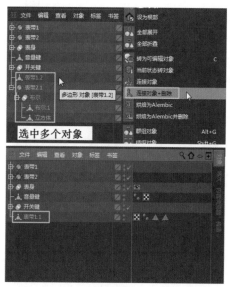

图 15-59

17 单击"布尔"按钮 创建"布尔"对象，将"表身"对象（在上）和合并的"表带 1.1"对象拖入其中成为其子级。并选择布尔类型为"A 减 B"，布尔减运算的结果如图 15-60 所示。再次重命名"布尔"对象为"表身"。

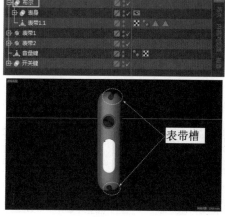

图 15-60

231

18 表带槽创建完成后返回，编辑与修改"表带 1"与"表带 2"对象的多边形，如图 15-61 所示。

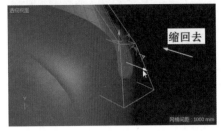

图 15-61

19 在"对象"工具列中单击"空白"按钮 [L0]，创建空白对象。将"表带 1"对象拖入"空白"对象中成为其子级，并显示"表带 1"对象。接着重命名"空白"对象为"表带 1"。

20 同理，再创建一个"空白"对象，将"表带 2"对象拖入其中，并重命名"空白"对象为"表带 2"，如图 15-62 所示。此举的目的是为了对表带进行样条变形。

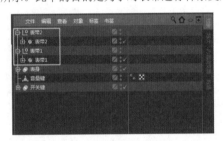

图 15-62

5. 创建铆钉和表带变形

01 感应芯片的模型结构很简单，由两个圆柱体和一个球体构成。

02 在视图中创建两个圆柱体，如图 15-63 所示。接着再创建一个球体，如图 15-64 所示。

03 创建一个"空白"对象，并重命名为"铆钉"。将上一步创建的两个圆柱体和一个球体拖入其中。

04 将"铆钉"对象和其 3 个子级对象合并（右击选择"连接对象 + 删除"命令），如图 15-65 所示。

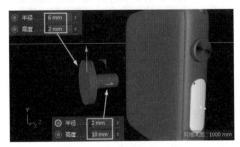

图 15-63

图 15-64

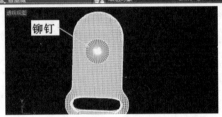

图 15-65

05 为了操作方便，接下来将"开关键""表带 1""表带 2"等对象各自合并，合并后重命名，结果如图 15-66 所示。

图 15-66

06 选中并激活右视图。按快捷键 Shift+V 打开"视窗"属性面板。在"背景"选项卡单击"图像"选项右侧的"浏览"按钮 ....，从本章源文件夹中打开 Apple Watch3.jpg 图像文件，如图 15-67 所示。

图 15-67

07 单击"样条"工具列中的"画笔"按钮 ✎，在右视图中绘制样条曲线，如图 15-68 所示。绘制后要调节样条线的平滑度。

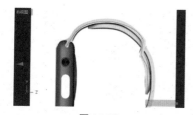

图 15-68

08 选中"表带 2"对象并按 Shift 键，在"变形器"工具列中单击"样条约束"按钮 ✎，创建"样条约束"对象。将"样条"对象拖至"样条约束"对象的属性面板的"样条"选择框中，可见视图中表带的变形情况，如图 15-69 所示。

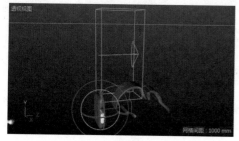

图 15-69

09 效果看起来十分不好，在视图中通过旋转和平移操作，调整样条约束的变形器，如图 15-70 所示。

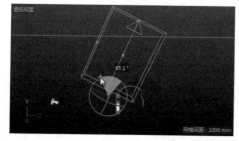

图 15-70

10 在"样条约束"属性面板中设置属性参数及选项，"表带 2"的变形效果如图 15-71 所示。

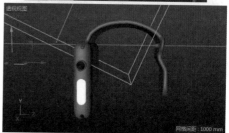

图 15-71

11 同理，继续在右视图中绘制"表带 1"的样条曲线，再创建"样条约束"对象，最终的样条变形效果如图 15-72 所示。

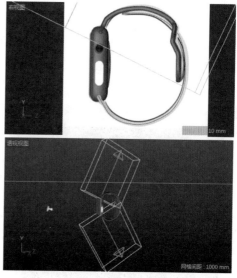

图 15-72

12 将"铆钉"对象旋转并平移到"表带 2"中，如图 15-73 所示。至此，Apple Watch 的建模操作已经全部完成，接下来对模型进行渲染。

图 15-73

图 15-73（续）

15.1.2 场景渲染

在 Apple Watch 手表模型渲染中，将采用 C4D 自身的渲染引擎来操作。渲染操作的内容包括材质和贴图的赋予和灯光的布置。

表壳的材质是铝合金（也可以选择其他颜色的金属磨砂材质），屏幕的材质是黑色高光塑料带贴图，表带的材质是白色塑料，铆钉是金属材质，音量键的材质是磨砂金属，开关键的材质是塑料，与表壳材质相同。

关于材质的预设在前文中已经详细介绍，这里直接使用。

01 在"内容浏览器"面板中通过预设库，将手表的各种材质先找出来，放置在"材质"管理器中，如图 15-74 所示。

图 15-74

02 在"材质"管理器中将材质逐一赋予视图中的对象，"表身"对象中有表壳和屏幕，需要在"对象"管理器中赋予材质，如图 15-75 所示。

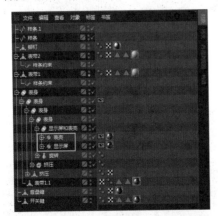

图 15-75

03 赋予材质的效果如图 15-76 所示。

图 15-76

04 在"对象"管理器中双击"显示屏"子对象的黑色塑料材质，在弹出的"材质"属性面板中的"颜色"选项卡中单击"纹理"选项右侧的 ⋯ 按钮，从本例源文件夹中打开"界面 .jpg"图像文件，自动完成显示屏的贴图操作，如图 15-77 所示。

图 15-77

05 在"灯光"工具列中单击"目标聚光灯"按钮 创建一个目标聚光灯，位置和方向如图 15-78 所示。

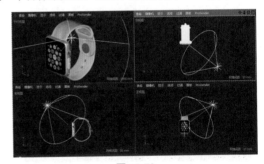

图 15-78

06 在"场景"工具列中单击"天空"按钮 创建"天空"对象，最后单击"渲染到图片查看器"按钮 ，进行场景渲染，渲染效果如图 15-79 所示。

图 15-79

07 渲染完成后将图片导出。

15.2 饮料易拉罐包装设计

　　本节详细介绍饮料的易拉罐包装设计方法。易拉罐的建模造型的难点在于拉环的设计，本节从基础结构建模入手，到细节设计，再到产品的渲染，对整个设计过程进行详细描述。饮料易拉罐包装的渲染效果如图 15-80 所示。

图 15-80

15.2.1 产品建模

　　整个易拉罐包装产品的结构由罐体和罐盖组成，其中罐盖又由盖体、开口片和拉环组成。330 毫升易拉罐包装产品的结构尺寸如下。

- 材质为铝合金、铝镁合金或马口铁。
- 壁厚为 0.27mm。
- 罐体直径为 65mm。
- 罐高为 115mm。

1. 罐体设计

01 新建 C4D 场景文件。在右视图顶部的"选项"菜单中选择"配置视图"命令，或者按快捷键 Shift+V，打开"视窗"属性面板。

02 在"背景"选项卡中单击"图像"选项右侧的 ![按钮](...) 按钮，从本例源文件夹中打开"易拉罐_右视图.jpg"图像文件，如图 15-81 所示。

图 15-81

图 15-81（续）

03 单击"圆柱"按钮 ![图标](...)，创建半径为 32.5mm、高度为 115mm、旋转分段数为 12 的圆柱体，参数设置如图 15-82 所示。

图 15-82

04 再按快捷键 Shift+V 打开"视窗"属性面板。设置图片的比例、尺寸和透明等参数，使图片中的图形尽可能地重合圆柱体便于后期建模，如图 15-83 所示。

图 15-83

05 调整比例尺寸后的背景图片如图 15-84 所示。

图 15-84

06 将圆柱体转为可编辑多边形对象。切换到多边形选择模式，将圆柱体顶部的所有多边形删除（按 Delete 键删除），如图 15-85 所示。

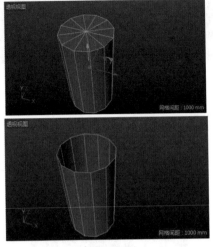

图 15-85

07 利用"循环选择"工具配合选择底端的这条边，将底部的多边形也全部删除，如图 15-86 所示。

图 15-86

技术要点：

底部多边形为什么要删除重建呢？主要是因为原有的底部多边形不会随着侧面多边形的挤压而跟随变形，所以需要删除重建，重建的是挤压多边形。

08 右击并在弹出的快捷菜单中选择"挤压"命令，再结合"缩放"工具，按住 Shift 键统一缩放这条边，向内挤出多边形，如图 15-87 所示。

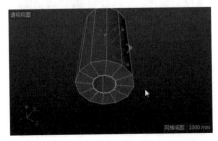

图 15-87

技术要点：

如果按 Shift 键无法缩放所选的边，可以先按 Ctrl 键缩放一下，再改为按 Shift 键继续缩放。

09 中间的孔洞需要右击并在弹出的快捷菜单中选择"焊接"命令来修补，如图 15-88 所示。

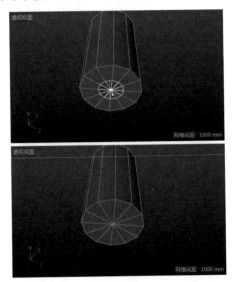

图 15-88

10 在右视图中右击并选择快捷菜单中的"循环\路径切割"命令，参考背景图片切割多边形，第一次的切割如图 15-89 所示。

图 15-89

11 同理，依次完成其他区域的切割，如图 15-90 所示。

图 15-90

12 为了使变形完全匹配背景图片中的罐体轮廓，选中"圆柱"对象并按 Alt 键，单击"细分曲面"按钮，创建

"细分曲面"对象。可见当圆柱在添加细分曲面效果后，轮廓有一定的缩小，如图 15-91 所示。

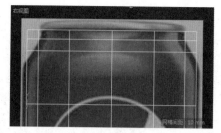

图 15-91

13 通过"缩放"命令将"细分曲面"对象放大（在上工具栏中单击 Y 按钮取消亮显，仅在 X、Z 轴缩放），与背景中的轮廓重合即可，如图 15-92 所示。

图 15-92

14 暂时将细分曲面的效果关闭（不是将"细分曲面"对象隐藏），也就是将"细分曲面"对象后的 ✓ 图标变成 ✗ 图标。

15 切换到边选择模式。参考背景图片中的罐体上方，执行"选择"|"循环选择"命令，选择顶部的这条边，再单击"缩放"按钮 ▣，按住 Shift 键进行缩放，如图 15-93 所示。同理，将另两条分割出来的边进行缩放，如图 15-94 所示。

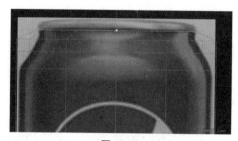

图 15-93

图 15-94

16 缩放边，需要实时查看细分曲面的效果，以此对比背景图片中的罐体轮廓，如图 15-95 所示。如果不能完美匹配图片中的罐体轮廓，可以适当增加分割边，再进行缩放操作，效果如图 15-96 所示。

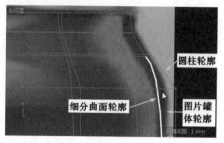

图 15-95

17 在圆柱下方进行分割边的缩放操作，方法与上方相同，但是处于转折位置的边需要添加倒角，才能保证完全与背景轮廓重合，效果如图 15-97 所示。

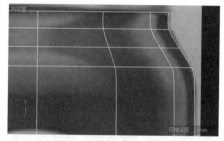

图 15-96

技术要点：

这些细节的调整不可能用几张图片就能表达清楚，最好参考本例详细的操作视频。

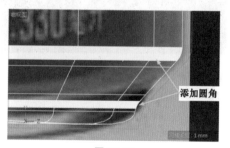

图 15-97

18 切换到多边形选择模式。选中修补的多边形，右击并在弹出的快捷菜单中选择"内部挤压"命令，按住 Shift 键拖动鼠标指针创建内部挤压（也可以在"内部挤压"属性面板中输入"偏移"值为 2mm 并确认），如图 15-98 所示。

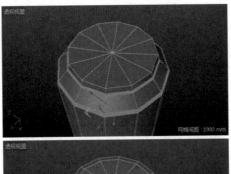

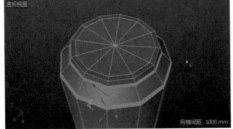

图 15-98

19 右击并在弹出的快捷菜单中选择"挤压"命令，向-Y轴挤压多边形（也可以直接在属性面板中输入"偏移"值为-4.5mm并按 Enter 键确认），如图 15-99 所示。

图 15-99

20 在多边形被选中的情况下，单击"缩放"按钮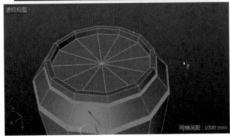并按住 Shift 键进行缩放，使侧面挤压的多边形形成一定的锥度，如图 15-100 所示。

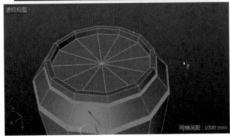

图 15-100

21 右击并在弹出的快捷菜单中选择"挤压"命令，再往-Y 轴方向挤压 2.5mm 的距离，如图 15-101 所示。

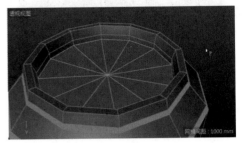

图 15-101

技术要点：

这里分两次挤压，目的是能够在细分曲面的作用下产生圆弧过渡。

22 右击并在弹出的快捷菜单中选择"内部挤压"命令，创建出内部挤压的多边形，如图 15-102 所示。

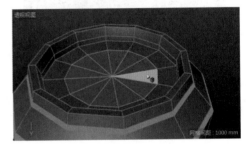

图 15-102

23 单击上工具栏中的"移动"按钮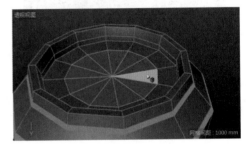，向 Y 轴方向拖动多边形一段距离，这样就能保证底部多边形在细分曲面的作用下形成圆弧形凹槽，如图 15-103 所示。至此完成了罐体的造型设计，将"细分曲面"对象重命名为"罐体"。

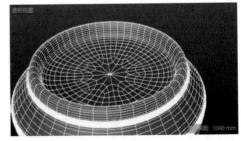

图 15-103

2. 罐盖设计

（1）盖体。

01 设计盖体时需要载入易拉罐顶部视角的图片来参考建

模。在顶视图上方的"选项"菜单中选择"配置视图"命令，或者按快捷键 Shift+V 打开"视窗"属性面板。

02 从本例源文件夹中载入"易拉罐 _ 顶视图 .jpg"图像文件，如图 15-104 所示。

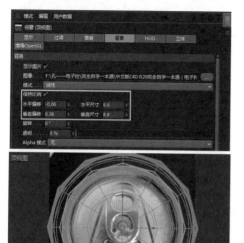

图 15-104

03 创建圆柱体，并将圆柱体平移到罐体顶部，如图 15-105 所示。

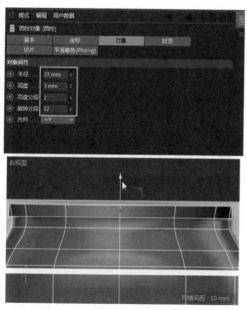

图 15-105

04 暂时将罐体部分隐藏。将新建的圆柱体转为可编辑多边形，切换到多边形选择模式，选取圆柱体顶部和底部的多边形并删除，如图 15-106 所示。

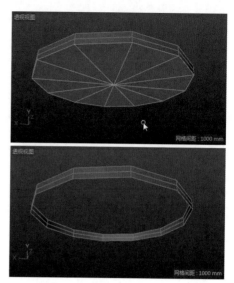

图 15-106

05 切换到边选择模式，利用"循环选择"工具选取顶部的边，右击并在弹出的快捷菜单中选择"挤压"命令，再单击"缩放"按钮 ，按住 Shift 键并拖动鼠标指针创建挤压多边形，如图 15-107 所示。中间所形成的孔洞利用右击快捷菜单中的"焊接"命令来修补，结果如图 15-108 所示。

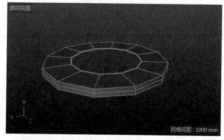

图 15-107

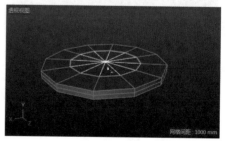

图 15-108

06 选中"圆柱"对象并按下 Alt 键，单击"细分曲面"按钮 创建"细分曲面"对象。可见"圆柱"对象在添加了细分曲面后缩小了。通过"缩放"命令，选择"细分曲面"对象在 X 轴和 Z 轴方向缩放，如图 15-109 所示。

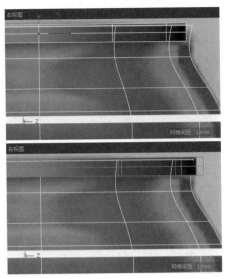

图 15-109

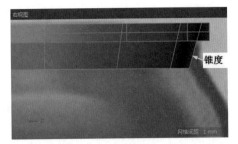

图 15-112

07 切换到多边形选择模式。在顶视图中，选取顶部所有多边形，右击并在弹出的快捷菜单中选择"内部挤压"命令，创建内部挤压多边形，如图 15-110 所示。

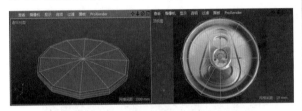

图 15-110

08 在透视视图中右击并在弹出的快捷菜单中选择"挤压"命令，按住 Shift 键并拖动鼠标指针向-Y 方向挤压 10mm，如图 15-111 所示。

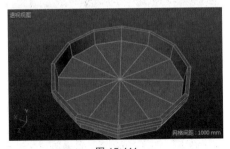

图 15-111

09 单击"缩放"按钮 ，按住 Shift 键并拖动鼠标指针向内缩放多边形，以此让侧壁的多边形形成一定的锥度，如图 15-112 所示。

10 切换到边选择模式。以"循环选择"的方式选取如图 15-113 所示的边，右击并在弹出的快捷菜单中选择"倒角"命令，按住 Shift 键并拖动鼠标指针来创建圆角。

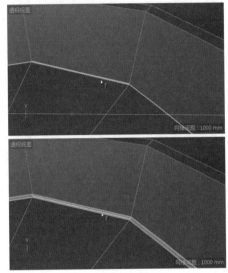

图 15-113

11 切换到多边形选择模式。选择底部的所有多边形，右击并在弹出的快捷菜单中选择"内部挤压"命令，创建内部挤压多边形，如图 15-114 所示。

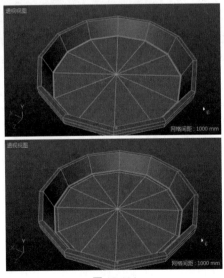

图 15-114

12 右击并在弹出的快捷菜单中选择"挤压"命令，按住

Shift 键并拖动鼠标指针（向上拖动是向−Y 轴方向挤压，向下拖动是向 +Y 轴方向挤压）向 +Y 轴方向创建挤压，挤压"偏移"值为 3mm，如图 15-115 所示。

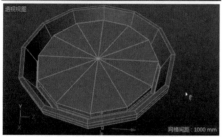

图 15-115

13 单击"缩放"按钮 ![缩放图标]，缩放挤压的多边形，使侧壁多边形具有一定的锥度（锥度不要太大，稍微有些锥度即可）。

14 切换到边选择模式，选择如图 15-116 所示的边创建倒角。

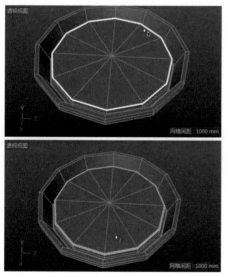

图 15-116

15 处理罐盖外延部分，这部分的多边形仅包裹在罐体上。切换到边选择模式，在右视图中，循环选择圆柱侧壁的多边形底部的边，向内缩放，效果如图 15-117 所示。

16 在顶视图中，参考背景图片中的凹槽轮廓来切割多边形，如图 15-118 所示。

图 15-117

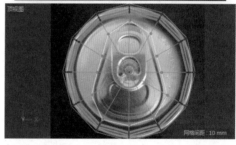

图 15-118

17 切换到点选择模式，单击"移动"按钮 ![移动图标]，移动切割点，使边贴合凹槽轮廓，如图 15-119 所示。

18 选中多边形，右击并在弹出的快捷菜单中选择"内部挤压"命令，创建多边形的内部挤压（"偏移"值为 0.7mm），如图 15-120 所示。

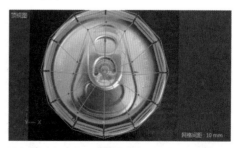

图 15-119

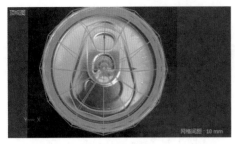

图 15-119（续）

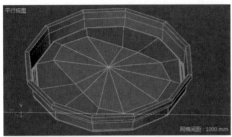

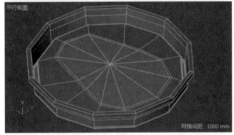

图 15-120

19 单击"平移"按钮 ✛ 将内部挤压的多边形向-Y 方向移动 1mm，形成有锥度的凹槽，如图 15-121 所示。切换到边选择模式，右击"倒角"按钮创建两条完整边的圆角（圆角半径为 0.2mm），如图 15-122 所示。

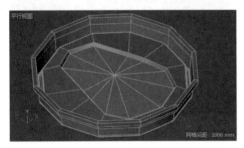

图 15-121

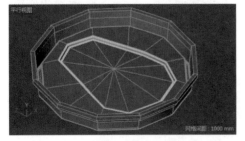

图 15-122

20 选中中间的多边形，向 +Y 轴方向平移 0.1mm，使中间的多边形向上凸起。在细分曲面作用下，罐盖的盖体模型如图 15-123 所示。

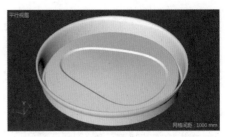

图 15-123

（2）开口片。

01 在顶视图中，右击并在弹出的快捷菜单中选择"线性切割"命令，切割多边形，结果如图 15-124 所示。

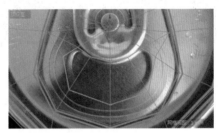

图 15-124

技术要点：

如果产生了多余的点或边，可以右击并在弹出的快捷菜单中选择"消除"或者"融解"命令来消除。

02 选中内部的多边形，右击并在弹出的快捷菜单中选择"内部挤压"命令，创建多边形的内部挤压，如图 15-125 所示。

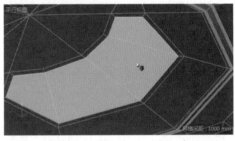

图 15-125

03 右击并在弹出的快捷菜单中选择"挤压"命令，向-Y 轴方向挤压，如图 15-126 所示。

04 切换到点选择模式，选取多边形挤压中间的 3 个点，利用"移动"工具向 Y 轴方向平移，如图 15-127 所示。

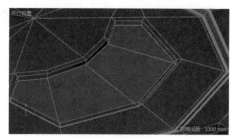

图 15-126

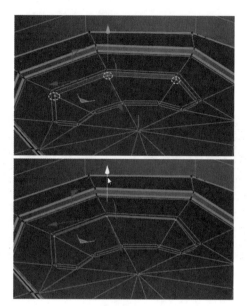

图 15-127

05 切换到边选择模式，选取如图 15-128 所示的几条边，创建半径为 0.02mm 的倒角（圆角），最终形成的凹槽效果如图 15-129 所示。

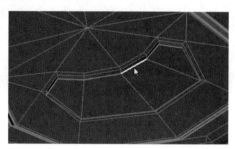

图 15-128

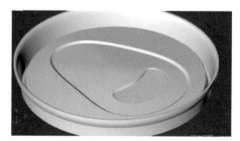

图 15-129

06 同理，拉环位置还有一个凹槽，做法与前面的凹槽完全相同，效果如图 15-130 所示。最后将"细分曲面"对象重命名为"盖体与开口片"。

图 15-130

（3）拉环。

01 单击"立方体"按钮，创建如图 15-131 所示的立方体。

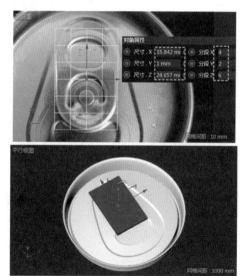

图 15-131

02 将立方体转为可编辑对象，切换到点选择模式，再单击"框选"按钮，在顶视图中框选立方体中多边形的点进行平移，如图 15-132 所示。

03 选中立方体并按住 Alt 键，单击"细分曲面"按钮，创建"细分曲面"对象，立方体添加细分曲面的效果如图 15-133 所示。

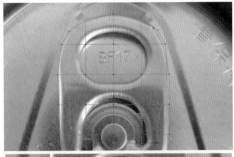

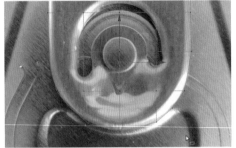

图 15-132

04 在编辑多边形的过程中，可以随时关闭或打开细分曲面效果，以便于编辑操作。切换到多边形选择模式，选取两个多边形并删除（同理，将重叠的两个多边形也删除），此处是拉环的手指孔，如图 15-134 所示。

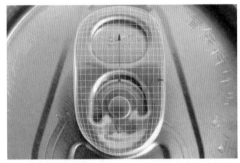

图 15-133

图 15-134

05 切换到点选择模式，移动多边形的点，如图 15-135 所示。

图 15-135

06 在透视视图中右击并在弹出的快捷菜单中选择"桥接"命令，选取上、下相对应的多边形的点来创建多边形（选取点的方法是：选取第一个点后不释放鼠标左键直接滑动到第二个点上），直至将空洞修补完成，如图 15-136 所示。

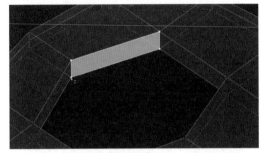

图 15-136

07 打开细分曲面效果，查看手指孔的状态，如图 15-137 所示。

图 15-137

08 同理，创建拉环与罐体连接部的结构。在点选择模式下，框选点并平移，使其符合背景图片中孔洞的形状，如图 15-138 所示。在现有点不能满足形状的情况下，可以右击并在弹出的快捷菜单中选择"线性切割"命令，切割多边形来获得新的点，如图 15-139 所示。将不需要的边右击并在弹出的快捷菜单中选择"融解"命令来消除。

09 删除上、下重叠部分的多边形，如图 15-140 所示。

10 右击并在弹出的快捷菜单中选择"桥接"命令，修补删除多边形后留下的侧壁孔洞，如图 15-141 所示。

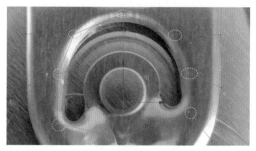

图 15-138

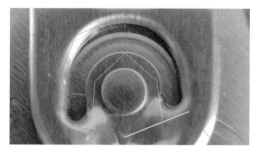

图 15-139

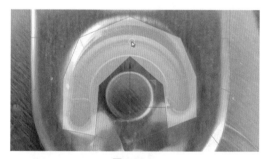

图 15-140

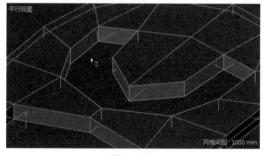

图 15-141

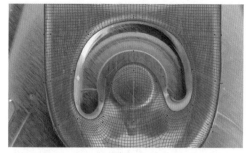

图 15-142

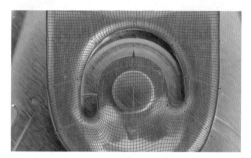

图 15-143

图 15-144

13 在透视视图中单独选取（不是框选）3 个点向-Y 轴方向平移（仅平移一小段距离即可），使其形成压扁的形状，如图 15-145 所示。

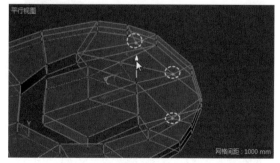

图 15-145

14 同理，再选取其余点向-Y 方向平移，使其形成背景图片中的压扁状态，如图 15-146 所示。

11 打开细分曲面效果，查看孔洞部分生成的情况，如图 15-142 所示。如果没有与背景中的孔洞重合，关闭细分曲面效果，再框选点并移动。如图 15-143 所示为移动点后的细分曲面效果。

12 在顶视图中，切换到点选择模式。右击并在弹出的快捷菜单中选择"创建点"命令，在所选的边上添加点，如图 15-144 所示。

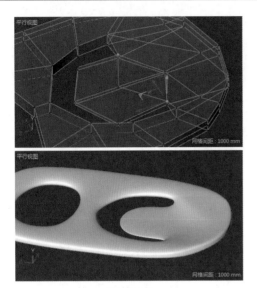

图 15-146

15 创建铆钉来连接拉环与盖体。创建一个圆柱（要开启圆柱的封顶圆角，半径为 0.1mm）即可，如图 15-147 所示。

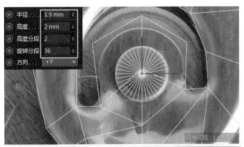

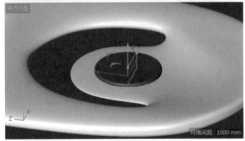

图 15-147

16 至此，完成了易拉罐的建模。在"对象"管理器中创建一个空对象，重命名为"易拉罐"，将其他对象拖入这个空对象中，然后将整个场景文件保存为"饮料模型 .c4d"，如图 15-148 所示。最终的建模效果如图 15-149 所示。

图 15-148

图 15-149

15.2.2 场景渲染

易拉罐的渲染过程还是比较简单的，包括为对象赋予材质、添加场景背景、灯光、摄像机等内容，由于篇幅限制，本节主要介绍易拉罐的材质添加方法，灯光及水材质已经完成。

01 打开本例源文件"水滴场景 .c4d"。

02 在"内容管理器"中通过浏览计算机中存放的"饮料模型 .c4d"文件，拖入当前场景中，然后通过"平移"和"旋转"工具平移、旋转易拉罐模型，如图 15-150 所示。

图 15-150

03 调整好角度后在上工具栏的"摄像机"工具列中单击"摄像机"按钮，创建摄像机视图。

04 在"材质"管理器中已经加载了满足场景渲染的所有材质。下面仅需要把材质赋予易拉罐模型即可。首先将铝合金材质拖至"对象"管理器的"易拉罐"对象的"罐体"子对象上完成赋予材质的操作，接着将不锈钢材质赋予"盖体与开口片"子对象和"拉环"子对象。

05 选中"罐体"子对象中的"圆柱"子对象，切换到多边形选择模式，使用"框选"工具框选整个圆柱侧壁的多边形，如图 15-151 所示。

图 15-151

06 执行"选择"|"设置选集"命令，创建一个选集，如图 15-152 所示。

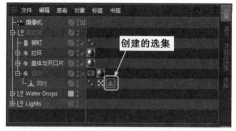

图 15-152

07 将贴图材质赋予"圆柱"子对象，在打开的"纹理标签"属性面板中，将上一步创建的选集拖入"选集"选择框中，如图 15-153 所示。

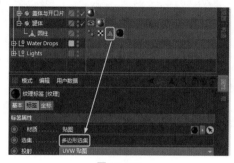

图 15-153

08 双击贴图材质的纹理标签，打开贴图材质的"材质"属性面板。在"颜色"选项卡的"纹理"选项右侧单击按钮，从本例源文件夹中载入"百事可乐包装 .jpg"图像文件，如图 15-154 所示。

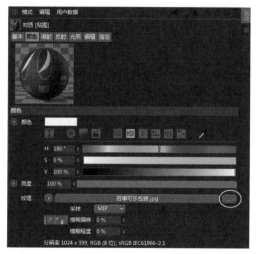

图 15-154

09 进入"漫射"选项卡，在"纹理"选项中载入"百事可乐包装 .jpg"图像文件，如图 15-155 所示。

10 再次单击贴图材质的纹理标签，打开"纹理标签"属性面板，设置图片的投射方式，以及偏移、长度、平铺等参数，如图 15-156 所示。

图 15-155

图 15-156

11 最后单击"渲染到图片查看器"按钮，完成场景的渲染，效果如图 15-157 所示。

图 15-157

第 16 章

媒体广告设计

在媒体平面设计领域，应用较多的是 Photoshop、CorelDRAW 及 Illustrator 等平面软件。虽然这些软件可以制作各种平面广告效果，但美中不足的是无法表达出真实场景中的灯光特效及大型场景的立体效果，所以还要借助于 C4D 来进行三维设计，再利用 Photoshop 软件进行图像的采集或后期效果图的制作等。

知识分解：

- 案例介绍
- Photoshop 背景图像采集
- C4D 建模流程
- C4D 渲染

16.1　案例介绍——"一个人的世界"创意海报

本节以"一个人的世界"的舞者海报为例，运用 C4D 的画笔和扫描工具，通过样条线调整和扫描的曲线来实现细节多变的舞动样条效果，包括快捷布光、使用灯光预设等重要知识点，以及灯光贴图环境与人物的调整技巧，帮助大家掌握舞动线条效果的创建流程。

"一个人的世界"的舞者海报效果如图 16-1 所示。

图 16-1

本例海报的设计流程分以下 3 个环节。

（1）C4D 建模。

（2）C4D 渲染。

（3）Photoshop 后期合成。

16.2　Photoshop 背景图像采集

在本例的海报设计中有一个人物素材，如果用 C4D 建模比较耗时，可以采用赋予材质贴图的方法。人物素材来自网络，要用于 C4D 颜色贴图，还需要使用 Alpha 通道（作为蒙板使用）来遮挡人物图像之外的部分。

> **提示：**
>
> 利用 Photoshop 软件抠图其实比较麻烦，介绍一款基于 Photoshop 平台的抠图插件 Fluid Mask 3，此款插件是免费的，可以自行搜索下载。

01 启动 Photoshop。

02 将本例源文件夹中的"舞者 .png"直接拖至 Photoshop 中，如图 16-2 所示。

图 16-2

03 执行"选择"|"载入选区"命令，弹出"载入选区"对话框。单击"确定"按钮创建一个选区，如图 16-3 所示。

图 16-3

04 在"图层"面板中选择默认创建的"图层 1"图层，然后单击面板底部的"添加矢量蒙板"按钮 ，创建图层蒙板，如图 16-4 所示。

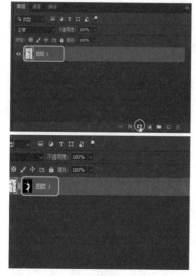

图 16-4

在"通道"面板中，显示"图层 1 蒙板"通道。右击"图
层 1 蒙板"通道，在弹出的快捷菜单中选择"复制通道"命令，弹出"复制通道"对话框。在"文档"下拉列表

中选择"新建"选项，单击"确定"按钮完成新通道的创建，如图 16-5 所示。

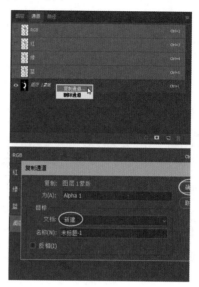

图 16-5

06 创建的新通道将以独立文档显示，如图 16-6 所示。

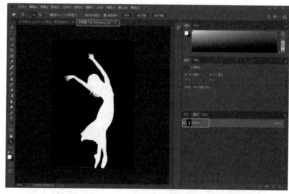

图 16-6

07 执行"图像"|"模式"|"灰度"命令，将通道图像转换为灰度模式。执行"文件"|"存储为"命令，将文档保存为 JPG 格式，如图 16-7 所示。

图 16-7

16.3　C4D 建模流程

本海报中的组成元素较简单，包括人物、飘带和球。其中人物不需要建模，可载入图片替代模型，需要建模的是飘带和球。

01 打开 C4D 软件。在工具栏的"对象"工具列中单击"平面"按钮，创建一个平面，如图 16-8 所示。

图 16-8

02 创建一个新材质，双击材质打开"材质编辑器"对话框。从本例源文件夹中添加纹理贴图文件"舞者 .png"，如图 16-9 所示。

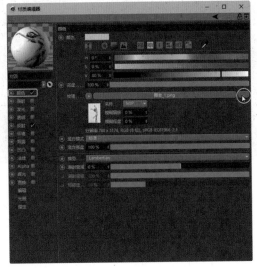

图 16-9

03 在"材质编辑器"对话框中取消选中"反射"复选框，选中 Alpha 复选框，再载入本例源文件夹中的"蒙板 .jpg"图像文件，如图 16-10 所示。

技术要点：

Alpha 通道的图像文件不能保存为 .png 格式，必须是 .jpg 或 .bmp 等格式。

04 将材质赋予平面对象，效果如图 16-11 所示。

图 16-10

图 16-11

05 材质中的人物图像是倒置的，需要将"平面对象"属性面板中的方向更改为-Z 方向，结果如图 16-12 所示。

图 16-12

06 在正视图中适当缩放平面对象（按 T 键），使"舞者"的人体比例接近于真实的比例，如图 16-13 所示。

图 16-13

07 将本例源文件夹中的"参考图片 .BMP"图像文件直接拖入正视图中，作为背景参考，如图 16-14 所示。

图 16-14

08 对照背景参考图片，将平面对象重新缩放，使平面对象中的人物贴图与背景中的人物重合，如图 16-15 所示。

图 16-15

09 背景中的线条包括圆锥螺旋线和自由样条曲线两种。首先创建圆锥螺旋曲线，在上工具栏的"样条"工具列中单击"螺旋"按钮，创建螺旋对象。在"螺旋对象"属性面板中设置螺旋线参数，如图 16-16 所示。

图 16-16

10 单击"转为可编辑对象"按钮，再切换到点模式。选中所有的点，右击并在弹出的快捷菜单中选择"平滑"命令。在正视图中单击，使样条曲线更加平滑，如图 16-17 所示。

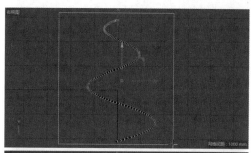

图 16-17

> **提示：**
>
> 可在属性管理器的"模式"菜单中选择"视图设置"选项，打开"视图"属性面板。在"背景"选项卡中设置透明度，使背景图片透明显示。

11 通过平移操作，参考背景图调整样条线的控制点位置，并调整控制点上的切线手柄，使其能够贴合背景图中的螺旋飘带，如图 16-18 所示。

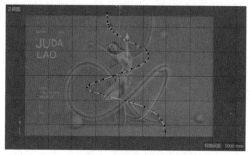

图 16-18

12 将螺旋线暂时隐藏。在上工具栏的"样条"工具列中单击"画笔"按钮，参考背景图片，绘制几段直线，如图 16-19 所示。

13 切换到点模式，选取所有点，右击并选择快捷菜单中的"平滑"选项，在视图中单击平滑直线段，使其变成样条线，如图 16-20 所示。

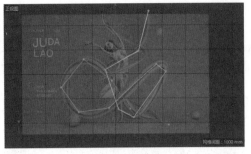

图 16-19

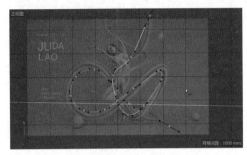

图 16-20

14 若样条线中缺少控制点，在要添加控制点的位置选择
快捷菜单中的"创建点"选项，添加控制点。在正视图
中调整控制点，使其与背景图片中的样条飘带贴合，如
图 16-21 所示。

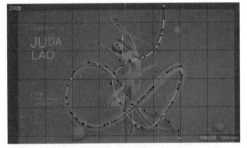

图 16-21

15 结合其他视图，调整样条控制点，如图 16-22 所示。

16 在"样条"工具列中单击"花瓣"按钮，创建一个花
瓣图形，参考背景图片，缩放花瓣图形，效果如图 16-23
所示。

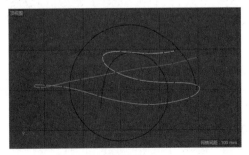

图 16-22

图 16-22（续）

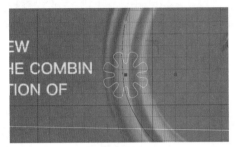

图 16-23

17 在"生成器"工具列中单击"扫描"按钮 ，创建
扫描对象，将花瓣图形和样条线（花瓣对象在上，样条
线对象在下）拖入"扫描"对象中成为其子级，创建如
图 16-24 所示的扫描对象。

图 16-24

18 编辑"扫描对象"属性面板中"对象"选项卡的参数，
如图 16-25 所示。

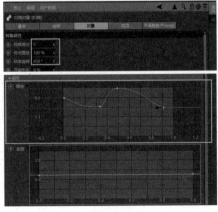

图 16-25

19 编辑扫描对象属性的结果如图 16-26 所示。

图 16-26

20 同理，再创建花瓣图形并参考背景图片中的螺旋飘带进行缩放，再按上一步的方法创建螺旋扫描对象，如图 16-27 所示。

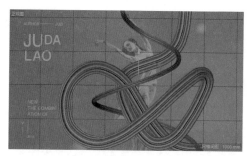

图 16-27

21 编辑螺旋扫描对象的属性选项，如图 16-28 所示。

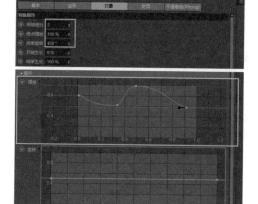

图 16-28

22 最终编辑完成的两个扫描对象，如图 16-29 所示。

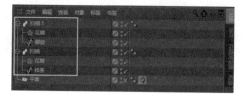

图 16-29

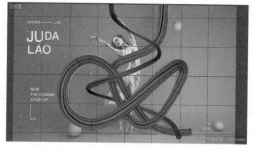

图 16-29（续）

23 在"对象"工具列中单击"球体"按钮 ⬤，创建 3 个球体，根据背景图片中的球体大小进行缩放，并分别放置在相应位置，如图 16-30 所示。

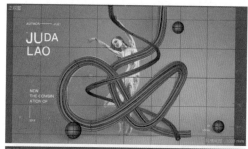

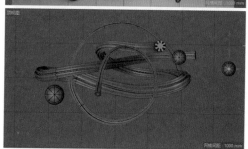

图 16-30

16.4　C4D 渲染

本例的渲染将采用 C4D 软件的自带渲染引擎进行操作。渲染的要点是赋予材质、制作背景和布置灯光。在背景制作过程中，会用到灰猩猩灯光插件 Light Kit Pro PC 3.0，适用于 C4D R20 及之前的旧版本软件。

> **提示：**
>
> 安装灰猩猩灯光插件 Light Kit Pro PC 3.0 时，将安装路径设置在 C4D 的安装路径中。

01 新建一个材质，材质的颜色保持本色（白色），并将其依次赋予前面建立的模型，如图 16-31 所示。

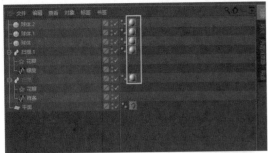

图 16-31

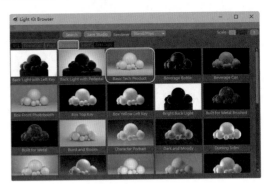

图 16-34

02 创建一个空白对象，将前面建立的所有对象拖至空白对象中，并重命名空白对象为"舞者"，如图 16-32 所示。

03 灰猩猩灯光插件 Light Kit Pro PC 3.0 安装完成后，会在"插件"菜单中显示工具命令，如图 16-33 所示。

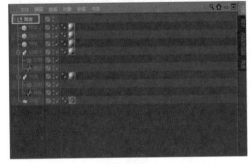

图 16-32

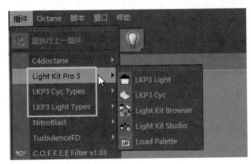

图 16-33

04 执行"插件"| Light Kit Pro 3 | Light Kit Browser（灯光组合浏览器）命令，弹出 Light Kit Browser 对话框。在 Product 选项卡中双击 Basic Tech Product 灯光组合，将其应用到场景中，如图 16-34 所示。

05 灯光组合中有球体对象，可以在对象管理器中将其删除，如图 16-35 所示。随后调整"舞者"组合中的飘带对象在 Y 轴方向上的位置，也可以编辑扫描对象中的样条控制点，调整结果如图 16-36 所示。

图 16-35

图 16-36

06 在透视视图中调整好场景中模型的视角，如图 16-37 所示。

图 16-37

07 在上工具栏的"摄像机"工具列中单击"摄像机"按钮 📷，创建摄像机视图（就是上一步中调整好的视图），创建的摄像机如图 16-38 所示。

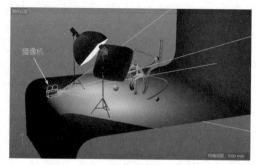

图 16-38

08 修改灯光颜色。首先修改左侧灯箱的灯光颜色，在对象管理器的灯光组合 Basic Tech Product 对象中选择 Left Softbox 子对象，在其属性面板中设置灯光颜色，如图 16-39 所示。

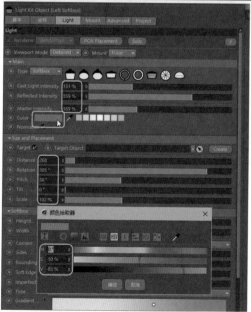

图 16-39

09 将 Right Softbox（右侧灯箱）子对象的灯光颜色修改

为浅蓝色，如图 16-40 所示。

图 16-40

10 更改灯箱中的灯光颜色后，场景中的灯光效果如图 16-41 所示。

图 16-41

11 整个场景还显得比较暗，还需要添加几盏灯，首先创建第一盏灯，灯的位置及大小（可以通过缩放灯光对象来确定大小）如图 16-42 所示。

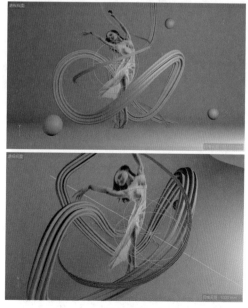

图 16-42

12 设置第一盏灯的属性参数，如图 16-43 所示。

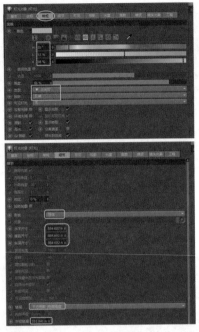

图 16-43

技术要点：

可以适当调整左、右两侧灯箱的灯光颜色与强度，让场景中的所有灯光显得更协调。

13 复制第一盏灯，共复制 4 盏，位置及大小如图 16-44 所示，保持属性参数不变。

图 16-44

14 将 5 盏灯的"灯光"对象全部拖至 Basic Tech Product 对象中，如图 16-45 所示（这一步很重要）。

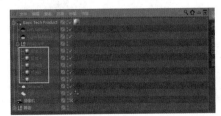

图 16-45

15 为"舞者"对象中的模型材质添加一个反射，如图 16-46 所示。

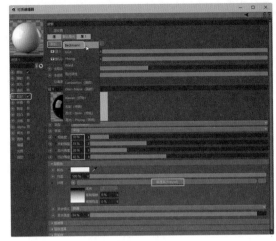

图 16-46

16 在对象管理器中为 CYC 背景、小球、飘带及人物对象分别添加一个"合成"标签，如图 16-47 所示。

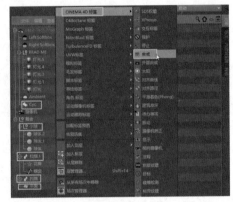

图 16-47

17 依次为添加的"合成"标签设置"对象缓存"，如图 16-48 所示。注意，第一个"合成"标签启用"缓存 1"，后续的"合成"标签依次启用缓存 2、缓存 3、缓存 4 及缓存 5。开启缓存主要用于多通道输出，便于在 Photoshop 中合成效果。

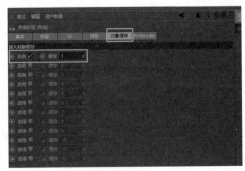

图 16-48

18 单击"编辑渲染设置"按钮，选中"多通道"复选框，并单击"多通道渲染"按钮，添加"材质反射"和 5 个"对象缓存"，5 个缓存对象分别命名为"群组 ID"的值（1~5），如图 16-49 所示。

图 16-49

19 单击"效果"按钮，选中"全局光照"和"环境吸收"复选框，设置"全局光照"选项，如图 16-50 所示。

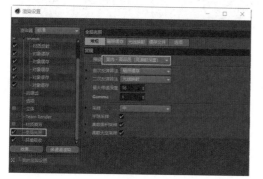

图 16-50

20 在上工具栏中单击"渲染到图片查看器"按钮，弹出"图片查看器"窗口开始渲染。经过较长时间的渲染进程后，初期渲染如图 16-51 所示。

图 16-51

21 再适当调整灯光和灯光箱的位置与强度，并关闭灯光的投射（关闭阴影）使灯光效果更柔和，如图 16-52 所示。

图 16-52

22 在"图片查看器"窗口中单击"另存为"按钮，弹出"保存"对话框。设置保存的格式为 PSD，单击"确定"按钮，将渲染效果输出并保存，如图 16-53 所示。

图 16-53

第 17 章

新闻栏目设计

C4D 软件是新闻类栏目和片头制作的最佳选择。本章将以某电视栏目的片头设计为例，详解 C4D 软件的详细设计流程和软件使用技巧。

知识分解：

- 案例介绍
- Logo 建模与动画
- 场景渲染
- 后期影音合成

17.1 案例介绍——某电视栏目片头设计

本节以某电视栏目的片头设计为例，详解 C4D 在栏目包装设计中的实战应用。在本例中会涉及后期动画与背景音乐合成，先在 C4D 中建立片头模型与动画，再到影视后期制作软件 TechSmith Camtasia 9 中进行特效合成。

某电视栏目片头效果如图 17-1 所示。

图 17-1

17.2 Logo 建模与动画

整个片头的建模主要指 Logo 与其他元素的建模。在本例中的文字 Logo 采用的是造字工房凌黑字体（源文件夹中已提供，打开软件前需要提前安装此字体），在 C4D 中再对 Logo 文字进行编辑，以符合设计要求。

17.2.1 Logo 文字制作

01 启动 C4D 之前要在本章源文件夹中双击"造字工房凌黑 .ttf"字体文件进行系统字体安装。

02 新建 C4D 场景文件。激活正视图，在上工具栏的"样条"工具列中单击"文字"按钮 T，并在"文本"对象的属性面板中输入"速览天下"文字，设置文本的字体、高度等参数，如图 17-2 所示。

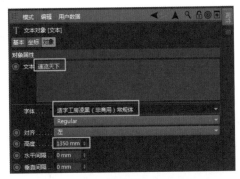

图 17-2

图 17-2（续）

03 选中"文本"对象并按住 Shift 键，单击"变形器对象"工具列中的"斜切"按钮，为文本对象创建倾斜效果，如图 17-3 所示。

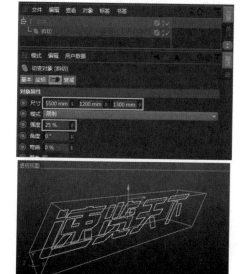

图 17-3

04 选中"文本"对象，在左边栏中单击"转为可编辑对象"按钮将文本对象转为可编辑对象。

05 在"对象"管理器中选中"文本"对象及其"斜切"子对象，右击并选择快捷菜单中的"当前状态转对象"命令，将主对象和子对象合并，这便于后续操作，如图17-4 所示。

图 17-4

06 对象合并之后会生成一个新的"文本"可编辑对象，重命名该对象为"速览天下"。再将原来的文本及其斜

切对象删除，如图 17-5 所示。

图 17-5

07 选中"速览天下"文本对象，切换到点选择模式。接下来要将"速"和"览"字的底部连接，形成一个整体。在正视图中选取如图 17-6 所示的 4 个点，右击并选择快捷菜单中的"断开分段"命令，使分段断开。

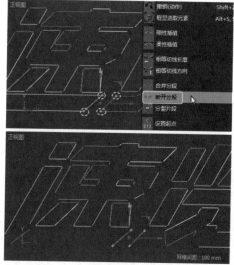

图 17-6

08 将断开的 4 个点及其包含的分段按 Delete 键删除。在正视图中选取两个点，右击并选择快捷菜单中的"焊接"命令，创建点的焊接，如图 17-7 所示。

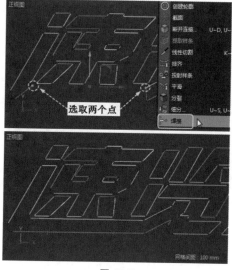

图 17-7

09 同理，将"览"和"天"字相连，效果如图17-8所示。

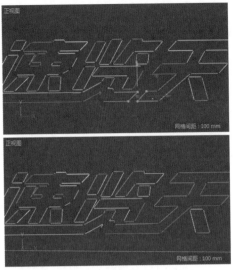

图 17-8

10 在上工具栏的"样条"工具列中单击"四边"按钮◇，创建平行四边形。将平行四边形平移到合适位置，如图17-9所示。

图 17-9

11 在上工具栏的"造型"工具列中单击"样条布尔"按钮，创建"样条布尔"对象。将"四边"对象和"速览天下"对象拖至"样条布尔"对象中成为其子级。创建的样条布尔效果，如图17-10所示。

图 17-10

12 在"对象"管理器中按住Ctrl键拖动"样条布尔"对象进行复制，复制出"样条布尔.1"对象。

13 选中"样条布尔.1"对象中的"四边"子对象，再在

正视图中拖曳坐标轴向右平移"四边"子对象，同时在其属性面板中修改属性值，结果如图17-11所示。

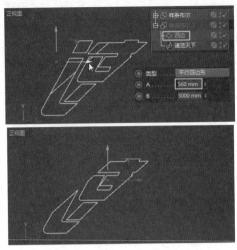

图 17-11

14 同理，依次创建出"样条布尔"对象的其他副本，如图17-12所示。

15 在"对象"管理器中选中"样条布尔"对象及其所有副本对象，按住Alt键在上工具栏的"对象"工具列中单击"挤压"按钮，创建"挤压"对象，如图17-13所示。

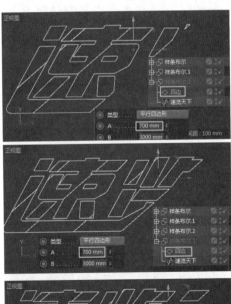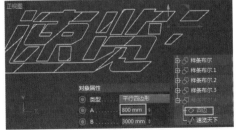

图 17-12

图 17-12（续）

图 17-13

16 执行"运动图形"|"分裂"命令，创建"分裂"对象。在"对象"管理器中将"样条布尔"对象及其所有副本对象拖至"分裂"对象中成为其子级。再执行"运动图形"|"效果器"|"随机"命令，添加随机效果器。在"随机"效果器对象的属性面板中设置属性参数，如图 17-14 所示。

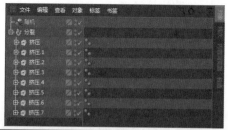

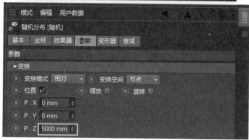

图 17-14

17 创建随机效果的分裂效果后，需要创建随机动画。在动画时间栏中拖动时间滑块到 60 帧，接着在"随机"效果器对象属性面板的"参数"选项卡的"变换"卷展栏中单击 P.Z 按钮记录关键帧。拖动时间滑块到 120 帧，修改 P.Z 值为 0，再单击 P.Z 按钮记录随机动画结束的关键帧。

18 拖动时间滑块到 60 帧，再选中"分裂"对象，在其属性面板的"坐标"选项卡中，设置 P.Z 值为-5000，并单击 P.Z 按钮记录关键帧，拖动时间滑块到 100 帧，修改 P.Z 值为-200，单击 P.Z 按钮记录分裂关键帧，最后拖动时间滑块到 120 帧位置，确保 P.Z 值为-200，最后单击 P.Z 按钮完成分裂关键帧的创建。播放动画，可以看到从 60 帧到 120 帧，对象从分裂状态恢复到初始状态，如图 17-15 所示。

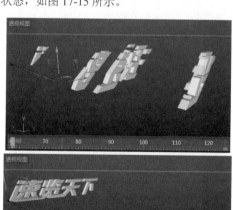

图 17-15

19 在"变换"选项卡中设置"显示"为"权重"。

20 在"对象"管理器中复制"分裂"对象,将副本"分裂.1"对象中的所有"挤压"子对象的挤压厚度值(Z 向的厚度)修改为 40。

21 修改"分裂.1"副本对象的坐标位置(修改 P.Z 值)与关键帧。拖动时间滑块到 60 帧,在"分裂.1"副本对象的属性面板的"坐标"选项卡中修改 P.Z 值为–5100,按 Enter 键后单击 ⊙ P.Z 按钮变成 ⊙ P.Z 完成修改。删除 100 帧位置的关键帧。将时间滑块再拖至 120 帧,同时修改 P.Z 值为–200,按 Enter 键后单击 ⊙ P.Z 按钮变成 ⊙ P.Z 完成修改。

17.2.2 Logo 背景制作

01 在上工具栏的"样条"工具列中单击"四边"按钮 ◇,在正视图中绘制平行四边形,绘制后平移平行四边形到合适位置,如图 17-16 所示。

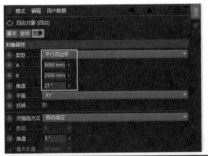

图 17-16

02 接着再绘制一个较小的平行四边形,位置如图 17-17 所示。

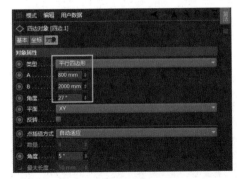

图 17-17

图 17-17(续)

03 在"样条"工具列中单击"画笔"按钮 ,绘制如图 17-18 所示的图形。

图 17-18

04 选中"四边"对象并按 Alt 键单击"生成器"工具列中的"挤压"按钮 ,创建挤出厚度(Z 向厚度)为 300mm 的挤出对象,如图 17-19 所示。

图 17-19

05 采用同样的操作方法,再创建其余两个图形的挤出(挤出厚度为 200mm),如图 17-20 所示。

图 17-20

06 在左视图中调整 3 个挤出对象的前后位置，如图 17-21 所示。

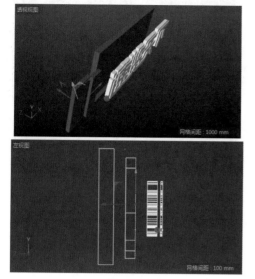

图 17-21

07 复制"挤压 .1"对象和"挤压 .2"对象，创建两个副本对象（挤压 .3 与挤压 .4）。修改"挤压 .3"对象的挤出厚度为 50mm，最后调整两个副本对象的位置，结果如图 17-22 所示。

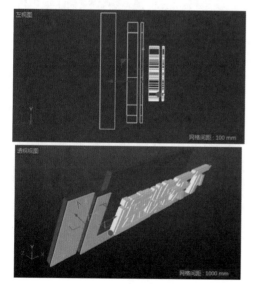

图 17-22

08 执行"运动图形"|"分裂"命令，创建"分裂 .2"对象。在"对象"管理器中将 5 个挤压对象全部拖至"分裂 .2"对象中成为其子级。

09 执行"运动图形"|"效果器"|"随机"命令，添加随机效果器。将"随机 .1"效果器对象拖至"分裂 .2"对象的属性面板的"效果器"选项卡的"效果器"列表中，

如图 17-23 所示。

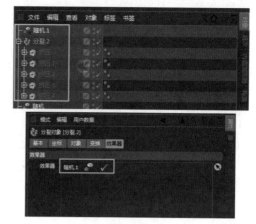

图 17-23

10 创建随机效果的分裂效果后，需要创建随机效果动画。在动画时间栏中拖动时间滑块到 50 帧，在"随机 .1"效果器对象的属性面板的"参数"选项卡的"变换"卷展栏中设置 P.X 值为 3000、P.Y 值为 0、P.Z 值为 0，单击 P.X 按钮记录关键帧。拖动时间滑块到 120 帧，修改 P.X 值为 0，再单击 P.X 按钮记录随机动画结束的关键帧。

11 单击"样条"工具列中的"文本"按钮，创建 SULANTIANXIA 文本对象，如图 17-24 所示。

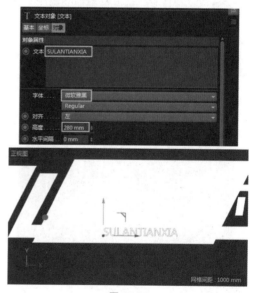

图 17-24

12 按住 Alt 键单击"挤压"按钮，创建挤压厚度为 200mm 的挤压对象，并调整挤压对象的位置，如图 17-25 所示。

13 在上工具栏的"对象"工具列中单击"空白"按钮，创建名为"速览天下"的空集对象。将其余所有对象都拖至此空集对象中，成为其子级，如图 17-26 所示。

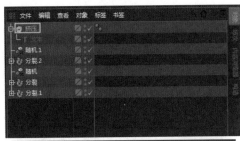

图 17-25

图 17-26

17.2.3 创建背景立方体方阵

01 在"对象"工具列中单击"立方体"按钮 ，创建"立方体"对象，并在正视图中调整其位置，如图 17-27 所示。

图 17-27

02 在顶视图中调整位置，效果如图 17-28 所示。

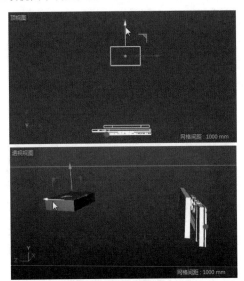

图 17-28

03 在"立方体"对象被选中的情况下，按住 Alt 键单击"造型"工具列中的"克隆"按钮 ，创建克隆对象，如图 17-29 所示。

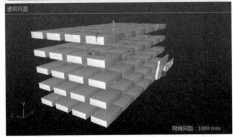

图 17-29

04 执行"运动图形"|"效果器"|"随机"命令，创建克隆对象的随机效果。将"随机"对象拖至"克隆"对象的属性面板的"效果器"选项卡的"效果器"列表中。

05 在"随机"对象的属性面板的"参数"选项卡的"变换"卷展栏中，修改 P.X、P.Y 和 P.Z 的值分别为-12000、-18000 和 15000。将时间滑块拖至 0 帧，单击 P.X、P.Y 和 P.Z 按钮记录关键帧。拖动时间滑块到 10

帧，分别修改 P.X、P.Y 和 P.Z 的值为-8500、-17000 和 13250，并按 Enter 键确认，随后再单击 ○ P.X、○ P.Y 和 ○ P.Z 按钮记录关键帧，如图 17-30 所示。

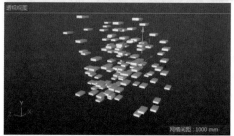

图 17-30

17.2.4　创建摄像机动画

01 激活正视图，在上工具栏的"摄像机"工具列中单击 "摄像机"按钮，创建一台摄像机。

02 在"摄像机"对象的属性面板中设置"投射方式"为 "透视视图"，其他参数设置保存默认，接着在视图中 调整摄像机的位置，如图 17-31 所示。

03 创建摄像机动画。拖动时间滑块到 0 帧，在顶视图中 往上拖动摄像机的移动操控器到合适位置，如图 17-32 所示。在"摄像机"对象的属性面板的"坐标"选项卡 中单击 ○ P.X、○ P.Y 和 ○ P.Z 按钮记录开始的关 键帧。

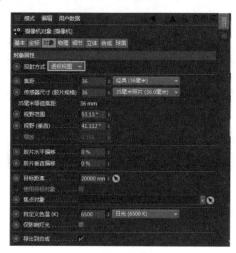

图 17-31

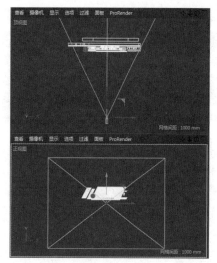

图 17-31（续）

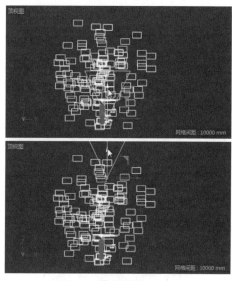

图 17-32

04 拖动时间滑块到 75 帧，在顶视图中拖动移动操控器 到初始位置，同时在"摄像机"对象的属性面板中单击 ○ P.X、○ P.Y 和 ○ P.Z 按钮记录关键帧。

技术要点：

最后需要不断调整"克隆"对象和"摄像机"对象的位置， 以使摄像机能在正中央拍摄"速览天下"Logo 字效，如 图 17-33 所示。最好是调整好位置再进行摄像机的关键 帧记录。

图 17-33

17.3 场景渲染

场景渲染流程包括材质赋予、灯光布置和动画输出 3 部分。

17.3.1 赋予材质

01 为了简化步骤，新建材质到调整材质参数的过程就不叙述了（可参见本例视频或最终的 C4D 结果文件），整个场景需要创建 6 种材质，在"材质管理器"面板中创建的材质如图 17-34 所示。

图 17-34

02 将名为"材质 .4"的材质赋予"克隆"对象。

03 将名为"材质"的材质赋予"速览天下"空集中的"挤压"对象和"分裂"对象，以及"分裂 .2"对象中的"挤压"子对象、"挤压 .1"子对象和"挤压 .2"子对象，如图 17-35 所示。

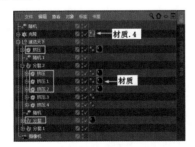

图 17-35

04 将名为"材质 .5"的材质赋予"分裂 .1"对象，将命名为"材质 .1"的材质赋予"分裂 .2"对象中的"挤压 .3"子对象，将名为"材质 .3"的材质赋予"分裂 .2"对象中的"挤压 .4"子对象，如图 17-36 所示。

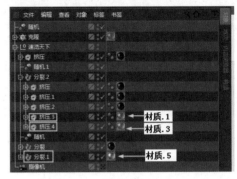

图 17-36

05 在上工具栏的"对象"工具列中单击"圆盘"按钮，创建"圆盘"对象，如图 17-37 所示。

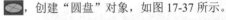

图 17-37

06 复制"圆盘"对象，并在透视视图中旋转和平移圆盘副本对象，如图 17-38 所示。

图 17-38

07 将名为"材质 .2"的发光材质赋予两个圆盘对象，如图 17-39 所示。

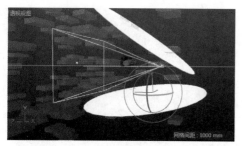

图 17-39

17.3.2　灯光布置

01 单击"灯光"按钮 💡，创建泛光灯，灯光设置如图 17-40 所示。

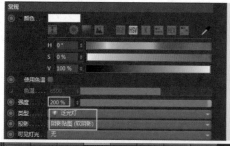

图 17-40

02 在视图中调整泛光灯的位置，如图 17-41 所示。

03 同理，再复制出其余 10 盏泛光灯（需要修改泛光灯的半径衰减值为 13 500mm），并在透视视图中调整相应的位置，如图 17-42 所示。

04 在上工具栏中单击"编辑渲染设置"按钮 🖼，弹出"渲染设置"窗口。设置渲染输出的选项及参数，如图 17-43 所示。

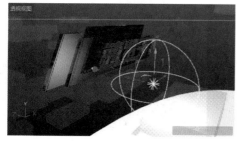

图 17-41

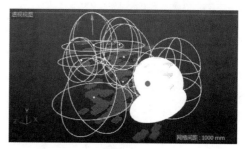

图 17-42

图 17-43

05 单击"渲染到图片查看器"按钮 🖼，弹出"图片查看器"窗口，随后自动完成场景的渲染，结果如图 17-44 所示。

图 17-44

技术要点：

保存之前，需要在窗口左侧选中"多通道"复选框，才能输出多通道图像文件。此外，若将输出的视频时间加长，可以在"终点"参数中增加终点帧数，一般情况下，默认的 120 帧动画输出的视频时长仅有 5 秒左右。如果片头音乐有 10 秒甚至更长，就需要增加输出的动画帧数。

06 渲染完成后，C4D 会自动将动画保存为 AVI 或 MP4 格式的视频文件。

17.4　后期影音合成

后期影音合成就是把视频文件和音频文件进行特效合成，影音合成的软件有很多，其中就有功能强大的 Adobe After Effects、Adobe Premiere、TechSmith Camtasia 等。

就简单的影音合成，一般使用 TechSmith Camtasia 软件即可，其操作简便且效果显著。本例就采用这款影音合成软件进行后期的影音效果合成。

提示：

TechSmith Camtasia 软件的下载可利用搜索引擎搜索 "TechSmith Camtasia 9.1.0 Build 2356 完美汉化版"，可获得免费中文汉化版本，安装方法也可在网络中搜索。

01 安装 TechSmith Camtasia 软件。在计算机系统桌面的左下角单击 按钮，执行"所有程序"| TechSmith | Camtasia 9 命令，启动并打开软件欢迎界面，单击"新建项目"按钮，如图 17-45 所示。

图 17-45

02 进入 TechSmith Camtasia 9 的工作界面，如图 17-46 所示。

03 单击"媒体箱"中的"导入媒体"按钮，从场景渲染的输出文件夹中导入"某电视栏目片头 .avi"视频文件，或者直接把该视频文件拖至界面窗口下方的"轨道 1"中，如图 17-47 所示。

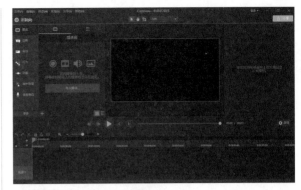

图 17-46

图 17-47

04 同理，从本例源文件夹中将"片头音乐 .mp3"音频文件拖入"轨道 2"中，可见音频文件比视频文件略长，这需要把音频文件修剪成与视频相等的长度，如图 17-48 所示。

图 17-48

05 单独将音频平移到中间位置，按住 Ctrl 键并滚动鼠标滚轮，放大音频和视频的轨道，如图 17-49 所示。

图 17-49

06 将帧滑块移至音频中，并拖动时间起点滑块到音频起始位置，再拖动时间终点滑块到空白区域的终点位置，确定修剪范围，如图 17-50 所示。

图 17-50

07 单击工具栏中的"剪切"按钮 ✂️，完成所选区域的音频修剪，如图 17-51 所示。

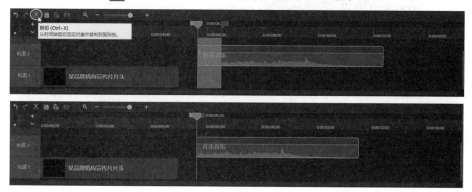

图 17-51

08 修剪前面空白的音频后，拖动音频与视频对齐，检查音频是否与视频等长。显然，音频还是比视频略长，幸好长出的部分没有声音，如图 17-52 所示。

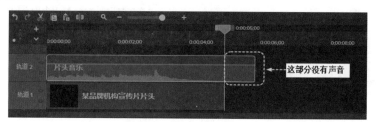

图 17-52

09 拖动时间终点滑块到音频尾端，再单击"剪切"按钮 ✂️ 进行修剪，如图 17-53 所示。

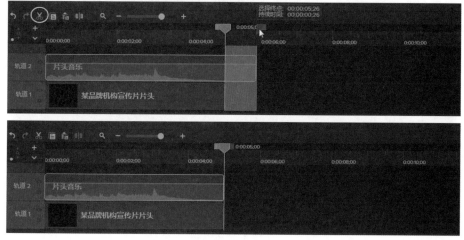

图 17-53

10 单击"播放"按钮 ▶，播放音频与视频的合成效果。如果没有发现新问题，可以在 Camtasia 9 的工作界面的顶部右侧单击"分享"按钮 📤，在弹出的快捷菜单中选择"本地文件"选项，弹出"生成向导"对话框，保持默认选项单击"下一步"按钮，如图 17-54 所示。

图 17-54

11 在"您想如何生成视频？"的向导页面中选择 MP4-Smart Player（HTML5）格式选项（也可选择其他格式选项），并单击"下一步"按钮，如图 17-55 所示。

12 连续两次单击"下一步"按钮，直到"生成视频"向导页面。在此向导页面中，输入项目名称并设置输出的文件路径，取消选中"将生成的文件组织到子文件夹中"复选框，最后单击"完成"按钮，开始影音的合成，直至完全结束，如图 17-56 所示。至此，完成了电视栏目片头的设计制作。

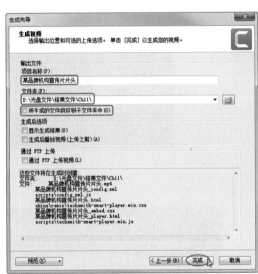

图 17-55   图 17-56